普通高等教育材料类系列教材

金属腐蚀与防护概论

主编　潘长江
参编　张秋阳　陈　洁　柳　森

机械工业出版社

本书主要以工程材料中的金属材料为对象，重点介绍金属腐蚀的电化学基本原理、基本规律、影响因素和防护方法，以及腐蚀工程和腐蚀测试相关技术的基础知识。主要内容包括电化学腐蚀热力学和动力学、金属腐蚀的影响因素、金属常见的腐蚀形态和防护措施、金属在工程环境中的腐蚀与防护、防腐蚀工程设计及其腐蚀控制的相关基础知识等。

本书可作为普通高等院校材料科学与工程、金属材料工程、材料化学、材料成型及控制工程等材料类专业本科生和研究生教材，也可作为从事腐蚀工程相关工作研发人员和施工人员的参考用书。

图书在版编目（CIP）数据

金属腐蚀与防护概论/潘长江主编. —北京：机械工业出版社，2023.5（2025.1重印）

普通高等教育材料类系列教材

ISBN 978-7-111-73021-7

Ⅰ.①金… Ⅱ.①潘… Ⅲ.①金属材料-防腐-高等学校-教材 Ⅳ.①TG174

中国国家版本馆CIP数据核字（2023）第068267号

机械工业出版社（北京市百万庄大街22号 邮政编码100037）

策划编辑：赵亚敏 责任编辑：赵亚敏 戴 琳

责任校对：潘 蕊 王明欣 封面设计：张 静

责任印制：郜 敏

北京富资园科技发展有限公司印刷

2025年1月第1版第2次印刷

184mm×260mm · 14.75印张 · 359千字

标准书号：ISBN 978-7-111-73021-7

定价：45.00元

电话服务 网络服务

客服电话：010-88361066 机 工 官 网：www.cmpbook.com

010-88379833 机 工 官 博：weibo.com/cmp1952

010-68326294 金 书 网：www.golden-book.com

 机工教育服务网：www.cmpedu.com

前 言

“金属腐蚀与防护概论”是材料科学与工程、金属材料工程等材料类专业的必修课程，是以电化学腐蚀理论为基础，以常见的腐蚀形态及其保护措施，以及腐蚀工程为主要内容的专业课程。课程的主要目的是使学生掌握电化学腐蚀科学的基础理论和基础知识，能在工程实践中针对不同的腐蚀形态，分析腐蚀发生的原因并提出适当的防护措施，提升对材料工程相关专业工作的适应能力和开发创造能力。

金属腐蚀是指金属材料与其所服役环境之间发生化学或电化学作用，导致金属材料变质失效的一种形式，金属腐蚀是一种必然发生的自然现象，在自然界十分普遍。早在2003年，中国工程院院士柯伟发表的《中国腐蚀调查报告》就指出，我国每年因腐蚀造成的损失约占国民生产总值的5%，相当于各类自然灾害所造成损失总和的10倍。随着现代科学技术的发展，金属作为许多大型机器设备的结构材料和精密零件的功能材料得到了广泛的研究和应用，由金属腐蚀导致的设备和零件破坏不仅造成资源和财产的巨大损失和浪费，而且危及大量人员的生命安全，造成巨大的环境污染，阻碍新技术和新材料的应用。因此，深入学习腐蚀与防护的基本科学理论和发展新的防腐蚀技术无疑具有十分重要的意义。

腐蚀与防护原理比较复杂，尤其是腐蚀电化学基础理论，涉及化学、电化学、物理化学、金属工艺学等多个学科，同时不断出现的新材料、新的腐蚀形态，以及防护方法进一步增加了腐蚀的多样性和复杂性。这就要求相关从业人员对金属腐蚀与防护的基础理论和基本方法有比较深入的认识，并同时具备其他相关学科的理论和知识。本书参照国内外的相关资料和教材，结合编者近年来的教学经验，考虑材料类相关专业的知识特点和应用型人才培养的需要，遵循逻辑严谨、通俗易懂和理论联系实际的原则，注重对基础知识和基本理论的传授。党的二十大报告指出：全面贯彻党的教育方针，落实立德树人根本任务，培养德智体美劳全面发展的社会主义建设者和接班人。因此，书中都融入了课程思政教育素材视频，以适应当代高等教育的发展。本书每章都附有本章小结、课后习题及思考题，以便学生能够加深对内容的理解和知识的巩固。

本书第1~3章由潘长江编写，第4~6、12章由柳森编写，第7、8、10章由张秋阳编写，第9、11、13章由陈洁编写。全书由潘长江统稿审阅。

本书在编写过程中参考了同行专家和学者的专著，以及国内外的研究成果，在此一并致谢。由于编者的水平有限，不当之处恳请广大读者批评指正。

编 者

目　录

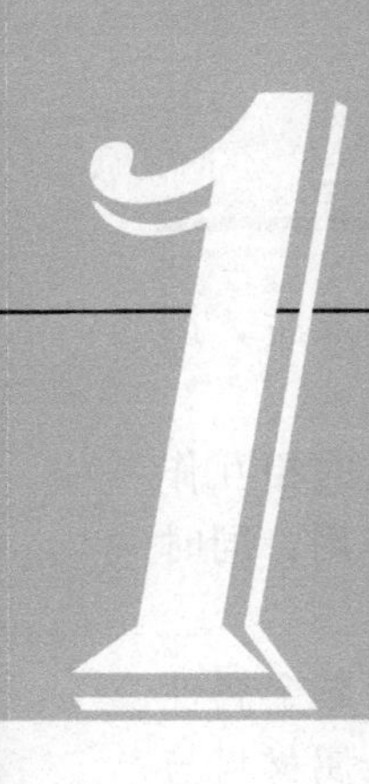

第1章

绪论

1.1 金属腐蚀及其特点

我国历史上对腐蚀的认识较早，早在3000多年前，我国商代就发明了锡青铜，不断出土的古代青铜器经历几千年的地下腐蚀而不破坏，可见古人在防腐蚀方面的巨大成就；而近年来在四川三星堆的考古发现更是把我国青铜文明提前到大约5000年前。尽管古代人们在防腐蚀方面取得了巨大的成就，但大多都是生活和生产中的经验总结，随着第一次工业革命和第二次工业革命的进行，人类逐渐掌握了腐蚀与防护的诸多理论及控制方式，目前已经形成较为完善的腐蚀与防护学科。

金属腐蚀是材料在它所处的服役环境中发生变质失效的一种形式，腐蚀常常导致材料失效破坏。金属腐蚀呈现出如下四个显著的特点：

1）腐蚀在自然界非常普遍。几乎所有金属材料在其服役的环境中都会发生一定程度的腐蚀，导致材料的失效或破坏。

2）金属腐蚀是必然发生的。根据热力学观点，一切处于高能态的物质都有向低能态物质自发转化的趋势，从而使体系的亥姆霍兹自由能降低。在自然界的所有金属元素中，除少数元素（Au、Pt）外，大多数元素呈现出化合物状态，因此，纯金属一般处于高能量状态，它将自发地逐渐腐蚀、变质或者退化，形成低能态的化合物。

3）腐蚀在很多情况下具有隐蔽性。根据金属腐蚀的形态可以把金属腐蚀分为全面腐蚀和局部腐蚀。全面腐蚀很容易发现且其腐蚀速率很容易测量，因此容易控制。而破坏性更大的局部腐蚀在大多数情况下发展十分缓慢，隐蔽性很强。例如：不锈钢在海水中的小孔腐蚀（也称点蚀）可以经历10年的孕育期；应力腐蚀在材料破坏断裂后仍然光亮如新，但断口却分布着大量裂纹。

4）腐蚀是一种表面现象，是材料的表面行为。腐蚀破坏总是从金属与环境的接触面开始，再向金属的纵深发展，因此金属的表面性质（如表面缺陷、表面应力、表面化学组成等）对金属材料的耐蚀性往往具有决定性的影响。

1.2 金属腐蚀的定义

一般来讲，材料有三种失效形式，即腐蚀、磨损和断裂。这三种失效形式往往协同进行，甚至同时发生。腐蚀作为材料失效的一种重要形式，有时也有磨损和断裂的发生，因此，广义的腐蚀包括了腐蚀与磨损、断裂等的协同作用，是一个交叉学科的领域。

美国腐蚀工程师协会对腐蚀的定义为：材料（通常是金属）由于与周围环境的相互作用而造成的材料破坏。这一定义明确了腐蚀发生的原因是材料与周围环境的相互作用，同时也强调了腐蚀的结果是造成材料的破坏，但没有指明腐蚀的作用形式和作用类型。

国际标准化组织（ISO）对腐蚀的定义为：金属与环境之间的物理化学作用引起金属性能的变化，导致金属、环境或其构成的技术体系发生功能损坏。这一定义指出了金属材料与环境之间的相互作用包括物理作用和化学作用，这说明金属腐蚀不仅是化学和电化学作用，也包括物理作用（如应力、磨损、疲劳等）。

我国的国家标准等效采用了ISO的定义。

上述腐蚀的定义都反映了金属腐蚀的三个基本要素：第一，腐蚀的对象是金属材料；第二，腐蚀的后果是引起材料性能的变化或失效；第三，腐蚀的性质是金属材料与环境之间的物理化学作用（大多数情况下以电化学作用为主）。

由上述金属腐蚀的定义，还可以引出两个常用的概念，即耐蚀性和腐蚀性。前者是指金属材料抵抗环境破坏的能力，反映的是金属材料在其服役环境中抵抗环境作用而不被破坏的能力；后者是指环境介质对金属材料腐蚀的强弱程度，反映的是腐蚀环境对金属材料性能和功能的破坏能力。

1.3 金属腐蚀理论的发展历史

人类对腐蚀现象的认识和利用历史悠久，早在春秋战国时期，我国古人就发明了青铜剑并利用自然界的天然油漆对金属材料进行防腐。直到18世纪，人们对金属的氧化、溶解及钝化规律才有了深入的机理认识；到19世纪，人们已经能够认识到金属溶解的电化学本质，了解到腐蚀微电池的基本特征；进入20世纪，人们已经建立了腐蚀发生历程的基本电化学规律，形成了腐蚀科学的基本理论，腐蚀学科也逐渐成为一门独立的学科。

在腐蚀理论的科学史上，无数的科学工作者都做出了杰出的贡献。1748年，俄国著名科学家罗蒙诺索夫（Lomonosov）提出了质量守恒定律的雏形，并在经过大量实验之后得出结论：参加反应的全部物质的重量等于全部反应产物的重量。这一结论建立了金属的氧化学说，为后世的电化学腐蚀理论的创立和发展打下了坚实的理论基础。

1790年，凯依尔（Keir）描述了铁在硝酸中的钝化现象，自此以后，研究金属在各种介质中破坏的学说逐渐活跃起来。例如，1819年哈尔（Holl）证明了铁在没有氧的情况下是不会生锈的，德维（Dary）在1824年发现，当没有氧时，海水并不会对钢起腐蚀破坏作用，Holl和Dary的发现证明了氧在金属腐蚀过程中的重要作用。

1830年，德拉·里夫（Dela Rive）通过研究Zn在硫酸中的溶解现象，提出了金属腐蚀微电池的概念，很好地解释了金属材料表面性能不均匀导致的腐蚀现象。

1833年，伟大的科学家法拉第（Faraday）仔细研究了电解液中的化学现象，在1834年总结出法拉第电解定律：电解释放出来的物质总量和通过的电流总量成正比，和物质的化学当量成正比。法拉第定律将腐蚀的质量损失和腐蚀电流联系起来，为腐蚀速度的定量计算奠定了基础。

1881 年，卡杨捷尔（Kayangel）第一次从动力学角度研究了金属的腐蚀问题，在这之后，根据这一学说，镍铬不锈钢开始逐渐获得实际应用。

1920 年，英国著名腐蚀科学家伊文思（Evans）提出，在腐蚀极化图中，假设阴极和阳极的极化电位都与极化电流呈线性关系，这样就得到简化的腐蚀极化图，成为定性分析腐蚀速度影响因素的重要方法，目前在大多数教科书中被广泛采用。

在伊文思发明简化的腐蚀极化图后，著名的腐蚀专家瓦格纳提出了混合电位理论。该理论认为：任何电化学反应都能分成两个或更多的局部氧化和局部还原反应，在电化学反应过程中不可能有净电荷的积累，这对研究孤立金属电极的腐蚀动力学非常重要。根据这一理论，任何电化学反应在忽略体系电阻的情况下，所有的阳极反应和阴极反应都会达到一个共同的混合电位，并且所有阳极反应失去的电子等于所有阴极反应得到的电子，即电量平衡。

1939 年，布拜（M. Pourbaix）在他的著名学术论文《稀溶液的热力学：pH 和电势作用的图解表示法》中提出了至今在电化学研究中广泛应用的 E-pH 关系图，这一关系图是研究金属在水溶液环境中腐蚀行为的有力工具。之后又有大量的腐蚀电化学家对腐蚀科学与理论做出了杰出的贡献，如：美国科学家尤里格（Uhlig）的关于点蚀的自催化机理模型推动了局部腐蚀理论的发展；1957 年，斯特恩（Stern）和吉尔里（Geary）提出的线性极化技术进一步推动了腐蚀电化学的发展；20 世纪 60 年代，布朗（Brown）首次将断裂力学理论引入金属腐蚀的研究中，开启了力学研究成果应用于腐蚀理论的先例；1970 年，埃佩尔博因（Epellboin）首次采用电化学阻抗谱研究腐蚀过程，加深了人们对材料腐蚀机理和本质的认识。

我国在历史上对腐蚀科学也做出了巨大的贡献，但现代腐蚀科学的研究起步较晚。建国后，我国的腐蚀理论研究和防护技术得到高度重视和迅速发展，以师昌绪、曹楚南、肖纪美等为代表的一代学者及其研究团队，奠定了我国的腐蚀科学理论体系、防护技术体系和教育理论体系。20 世纪 50 年代，国家成立腐蚀与防护学科，将腐蚀与防护列入国家发展规划；60 年代，国务院学科组在制定学科发展规划时又将腐蚀与防护学科列入重点学科；70 年代，中国腐蚀与防护学会成立，进入 80 年代，在沈阳正式成立中国科学院腐蚀与防护研究所（目前已经与中国科学院金属研究所合并），成为我国研究金属材料及其腐蚀行为的重要科研基地）。目前，我国大量的研究者活跃在腐蚀与防护领域，成为国民经济建设的重要力量，随着科学技术发展水平的提高及国民经济的发展，我国正逐渐由材料腐蚀与防护技术的研究大国向该领域的强国转变。

拓展视频

科学家精神

1.4 金属腐蚀的危害

1. 腐蚀给国民经济带来巨大损失

据统计，全世界大多数国家由腐蚀造成的经济损失占国民生产总值的 2%~5%。以美国为例，2020 年估算约 3.6 万亿美元用于与腐蚀有关的维护工程上。我国因腐蚀造成的经济损失更大，中国工程院院士柯伟 2003 年发布的《中国腐蚀调查报告》指出我国腐蚀总成本约占 GDP 的 5%。如果按 5%的比例计算，我国 2020 年因为腐蚀造成的损失将达到 5 万亿元，同时每年我国各类自然灾害所造成的损失总和大约为 5000 亿元，也就是说，腐蚀损失是各类自然灾害所造成的损失的 10 倍之多。这些数据表明，因腐蚀造成的经济损失是十分惊人的。

腐蚀损失包括直接损失和间接损失。直接损失主要包括已损坏设备的更换费用，采取相应保护措施的费用，以及腐蚀实验与研究费用等；间接损失包括因为设备损坏停工减少生产的费用，物料流失或损失的费用，由于停工等因素导致的人力资源成本等。显然，间接损失比直接损失更大，而且更加难以估算。

2. 腐蚀事故危及人身安全

金属腐蚀，特别是金属的局部腐蚀（如应力腐蚀、氢脆、孔蚀、缝隙腐蚀、晶间腐蚀等）的隐蔽性很大，在材料彻底破坏之前往往难以发现和预测，极易引起生产设备的爆炸、火灾等突发性灾难事故，危及生产人员的人身安全。如国内某天然气管线曾因硫化氢应力腐蚀破坏发生多次爆炸，其中一次引爆造成特大火灾，共造成 20 多人伤亡；某化肥厂废热锅炉进口管因氢腐蚀引发爆炸，造成 7 人死亡等。1981 年，我国台湾一架波音 737 民航客机空中失事，其原因是机身下部高强度铝合金结构件多处发生严重的晶间腐蚀和剥蚀，进而形成裂纹导致飞机失事。

3. 腐蚀造成资源和能源的浪费

腐蚀危害遍及日常生活和几乎国民经济的所有行业。据国际权威统计，金属年产量的 1/3 受腐蚀报废，其中报废的 2/3 尚可回炉，约 10%的金属发生永久腐蚀。生产金属材料不仅需要消耗大量的矿石资源，也需要大量的能源消耗。由腐蚀导致的金属材料损失后，重新进行金属材料的冶炼也需要消耗大量的资源和能源。另外，由于腐蚀发生导致的生产率和工作效率的降低，也会增加能源的消耗。据统计，仅锅炉结垢降低传热效率一项，我国每年就要多消耗 1750 万吨标准煤。

4. 腐蚀引起设备破坏事故和环境污染

腐蚀的发生不仅造成资源和能源的浪费，严重的腐蚀还会引发大量的设备破坏事故，以及由此造成严重的环境污染。2013 年，山东省青岛市发生的“11・22”中石化东黄输油管道泄漏爆炸特别重大事故，直接原因正是输油管道与排水暗渠交汇处管道腐蚀减薄、管道破裂而引发爆炸，造成人员和设备的巨大损失，同时原油的泄漏也引发了严重的环境污染。

5. 腐蚀阻碍新技术的发展

尽管科学技术的发展促进了生产力的提高，但如果腐蚀问题得不到解决，一些新技术、新材料和新工艺的应用将受到阻碍，甚至长期无法实现。例如，近年来，可降解镁合金由于具有优异的力学性能和生物可降解性能在心血管材料（如血管支架）及骨植入器械（如人工骨）方面具有极大的应用潜力，但若镁合金在体内的快速腐蚀问题得不到有效解决，就将使材料在体内服役过程中过早地丧失力学性能，并由此导致较差的生物相容性，从而可能危及患者生命，阻碍了这一新材料在植入性医疗器械中的应用。

综上所述可见，腐蚀对国民经济和社会发展的影响是巨大的，深入研究腐蚀与防护的基本科学理论及研究新的防腐蚀技术，不仅可以减少资源浪费和环境污染，提高国民经济的运行水平，也可以促进相关高新技术产业的发展。研究腐蚀与防护科学技术的重要性是不言而喻的。

1.5 金属腐蚀的本质

在绝大多数情况下，金属发生腐蚀（无论是化学腐蚀还是电化学腐蚀）都会失去电子变成离子状态，也就是金属的氧化状态，这种氧化状态的金属离子还可以进一步与其他离子或者分子结合形成化合物，如铁腐蚀之后可以转变成铁的氧化物、硫化物、氢氧化物，以及盐等。如图 1-1 所示，工业生产中的冶炼过程是从自然界含有金属的矿石中（金属处于化合物状态）提取单质金属的过程，在这一过程中需要消耗大量的能量，因此，金属冶炼过程是增加体系能量的过程。与此相反，金属腐蚀就是降低体系能量的过程。所以，从能量学的角度来看，金属在发生腐蚀时与其所处服役环境组成了一个热力学不稳定的高能体系，这一体系具有自发向低能量体系转化的趋势，从而使体系的能量降低，这就是金属腐蚀十分普遍又必然发生的原因，也是腐蚀发生的本质。

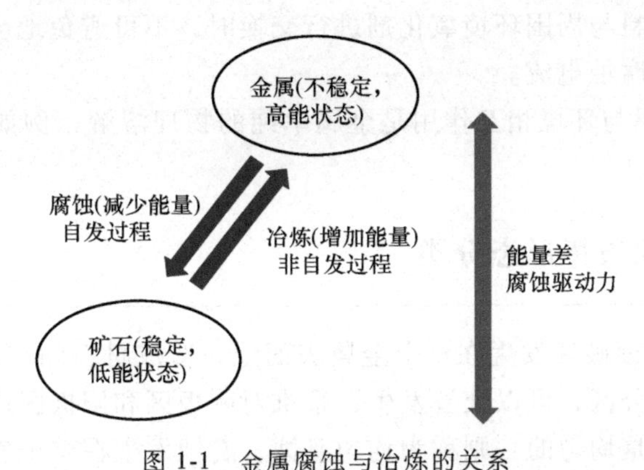

图 1-1　金属腐蚀与冶炼的关系

1.6　金属腐蚀的分类及腐蚀形式

1.6.1　根据金属材料的服役环境分类

金属材料的服役环境较为复杂，大致可以分为以下几类：

1）电解质溶液中的腐蚀：金属腐蚀（如大气腐蚀、土壤腐蚀、海水腐蚀、酸腐蚀等）绝大多数都是发生在电解质溶液中，这种腐蚀大多数时候为电化学腐蚀，是目前研究的重点，也是研究得最为广泛和深入的。

2）非电解质溶液中的腐蚀：非电解质溶液主要是各种有机液体物质，由于这类腐蚀发生时，电子的交换是直接在参与反应的物质之间，无法测出腐蚀电流，通常称为化学腐蚀。

3）物理与化学作用共同作用环境中的腐蚀：在力、声、光、电、磁等物理因素与电化学因素的联合协同作用下发生的腐蚀。例如，应力腐蚀就是在应力（尤其是拉应力）和腐蚀介质的共同作用下发生的腐蚀；疲劳腐蚀是周期性应力或循环应力与腐蚀介质的共同作用导致的腐蚀。

4）极端条件下的腐蚀：例如，高温高压下的腐蚀、高原高寒环境下的腐蚀、生物体内（包括人体）的腐蚀、深海环境中的腐蚀等。随着科学技术的发展，越来越多的材料需要应用到极端环境中，如深海潜水、深空探测、军用飞机等。因此，这种腐蚀与防护的研究显得越来越重要。

1.6.2 根据金属腐蚀机理分类

1）化学腐蚀：金属材料与周围非电解质溶液之间发生纯化学作用而引起材料腐蚀。化学腐蚀是金属材料表面原子与非电解质中的氧化剂直接发生氧化还原反应，电子交换在金属材料与氧化剂之间直接进行，因此，腐蚀过程不产生电流。

2）电化学腐蚀：金属材料与电解质溶液之间发生电化学作用而引起材料失效或性能变化的腐蚀。电化学腐蚀的特点在于，腐蚀至少存在一个相对独立的阳极反应和一个相对独立的阴极反应，电子在材料与周围环境氧化剂进行交换时，不可避免地会在两相之间的界面发生物质的变化，并产生腐蚀电流。

3）物理腐蚀：金属与环境相互作用是金属单纯的物理溶解，例如，金属在高温熔融盐和液态金属中发生的腐蚀。

1.6.3 根据腐蚀破坏形态分类

（1）全面腐蚀 腐蚀破坏发生在整个金属表面上，造成材料的重量减轻或者壁厚变薄，阴极和阳极没有明显的分区，可以交替发生，很难对阴极区和阳极区进行区分。如果金属腐蚀的整个区域破坏程度是均匀的，则称为均匀腐蚀；腐蚀发生在整个表面上，但不同的区域腐蚀破坏程度不一，则称为不均匀全面腐蚀。

（2）局部腐蚀 如果金属发生腐蚀时，腐蚀集中在比较狭小的区域，这种腐蚀就称为局部腐蚀。局部腐蚀有明显的阴极反应区和阳极反应区，并且腐蚀的发生十分隐蔽，防护起来更加困难。局部腐蚀具体又可以分为以下几类。

1）电偶腐蚀：具有不同电极电位的金属相接触，形成电偶电池，一种金属优先快速腐蚀，而另一种金属腐蚀速度减慢甚至停止，这种腐蚀称为电偶腐蚀。一般说来，当具有不同电极电位的金属浸没在同一种电解质溶液中，并相互直接接触或用导线连接时，就会发生电偶腐蚀。电偶腐蚀是阴极保护的基本原理。

2）小孔腐蚀：腐蚀集中在比较小的位置并向材料的深部发展，最后导致材料或设备穿孔，这种现象称为小孔腐蚀，也称为点蚀。小孔腐蚀是一种常见的危害性比较大的局部腐蚀形态。

3）缝隙腐蚀：在两种不同电化学性能的材料构成的狭窄缝隙内，有电解质溶液存在滞留状态，使介质的迁移受到阻滞时产生的一种局部腐蚀形态，称为缝隙腐蚀。缝隙腐蚀发生时，缝内缝外的介质浓度不一致（尤其是氧浓度不一致），容易造成浓差电池，是形成腐蚀的初始原因。

4）晶间腐蚀：一般金属都是由晶粒组成的多晶体，晶粒本体与界面的电化学性能不同，晶界往往活性较大，如果腐蚀沿着金属的晶粒边界发生就称为晶间腐蚀。晶间腐蚀十分隐蔽，是一种危害很大的局部腐蚀。

5）应力腐蚀：金属材料在腐蚀介质和应力（尤其是拉应力）联合作用下引发材料失效破坏的一种腐蚀形式。应力腐蚀必须发生在特定介质、特定材料和特定应力的组合环境下，是力学因素和电化学因素共同作用的结果。

6）磨损腐蚀：当腐蚀介质与金属构件的表面相对运动速度较大时，腐蚀介质（流体或者含有固体颗粒的流体）除对金属材料具有电化学腐蚀作用外，也有对金属材料表面进行磨损的作用，材料在这种磨损和电化学因素的共同作用下也会导致材料或构件发生严重的腐蚀损坏，这类腐蚀称为磨损腐蚀。

7）疲劳腐蚀：金属材料在腐蚀介质和交变应力（或循环应力）的联合作用下引发材料破坏的一种腐蚀形式，这种腐蚀也是力学因素和电化学因素共同作用的结果。

8）选择性腐蚀：某些合金在腐蚀过程中，活性较强的组元（某种元素或某一相）优先溶解或者其腐蚀溶解量大于其在合金中所占的比例，导致这种组元在合金中的比例逐渐减少，称为选择性腐蚀，如黄铜脱锌。

9）氢腐蚀（氢脆）：氢腐蚀是分子氢发生部分分解变成氢原子或者氢离子，并通过金属晶格和晶界向金属材料扩散并与不稳定的碳化物发生化学反应，从而造成材料破坏的一种腐蚀形式。

1.7 金属均匀腐蚀速度和程度的评定方法

1. 失重腐蚀速度——腐蚀速度的质量指标

通常情况下，金属发生腐蚀时质量会减少，因此，可以根据金属腐蚀前后质量的变化来表征金属的腐蚀速度，平均腐蚀速度就可以表示为单位时间单位面积金属材料的质量变化，其计算公式为

$$V^- = \frac{m_0 - m}{St} \tag{1-1}$$

式中 V^-——失重腐蚀速度，国内常用单位一般为 g/(m^2·h)；

m_0——试样腐蚀前的质量（g）；

m——试样腐蚀后的质量（g）；

S——试样腐蚀的面积（m^2）；

t——腐蚀时间（h）。

在某些情况下，腐蚀产物附着在金属材料表面并且不易除去，因此不能直接计算出失重腐蚀速度，这时可以用金属单位面积单位时间增加的质量来表示，如果能够确定腐蚀产物的组成，就很容易换算成失重腐蚀速度，不过有时腐蚀产物的成分复杂，需要借助现代技术手段进行分析和表征。

2. 年腐蚀深度——腐蚀速度的深度指标

对于薄壁器件，可用器件壁厚减薄程度来表征腐蚀速度，选择具有足够精度的仪器直接测量腐蚀前后材料的厚度，根据式（1-2）进行计算。

$$V_p = \frac{\Delta h}{t} \tag{1-2}$$

式中 V_p——腐蚀深度（mm/a）；

Δh——试样腐蚀前后的厚度减少量（mm）；

t——时间（a）。

3. 腐蚀速度的电流表征法

根据法拉第定律，在电极上析出或溶解的物质的量与通过电化学体系的电量成正比，与电极反应的电荷数成反比。设通过金属阳极的电流为 I，则在时间 t 内通过的电量为 It，相应溶解腐蚀掉的金属的质量为

$$\Delta m=\frac{AIt}{nF}=\frac{A}{n}\cdot\frac{It}{F} \tag{1-3}$$

式中 A——1mol 金属的相对原子质量（g/mol）；

n——金属失去电子变成阳离子的化合价；

A/n——腐蚀金属的化学当量；

F——法拉第常数，其值大约为 96500C/mol。

式（1-3）也说明，金属腐蚀的质量损失与该金属的化学当量（A/n）成正比，与金属腐蚀产生的电量（It）成正比。

4. 三种均匀腐蚀速度的相互换算

对于均匀腐蚀，以上三种腐蚀速度可以相互换算，将式（1-3）两边分别除以腐蚀面积和腐蚀时间，就可得

$$\frac{\Delta m}{St}=\frac{AIt}{nFSt}=i\cdot\frac{A}{nF}=V^{-} \tag{1-4}$$

式（1-4）中，$i=I/S$ 为阳极金属的腐蚀电流密度。式（1-4）将腐蚀电流密度和失重腐蚀速度联系起来了。在工程实践中，对于均匀腐蚀，只要能测量出腐蚀电流密度，就可以根据式（1-4）计算出金属的失重腐蚀速度。

同样，引入材料的密度参数 ρ，也可以将均匀腐蚀的深度指标与失重腐蚀速度联系起来。因为密度与体积的乘积等于质量（也就是腐蚀质量损失），而体积与材料的表面积和厚度有关，经过计算，可以得出

$$V^{-}=\frac{m_0-m}{St}=\frac{\rho S\Delta h}{St}=\rho V_{\mathrm{p}} \tag{1-5}$$

式中 $\rho S\Delta h$——金属腐蚀的失重量。

式（1-5）可以进一步变化为

$$V_{\mathrm{p}}=\frac{V^{-}}{\rho} \tag{1-6}$$

结合式（1-4），可得

$$V_{\mathrm{p}}=\frac{iA}{nF\rho} \tag{1-7}$$

式（1-4）~式（1-7）给出了腐蚀速度三种表示方法之间的换算关系。不过值得注意的是，这三种腐蚀速度一般只适用于均匀腐蚀的情况，对于非均匀腐蚀和局部腐蚀，上述的公式一般不适用，这时需要其他的评定方法。同时，在通过上述公式进行计算时，要注意单位的换算关系。

5. 局部腐蚀速度的评定方法

金属材料的局部腐蚀种类繁多，情况也千差万别，腐蚀机理又不尽相同，不能采用前述

的均匀腐蚀速度的表示方法来表征局部腐蚀。目前对于局部腐蚀速度的评价方法并没有一个统一的评价标准，但根据金属腐蚀的电化学理论，大多数金属在电解质溶液中发生的都是电化学腐蚀，因此必然有电化学相关参数的变化（例如，腐蚀电流密度的变化，小孔腐蚀击穿电位的变化等），通过测量这些电化学参数可以从一定程度上评价局部腐蚀的速度变化情况。

另一方面，金属发生腐蚀之后，很多情况下会发生力学性能的变化（例如，强度降低、硬度变小等），因此也可以用金属腐蚀前后力学性能的变化间接表示局部腐蚀的速度。例如，假设试样在腐蚀前后的抗拉强度分别为 R_m、R'_m，伸长率分别为 A、A'，则在规定的时间内，可以通过评定材料的抗拉强度和伸长率的损失来表示局部腐蚀速度。

$$K_R = \frac{R_m - R'_m}{R_m} \times 100\% \tag{1-8}$$

$$K_A = \frac{A - A'}{A} \times 100\% \tag{1-9}$$

以上的力学性能的评价方法不仅适用于金属材料，也适用于高分子材料和无机非金属材料的腐蚀评价。但是，对具体的局部腐蚀类型要具体分析，结合实际需要采用适当的评价方法从多方面进行评定。例如，对于小孔腐蚀，可以通过评价点蚀密度、点蚀深度、保护电流、击穿电位等指标进行综合评定。另外，值得注意的是，式（1-8）和式（1-9）用材料整体性能来代替局部腐蚀的情况仍然存在一定的局限性。

6. 金属耐蚀性（腐蚀程度）的评定标准

对于全面均匀腐蚀来说，根据金属年腐蚀深度的不同，可将金属的耐蚀性分为十级标准（表 1-1）和三级标准（表 1-2）。三级标准比十级标准的分类要粗略得多，并且这种分类标准只适用于全面均匀腐蚀，对局部腐蚀不适用。

表 1-1　均匀腐蚀的十级标准

耐蚀性评定	耐蚀等级	腐蚀深度/(mm/a)	耐蚀性评定	耐蚀等级	腐蚀深度/(mm/a)
Ⅰ完全耐蚀	1	<0.001	Ⅳ尚耐蚀	6	0.1~0.5
Ⅱ很耐蚀	2	0.001~0.005		7	0.5~1.0
	3	0.005~0.01	Ⅴ欠耐蚀	8	1.0~5.0
Ⅲ耐蚀	4	0.01~0.05		9	5.0~10.0
	5	0.05~0.1	Ⅵ不耐蚀	10	>10.0

表 1-2　均匀腐蚀的三级标准

耐蚀性评定	耐蚀等级	腐蚀深度/(mm/a)
耐蚀	1	<0.1
可用	2	0.1~1.0
不可用	3	>1.0

1.8 金属腐蚀与防护学科的主要研究内容及任务

1. 研究材料在不同环境条件下腐蚀破坏的本质机理和规律

1）现代腐蚀电化学理论：腐蚀与防护是一门交叉性很强的学科，涉及化学、电化学、物理学、工程材料学、固体物理、物理化学、力学等多个学科，融合现代其他学科知识发展现代腐蚀电化学理论势在必行。

2）新体系（新材料/新环境）的腐蚀行为：随着现代科技的发展，新材料、新技术及不断出现的复杂腐蚀环境等，都对金属的腐蚀行为产生了重要的影响，研究不断出现的新体系的腐蚀行为（包括腐蚀历程、腐蚀破坏的本质、腐蚀的规律及其机理等）也是现代腐蚀科学的重要任务。

3）局部腐蚀：局部腐蚀隐蔽性大、破坏性强，进一步深入研究不同局部腐蚀形态的腐蚀机理及其规律对于预防局部腐蚀破坏具有重要意义。

4）极端环境下的腐蚀：随着现代高科技的发展，对材料在极端环境下（如深海潜水、深空探测、大飞机、军事卫星、高原高寒等）的服役行为提出了新的要求，研究不断出现的新材料在极端环境下的腐蚀行为也是目前腐蚀科学研究的迫切任务。

5）表面涂覆条件下的腐蚀：腐蚀本质上是发生在金属表面的得失电子过程，如果对材料表面进行各种材料的涂覆，可以将腐蚀介质与基体金属隔离开来，从而有效预防腐蚀的发生，因此，表面涂层的腐蚀行为、腐蚀机理及腐蚀规律也同样值得深入研究。

6）研究方法：主要包括对现代腐蚀测试、腐蚀控制及腐蚀行为检测等的方法学进行研究。

2. 研究如何有效控制材料腐蚀破坏

1）高耐蚀材料研制：主要研制针对不同服役环境的耐蚀新材料，如非晶态合金、无机非金属材料、合成新的高分子材料等。

2）选材、工艺和设计：根据材料与环境的相互作用行为和机理，研究具体腐蚀体系下如何进行选材、工艺设计及结构设计等。

3）电化学保护：研究如何利用现代的电化学理论发展新的电化学保护手段，以及如何对传统的电化学保护手段（如阴极保护和阳极保护）进行进一步的深入研究，以适应不同环境体系的需求，节约成本等。

4）添加剂：主要研究针对金属所处腐蚀环境，通过添加一定的物质改变电化学反应历程，使金属表面的电化学性能或者环境的腐蚀性发生变化，从而减小或抑制金属腐蚀的发生，如缓蚀剂防腐。

5）涂覆与衬里：主要研究通过各种有效的表面处理手段来减少或抑制腐蚀的发生。

本章小结

金属腐蚀是指金属与环境之间发生物理化学作用导致金属、环境或其构成的技术体系发生功能损坏的一种现象。腐蚀具有普遍性、必然性、隐蔽性等特点。腐蚀与材料的表面性质密切相关。

腐蚀的本质是金属与其所处服役环境组成了一个热力学不稳定的高能体系，这一体系具有自发向低能量体系转化的趋势，从而使体系的能量降低。

腐蚀的分类如下：

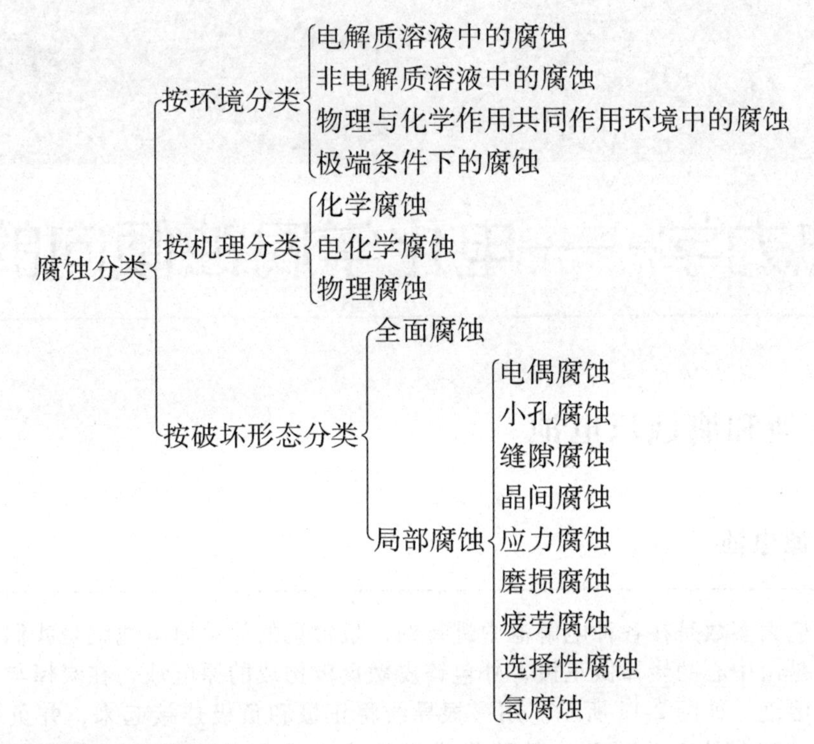

均匀腐蚀的腐蚀速度表示方法

1）失重腐蚀速度：$V^{-}=\dfrac{m_0-m}{St}$

2）腐蚀深度：$V_{\mathrm{p}}=\dfrac{\Delta h}{t}$

3）腐蚀失重与电流的关系：$\Delta m=\dfrac{AIt}{nF}=\dfrac{A}{n}\cdot\dfrac{It}{F}$

4）失重腐蚀速度与腐蚀深度的关系：$V_{\mathrm{p}}=\dfrac{V^{-}}{\rho}$

5）腐蚀深度与电流密度的关系：$V_{\mathrm{p}}=\dfrac{iA}{nF\rho}$

课后习题及思考题

1. 举例说明什么是腐蚀。腐蚀定义中的三个基本要素是什么？什么是耐蚀性和腐蚀性？
2. 对于均匀腐蚀体系，表征其腐蚀速度的指标有哪些？如何进行计算？
3. 举例说明研究金属腐蚀与防护的重要性。
4. 列举一些我国在腐蚀科学发展上的重要科学家及他们的主要贡献。
5. 腐蚀如何进行分类？
6. 从腐蚀的定义出发，说明如何控制腐蚀的发生。

第2章

腐蚀热力学——电化学腐蚀倾向的判断

2.1 原电池和腐蚀原电池

2.1.1 原电池

电化学反应大多数是在各种电解池中进行的，最常见的简单原电池就是我们日常生活中的干电池，它是由中心的炭棒做正极，外包锌皮做负极构成的原电池，在炭棒与外包锌皮之间充满电解质溶液，如图 2-1a 所示。用一根导线将正极和负极连接起来，并负载一个具有电阻的灯泡，这时灯泡就会发光，从能量学的观点来看，电池就对灯泡做了功。这个功（或者称为能量）就来自于干电池中发生的以下化学反应：

负极（锌皮）： $$Zn \longrightarrow Zn^{2+} + 2e \tag{2-1}$$

正极（炭棒）： $$2H^{+} + 2e \longrightarrow H_2 \tag{2-2}$$

总反应： $$Zn + 2H^{+} \longrightarrow Zn^{2+} + H_2 \tag{2-3}$$

图 2-1a 所示的干电池工作原理可以进一步简化成图 2-1b 所示的原电池形式。在电化学理论中，把负极上发生的反应称为阳极反应，这一反应是金属失去电子变成金属离子的过程，因此，又把物质失去电子的过程称为氧化过程，相应的反应称为氧化反应；相反，把正极上得到电子的过程称为还原过程，相应的反应称为还原反应。

随着反应的不断进行，外包锌皮的腐蚀不断产生电子，电子在回路中流动就形成电流，电流对外做功使灯泡持续发光，其结果是锌被腐蚀形成锌离子，造成材料的损失。当锌失去电子变成锌离子后，锌离子就会脱离锌的表面进入电解质溶液中，同时失去的电子必然也会脱离锌表面进入炭棒表面与氢离子发生还原反应。图 2-1 所示干电池发生化学反应的结果就是对外转换为灯泡发光所需要的电能。因此，图 2-1 所示的干电池其实是一个将化学能转变为电能的装置，这个装置产生的电能来自于原电池中发生的化学反应。

2.1.2 腐蚀原电池

1. 什么是腐蚀原电池

如果将图 2-1 所示干电池的两个电极（锌皮和炭棒）抽象为两个独立的异种金属电极

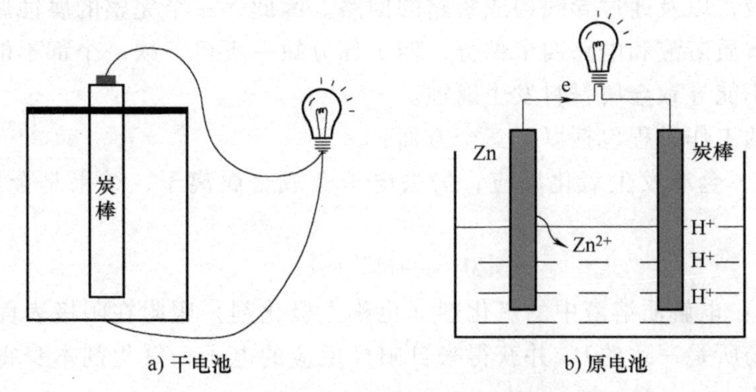

图 2-1 干电池以及原电池工作原理示意图

（M1 和 M2），并且直接用电阻近似为零的导线连接，并忽略整个体系的溶液电阻，就构成一个短路的原电池，如图 2-2 所示。此时原电池由于直接短接，体系也没有负载，其端电压就为 0，因此原电池将不能对外界做实际有用功。但由于两种金属的电化学性质的差异构成了热力学不稳定系统，仍然会发生电化学反应，不过此时的电化学反应不能将化学能转化为电能，而只能全部以热能的形式耗散在体系内部。

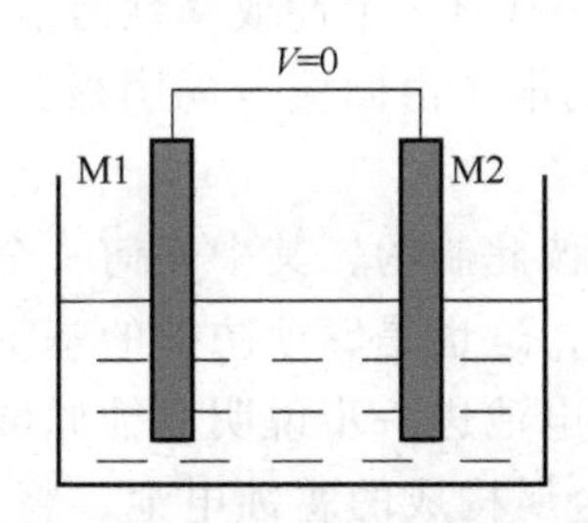

图 2-2 短路的原电池（腐蚀原电池）示意图

由于图 2-2 所示短路原电池仍然要发生电化学反应，把电极表面进行阳极反应（氧化反应）的电极称为阳极，而电极表面发生阴极反应（还原反应）的电极称为阴极。假设 M1 表面发生阳极反应，那么反应的结果就是 M1 金属材料不断遭受腐蚀破坏，转变为金属离子，而 M2 表面便会发生某种物质得到电子的反应。这是一个典型的腐蚀反应，进行这种腐蚀反应的短路原电池就称为腐蚀原电池。所以腐蚀原电池的定义是：只导致金属材料腐蚀破坏而不能对外做有用功的短路原电池。

以上关于腐蚀原电池的定义说明了腐蚀原电池的三个特点。

1）腐蚀原电池导致了金属的腐蚀破坏。如果形成的腐蚀原电池不能导致金属材料的破坏，也就是金属表面不发生失去电子的氧化过程，就不能称为腐蚀原电池。

2）腐蚀原电池的电化学反应所释放的能量不能对外做有用功，只能以热量的形式耗散在腐蚀原电池内部。这也是日常干电池直接用导线连接会发热的原因。腐蚀的结果同样要产生化学能，化学能不能对外做有用功，只能转化为内部热量。

3）腐蚀原电池的电极反应都是以最大程度的不可逆过程方式进行的，也就是说腐蚀反应要进行到电位较负的金属腐蚀完为止。

2. 腐蚀原电池的构成及其工作过程

一个完整的腐蚀原电池至少包含一个阳极反应和一个阴极反应，还需要具有发生电化学反应的电解质溶液，以及通过导线构成短路的回路。因此，一个完整的腐蚀原电池至少包含阳极、阴极、电解质溶液和电路四个部分，四个部分缺一不可，缺一个都不能构成完整的腐蚀原电池，也就不能导致金属材料发生腐蚀。

腐蚀原电池的工作过程包括以下三个方面：

1）阳极过程：金属发生氧化反应，失去电子变成金属离子，结果是金属被腐蚀破坏，其反应通式为

$$M \longrightarrow M^{n+}+ne \tag{2-4}$$

2）阴极过程：电解质溶液中的氧化剂（也称去极化剂）吸附在阴极表面（有时阴极反应和阳极反应的场所是一致的），并获得来自阳极反应的电子，氧化剂本身得到电子而被还原，其反应通式为

$$O(\text{氧化剂})+ne \longrightarrow R(\text{还原剂}) \tag{2-5}$$

腐蚀电化学中有两种常见的氧化剂（H^+和O_2），会产生三种常见的阴极反应，其反应式为

$$2H^++2e \longrightarrow H_2(\text{析氢腐蚀或氢去极化腐蚀}) \tag{2-6}$$

$$O_2+4H^++4e \longrightarrow 2H_2O(\text{酸性溶液中的吸氧腐蚀}) \tag{2-7}$$

$$O_2+2H_2O+4e \longrightarrow 4OH^-(\text{中性或碱性溶液中的吸氧腐蚀}) \tag{2-8}$$

3）电流回路：金属腐蚀失去的电子由阳极流向阴极，吸附在阴极表面的氧化剂得到电子，两者构成完整的电流回路。

以上三个过程既相互独立，又彼此制约，其中任何一个受到抑制，都会使腐蚀原电池工作强度减少，甚至使腐蚀反应停止，这也是腐蚀防护的基本原理和思路。

下面以常见的Cu-Zn电偶腐蚀电池进一步说明腐蚀原电池的工作历程。

图2-3所示为由Cu、Zn两种金属构成的腐蚀电池，将Cu和Zn都浸入盐酸溶液中，并用导线连接起来，由于Cu的电化学性质比Zn稳定，构成腐蚀电池时，Zn作为阳极，发生阳极反应，失去电子变成锌离子（$Zn \longrightarrow Zn^{2+}+2e$）；作为阴极的Cu电极则不发生腐蚀反应，但它提供了阴极反应的场所，溶液中的H^+吸附在Cu的表面并获得来自锌电极的电子，本身被还原生成氢气（$2H^++2e \longrightarrow H_2\uparrow$）。

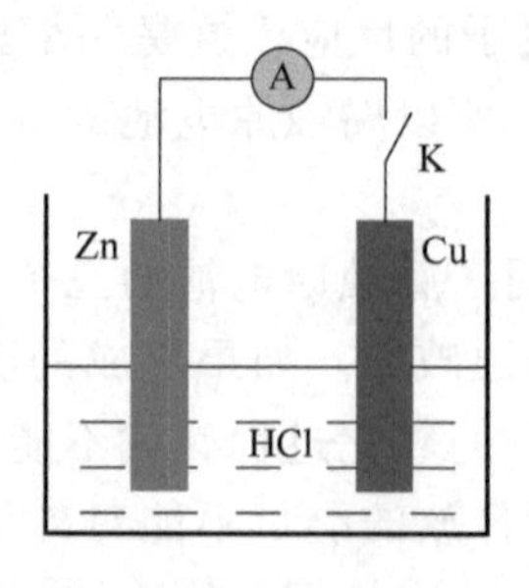

图2-3　Cu-Zn电偶腐蚀电池

值得注意的是，图2-3所示的阳极反应和阴极反应的场所在不同的地方。有的腐蚀电池阴、阳极反应的场所是一致的，例如，将铁放入质量分数为3%的NaCl溶液中，阴极反应和阳极反应都在铁的表面进行，尽管发生的场所是一致的，但是电化学反应历程仍然遵循前面的规律。

3. 腐蚀原电池形成的原因

金属的腐蚀是金属材料与其所处服役环境之间发生化学或电化学相互作用导致金属材料失效或破坏的形式，因此，腐蚀电池的形成是由于金属材料与环境之间存在电化学性能差异而导致的，也就是金属和环境存在电化学不均匀性可以导致腐蚀电池形成的原因。

（1）金属方面

1）金属材料的成分不均匀：金属材料在冶炼及加工成形过程中会引入合金元素或杂质元素导致形成不同的相，从而造成材料的成分不均匀，如铸铁中的石墨、铁碳合金中的渗碳体、合金钢中的合金渗碳体等。

2）金属材料的表面状态不均匀：一般金属在自然环境中都会形成一层氧化膜，如果形成的氧化膜有孔隙、缺陷、损伤等，那么完整薄膜部分的电位将高于有缺陷部位的电位，形成腐蚀微电池；另外，如果腐蚀产物在材料表面覆盖不均匀，裸露的基体金属与腐蚀产物之间也会形成腐蚀原电池。

3）组织结构不均匀：在多数情况下，金属都是由许多小的晶粒组成的多晶体，晶粒与晶粒之间会有晶界，造成晶粒与晶界的电化学差异，从而在电解质溶液中发生腐蚀破坏。

4）应力和形变不均匀：在设备的制造及服役过程中，不同部分受到不同的应力（如拉伸、弯曲、疲劳等），产生不均匀的应变，应变大和应力集中的部分往往比较脆弱，一般作为腐蚀电池的阳极，从而与其他阴极性部分形成腐蚀原电池。

5）“亚微观”不均匀：金属结晶点阵中的位错、元素分布的差别、热处理过程中造成的相分布不均匀，以及金属制造过程中原子分布不均匀等都是亚微观状态的不均匀。

（2）环境方面

1）金属离子浓度差异：当电解质溶液中各个部分存在盐浓度差异时，由于金属离子浓度不同，与这些溶液部位接触的金属表面电位就会存在差别，从而形成腐蚀原电池。

2）氧浓度差异：大多数电解质溶液都暴露在空气中，总会溶解部分氧气，而溶解氧气的浓度随着溶液深度的变化而有所变化；同时，氧浓度也会与构件的结构、介质的流速、液体对氧的溶解能力等有关，从而造成氧浓度的差异。例如，缝隙腐蚀中缝内外氧浓度的差异，黏土和砂土对氧的溶解能力的差异，也会导致腐蚀电池的形成。

3）温度差异：温度差异在有传热设备（如换热器、暖气片、冷却塔、化学反应器等）的腐蚀环境中是普遍存在的。

值得注意的是，腐蚀电池的形成并不是发生腐蚀的根本原因，腐蚀电池的形成只是发生腐蚀的必要条件，意味着可能发生腐蚀，提供了腐蚀反应发生的场所。实际上，根据热力学观点，只有使腐蚀体系能量降低的过程才是自发过程，才能使腐蚀发生。

4. 宏观腐蚀电池与微观腐蚀电池

（1）宏观腐蚀电池　宏观腐蚀电池通常是指由肉眼可分辨的电极（包括阳极和阴极两部分）构成的腐蚀电池，主要包括以下几类：

1）两种不同金属构成的电偶腐蚀电池。当两种具有不同电化学性质（不同电位）的异种金属直接接触，并处于同一种电解质溶液中时，一般情况下，电位较负的金属发生腐蚀，而电位较正的金属腐蚀速度减小，这种腐蚀电池称为电偶腐蚀电池。实际上，很多金属都可以发生电偶腐蚀，只不过在宏观上无法分辨阴阳极，如 Cu 中分布着杂质 Zn，在电解质溶液中发生的就是电偶腐蚀，但是阴阳极在宏观上不容易区分。因此，只有宏观上容易区分阴阳极的异种金属构成的电偶腐蚀电池才能称为宏观电池，图 2-3 所示的就是一种典型的宏观电偶腐蚀电池。另外，螺钉与钢板的连接也可以构成宏观电偶腐蚀电池。

2）氧浓差电池。在金属腐蚀中，有氧参与的金属腐蚀十分普遍，吸氧腐蚀是常见的金属腐蚀类型。当金属与氧含量不同的电解质溶液相接触时，位于高氧浓度区域的金属为阴极，位于低氧浓度区域的金属为阳极，阳极性金属部分由于电位较低将被溶液腐蚀，而阴极性金属部分由于电位较高则可能得到保护。图 2-4 中黏土与砂土中氧含量的差异，以及螺钉连接的缝隙内外氧含量的差异都会导致形成宏观上的氧浓差电池。

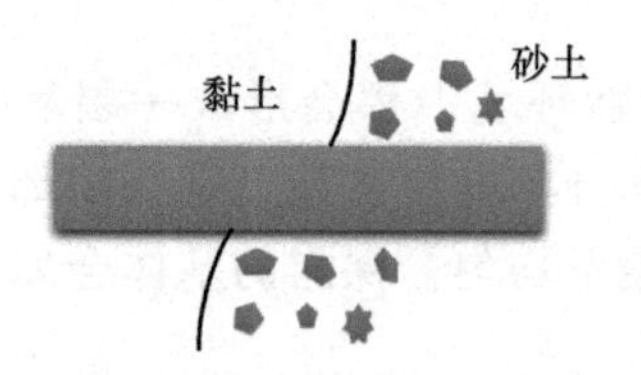

a) 黏土和砂土形成的氧浓差电池

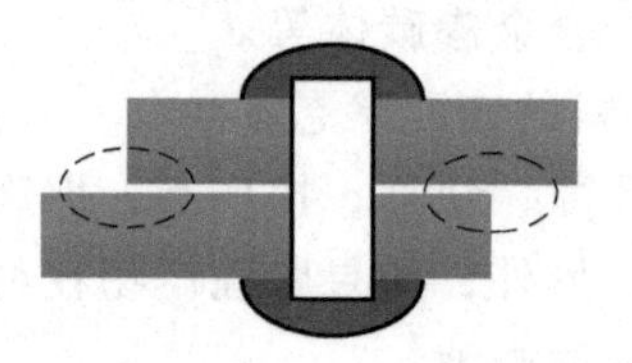
b) 缝隙内外形成的氧浓差电池

图 2-4　氧浓差电池

3）盐浓差电池。根据腐蚀电化学理论，电极电位的大小与电极所处的电解质环境密切相关，特别是与电解质溶液中的离子浓度有关，这种由于离子浓度的差异导致同种金属在不同离子浓度中的电化学差异构成的电池称为盐浓差腐蚀电池。如图 2-5 所示，金属 M 分别浸没在自身离子不同浓度的溶液中，并通过盐桥和导线构成腐蚀电池回路，金属离子浓度高的部分作为腐蚀电池的阴极，而离子浓度低的电极作为腐蚀电池的阳极发生腐蚀，电子由阳极流向阴极。

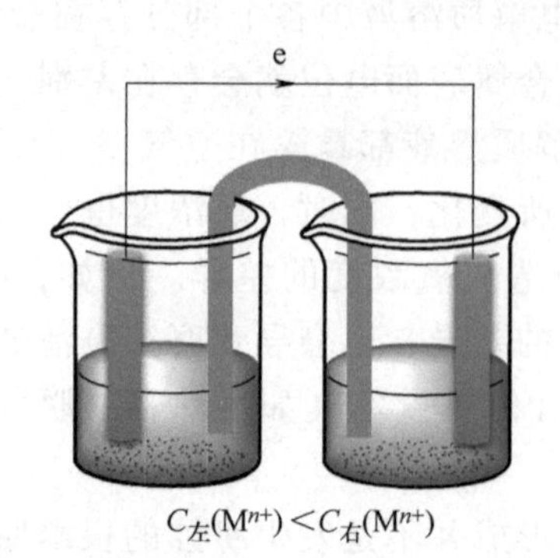

图 2-5　金属离子浓度差异形成的盐浓差电池

4）温差电池。在许多工业应用场合，如换热器、暖气片、化工反应塔等，在设备的不同部分具有不同的温度，并处于同一种电解质溶液中，这样构成的腐蚀电池称为温差电池。一般情况下，温度高的部分作为腐蚀电池的阳极发生腐蚀，而温度低的部分作为阴极得到保护，如不锈钢换热器高温端比低温端的腐蚀严重就是由于形成温差电池造成的。

（2）微观腐蚀电池　微观腐蚀电池是指用肉眼难以区分阳极区和阴极区尺寸大小的腐蚀电池。微观电池大多数情况下是因金属表面电化学的不均匀性引起的，如金属中的杂质、表面缺陷、表面膜不完整、金属材料组织结构差异等都可以导致形成微观腐蚀电池。

如果微观腐蚀电池的阴、阳极位置不断发生变化，则腐蚀形态是全面腐蚀，如将纯铁放入稀盐酸溶液中，阴、阳极位置不断交替变化，很难区分阳极反应区和阴极反应区。如果阴、阳极位置固定不变，则腐蚀形态是局部腐蚀，这种腐蚀隐蔽性很强，在发生腐蚀之前及腐蚀过程中很难区分阳极区和阴极区。但当材料腐蚀严重时，如小孔腐蚀已经形成小孔，那么这时可以区分阳极区和阴极区。

值得注意的是，由于金属材料表面总是存在微观不均匀性，宏观腐蚀电池和微观腐蚀电池往往同时存在。

2.2 电极系统与电极反应

2.2.1 电极系统

一个完整的腐蚀电池至少包含一个阳极反应和一个阴极反应，因此，电化学腐蚀其实是阳极和阴极的电极反应结果。要弄清楚金属电化学腐蚀过程的发生原因和主要规律，首先要弄清楚电极反应的基本理论。

能够导电的物体称为导体，腐蚀电化学中常见的两类导体是金属导体和离子导体。如：将金属铁棒浸没在盐酸溶液中，金属铁棒就是金属导体，盐酸溶液就是离子导体。一个系统中由化学性质和物理性质一致的物质所组成而与系统中的其他部分之间有界面隔开的集合体称为相，因此相应就有离子导体相（盐酸溶液）和电子导体相（金属）。

电子导体相（如金属）和离子导体相（如电解质溶液）相互接触时，如果两相之间有电荷从一个相通过两相界面转移到另外一个相，这个系统就称为电极系统。例如，当图 2-1 中外包锌皮（固相）和电解质溶液（液相）相互接触，并且锌发生腐蚀（也就是锌发生了化学反应)，这时就有电子通过两相之间的界面从锌表面转移到溶液中，因此就构成了一个电极系统。但是，当两个相互接触的相都是电子导体相，虽然两个相由不同的物质组成(如 Cu 和 Zn 直接接触)，在两相之间有电荷转移时，电子只是从一个导体穿越两相之间的界面而进入另外一个相，两相之间的界面并不发生化学变化，这样的系统就不能称为电极系统。

从以上的电极系统定义可以看出，伴随着两个非同类导体相之间的电荷转移，两相界面上必然发生化学反应（金属失去电子被腐蚀，或氧化剂得到电子被还原)。因此，电极系统最基本的特征是，伴随着电荷（可以是电子或者带电离子）在两相之间的转移，同时会在两相之间的界面发生物质的变化（化学变化)，即电荷转移要依靠两种不同的带电粒子（电子和离子）之间相互转移电荷来实现。

2.2.2 电极

在多数情况下，电极是指组成电极系统的电子导体相或电子导体材料，如干电池的外包锌皮和中间炭棒都是电极，在说明电化学测量实验装置时也常遇到工作电极、辅助电极、参比电极等；少数情况下，电极是指电极反应或整个电极系统。

在腐蚀电化学中，电极主要分为单电极和多重电极。单电极是指在电极的相界面（金属/溶液）上只进行单一的电极反应。多重电极是指在一个电极上同时发生两个或两个以上的电极反应。例如，铁浸没在盐酸溶液中，阳极反应和阴极反应的场所都在铁的表面，因此属于多重电极，这在实际腐蚀中较为常见，这种电极有时也称为均相电极。

下面介绍几种常见的单电极。

1. 金属电极

金属电极包括两类：第一类金属电极和第二类金属电极。第一类金属电极主要指金属浸没在自身离子溶液中构成的电极，金属离子可以穿过金属与自身离子溶液构成的相界面进入溶液中，溶液中的金属离子也可以扩散到金属表面被还原。第二类金属电极是指溶液中阴离子能与失去电子的金属离子形成难溶化合物，在电极反应中，除涉及金属电极材料和溶液两个相外，还出现金属的难溶化合物。

例 1 第一类金属电极：一块金属铜片浸没在无氧的 $CuSO_4$ 水溶液中，铜片作为电子导体相，$CuSO_4$ 水溶液为离子导体相，两相构成一个电极系统，发生式（2-9）所示的电极反应，金属铜片发生腐蚀生成的 Cu^{2+} 穿越相界面进入溶液中，同时溶液中的 Cu^{2+} 也可以穿越两相之间的界面进入铜电极表面被还原。

$$Cu \rightleftharpoons Cu^{2+}+2e \tag{2-9}$$

在上述反应中，伴随着正电荷从铜片转移到溶液中，铜表面的 Cu 原子失去两个电子变成溶液中的 Cu^{2+}，上述反应式从左至右进行；反之，伴随着正电荷 Cu^{2+} 迁移到铜表面，则上述反应式从右至左进行。当从左至右的反应速度等于从右至左的反应速度时，电极反应达到平衡，宏观上看起来电极反应停止，但实际上电极反应仍在不断进行，只不过正向反应速度和逆向反应速度相等，由于两个反应都发生在铜表面，因此正向和逆向的电流密度也相等，此时电极反应处于平衡状态。这种处于平衡状态的单电极的电流密度称为交换电流密度，一般记为 i_0。

例 2 第二类金属电极：将一块银片表面覆盖 AgCl 膜层，并浸没在 NaCl 溶液中，构成一个电极系统，电子导体相为 Ag 电极，离子导体相为含 Cl^- 的水溶液，在 Ag 和 NaCl 水溶液两相之间有电荷转移时，发生如下的电极反应：

$$Ag+Cl^- \rightleftharpoons AgCl+e \tag{2-10}$$

这个电极反应与第一类电极反应的差别在于电极反应产物是处于两相界面上的固体 AgCl，实际上由下面两个反应所组成：

$$Ag \rightleftharpoons Ag^+ +e \tag{2-11}$$

$$Ag^+ +Cl^- \rightleftharpoons AgCl \tag{2-12}$$

反应式（2-12）因为没有得失电子，因此不是电化学反应。

2. 气体电极

有些贵金属（常用铂片）浸没到不含自己离子的溶液中时，由于贵金属呈化学惰性，不能以离子形式进入溶液中，一些溶于溶液中的气体物质吸附在电极表面，并使气体发生化学反应，这时电子导体相表面只交换电子，不交换离子，这种电极称为气体电极。腐蚀电化学中常见的气体电极主要包括氢电极和氧电极。

例 3 氢电极：将一个镀有铂黑的铂片浸没到氢气气氛的 HCl 溶液中，此时电子导体相

是铂片，离子导体相是 HCl 溶液，两相之间的界面上有电荷转移时，发生的电极反应为

$$\frac{1}{2}H_2 \rightleftharpoons H^+ + e \qquad (2\text{-}13)$$

例 4　氧电极：将镀有铂黑的铂片浸没到氧气气氛的 NaOH 溶液中，在电子导体相和离子导体相之间有电荷转移时，发生的电极反应为

$$4OH^- \rightleftharpoons O_2 + 2H_2O + 4e \qquad (2\text{-}14)$$

在上述的氢电极和氧电极的电极反应中，铂片只是 H^+或者氧气取得电子的场所，并不参与实际的电极反应。

3. 氧化还原电极

与气体电极类似，电子导体相也是惰性贵金属，在金属电极表面只有电子可以交换，并且只有电子可以穿过相界面的一种金属电极称为氧化还原电极。如，将铂片浸在含有 Fe^{3+}和 Fe^{2+}的水溶液中，发生的电极反应为

$$Fe^{2+} \rightleftharpoons Fe^{3+} + e \qquad (2\text{-}15)$$

2.2.3　电极反应及其特点

在电极表面发生电化学反应时，除电子的交换外，还有离子的交换（也就是化学反应），并且交换发生在不同的导体之间，主要是电子导体相和离子导体相之间。因此，电极反应的定义是，在电极系统中伴随着两个非同类导体之间的电荷转移而在两相界面上发生的化学反应。

在电极反应中，既有反应物质的变化（化学反应），也有电荷在两相之间的转移过程，两者是同时发生的，缺少一个都不能称为电极反应。除此之外，电极反应还具有如下特点：

1）因为电化学反应是包含化学反应的特殊反应形式，因此，化学反应的基本规律仍然适用于电化学反应。另外，电极反应是伴随着两类不同导体之间的电荷转移过程发生的，因此，在电极反应式中一定包含电子（e）反应物或产物，没有得失电子的反应不能称为电极反应，如式（2-12）就不能称为电极反应，也就没有电极电位。

2）电极材料必须能够释放电子或吸收电子。如：**例 1** 中的 Cu 电极可以在氧化过程中生成 Cu^{2+}，并且能够释放出电子；**例 2** 中的 Ag 电极在生成 Ag^+的同时释放出一个电子；气体电极和氧化还原电极采用的铂片就是释放电子和吸收电子的物质。

3）电极反应本质上是一种表面反应，电极反应必须发生在电极表面上，这是因为电子的释放和吸收都是在电极表面进行的，因此电极材料的表面性能和表面行为对材料的腐蚀性能具有非常重要的影响。

4）在电极反应式一侧的反应物中，至少有一种物质失去电子，将电子给予电极；而在反应式的另一侧，至少有一种物质得到电子。当一种物质失去电子时，这种物质就被氧化了，得到的物质就是这种物质的氧化体，反应的结果是处于还原态的物质被氧化；反之，当一种物质得到电子时，就称这种物质被还原，得到的相应物质就是这种物质的还原体，反应的结果是处于氧化态的物质被还原。由此可见，电极反应要么是氧化反应要么是还原反应，相当于一个氧化还原反应的一半。

2.3 电化学位与电极电位

2.3.1 化学位及可逆化学反应的平衡条件

在化学反应中，如果一个体系从左向右进行反应的吉布斯自由能变化小于零（$\Delta G<0$），那么这个反应可以从左向右自发进行；反之，当这个体系从左至右的吉布斯自由能大于零（$\Delta G>0$），那么从左至右的反应不能进行，其逆过程可以自发进行；当这个体系的吉布斯自由能变化为零（$\Delta G=0$）时，体系达到平衡，宏观上不发生状态和物质量的变化。

化学位又称化学势，通常指偏摩尔自由能。其基本定义为，在恒温恒压系统中，一个无限大的体系中有 n 种组分，当其他组分的组成保持不变，体系中仅组分 i 增加 1mol 所引起的吉布斯自由能的变化，表示为

$$\mu_i=\left(\frac{\partial G}{\partial n_i}\right)_{T,p,n_j} \tag{2-16}$$

式中 μ_i——组分 i 增加 1mol 引起的吉布斯自由能变化；

n_i——组分 i 的物质的量；

n_j——除组分 i 以外其他组分的物质的量不变。

由此可以得到，一个体系在等温等压下的吉布斯自由能变化为

$$\mathrm{d}G=\sum\mu_i\mathrm{d}n_i \tag{2-17}$$

可见，化学位的大小和变化就反映了体系吉布斯自由能的大小和变化，它决定了物质传递的方向和限度。

设有如下的化学反应式：

$$a\mathrm{A}+b\mathrm{B}\rightleftharpoons c\mathrm{C}+d\mathrm{D} \tag{2-18}$$

当反应物 A 与 B 的吉布斯自由能高于右边产物 C 与 D 的吉布斯自由能时，反应能自发地向右进行，以吉布斯自由能变化可以表示为

$$\Delta G=(d\mu_{\mathrm{D}}+c\mu_{\mathrm{C}})+(-b\mu_{\mathrm{B}}-a\mu_{\mathrm{A}})=\sum\gamma_i\mu_i<0 \tag{2-19}$$

式中 γ_i——第 i 种物质的计量系数（习惯上将反应式右边产物的系数取正号，左边反应物前面的系数取负号）；

μ_i——第 i 种物质的化学位。

相反，当反应式吉布斯自由能变化大于零时，反应从右至左自发进行。

$$\Delta G=(d\mu_{\mathrm{D}}+c\mu_{\mathrm{C}})+(-b\mu_{\mathrm{B}}-a\mu_{\mathrm{A}})=\sum\gamma_i\mu_i>0 \tag{2-20}$$

式（2-19）和式（2-20）说明，在一个化学反应式中，反应总是从能量高的一方向能量低的一方进行，也就是从高能状态向低能状态转变，这与水往低处流是一个道理。从高能状态转变为低能状态必然释放多余的能量或者对外界做功。当反应式（2-18）两边的吉布斯自由能相等时，即

$$\Delta G=(d\mu_{\mathrm{D}}+c\mu_{\mathrm{C}})+(-b\mu_{\mathrm{B}}-a\mu_{\mathrm{A}})=\sum\gamma_i\mu_i=0 \tag{2-21}$$

这时，反应达到平衡，两边的能量相等，反应不再有新的物质变化。因此，对任意含有 j 种物质的化学反应，化学反应达到平衡的条件为

$$\Delta G=\sum \gamma_j\mu_j=0 \tag{2-22}$$

式（2-22）说明，对于任何化学反应，在等温等压条件下，当反应达到平衡时，参加反应的所有物质的化学位与其反应系数的乘积的总和为零。

2.3.2　电化学位及可逆电极反应的平衡条件

在一个电极反应中，既有物质的变化，也有电荷在两个导体相（主要是电子导体相和离子导体相）之间的转移，因此，在电极反应中，既有化学能的变化，也有电能的变化。如图 2-6 所示，相 S 表面如果带有电荷（图中以正电荷示意），将在相 S 表面建立一个电场，产生一个电位；同时，相 S 表面的物质由于与相 S 内部物质所受环境作用不一样，吸附在相 S 表面的水分子或其他有机分子会再形成一个偶极子层，产生另一个电位，两者共同构成了相 S 的内电位，用 ϕ 表示。如果将具有电荷的粒子（正电荷物质或者负电荷物质）从无穷远处移入相 S 中，除要克服带电粒子与相 S 原来物质之间的化学作用力而做功（离子在相 S 中的化学位）外，还要克服相 S 表面的内电位 ϕ 而做功。

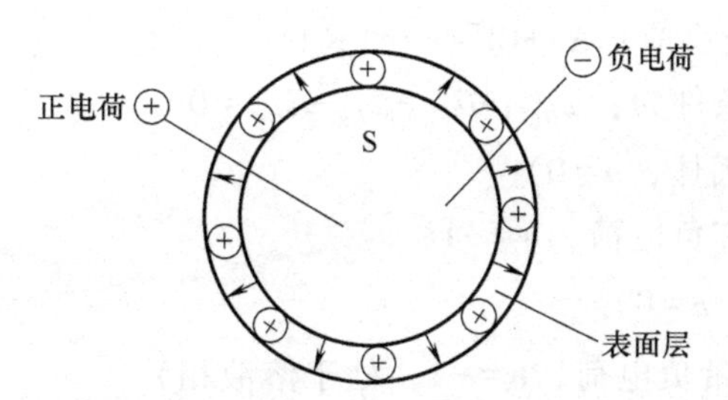

图 2-6　电极表面形成的电荷层和偶极子层

1mol 带有 n 个正电荷的金属离子具有 nF 的电量（其中，F 为法拉第常数，一般取 96500C/mol），克服内电位需要做的功就为 $nF\phi$（相应地，如果是负电荷，做功就是 $-nF\phi$），那么 1mol 带电粒子从无穷远处移入相 S 中的吉布斯自由能的变化就由两部分组成，一部分为克服相 S 所做的化学功（用化学位表示），另一部分为克服相 S 内电位而做的电功，用式（2-23）表示。

$$\left(\frac{\partial G}{\partial m_{\mathrm{M}^{n+}}}\right)_{T,p,n_j}=\mu_{\mathrm{M}^{n+}}+nF\phi=\bar{\mu}_{\mathrm{M}^{n+}} \tag{2-23}$$

式中　$m_{\mathrm{M}^{n+}}$——金属离子的摩尔质量；

$\mu_{\mathrm{M}^{n+}}$——金属离子的化学位；

ϕ——相 S 的内电位。

仿照化学位的定义，可以定义式（2-23）为电化学位，为了与化学位相区别，用 $\bar{\mu}$ 表示，$\bar{\mu}_{\mathrm{M}^{n+}}$ 就是金属离子的电化学位。

有了电化学位的概念，就可以对一个电极反应的反应方向做出类似化学反应一样的定义，即

$$\begin{cases}\sum \gamma_i \bar{\mu}_i<0, \text{电极反应可以从左向右自发进行} \\ \sum \gamma_i \bar{\mu}_i=0, \text{电极反应达到平衡} \\ \sum \gamma_i \bar{\mu}_i>0, \text{电极反应不能从左向右自发进行}\end{cases}$$

其中，γ_i 为参加电极反应物质的系数（同样，氧化体所在反应的一侧所有物质的系数取正值，还原体所在反应的一侧所有物质的系数取负值）；$\bar{\mu}_i$ 为第 i 种物质的电化学位。

下面举例说明电极反应达到平衡的条件。

例 5 第一类金属电极反应：$Cu \rightleftharpoons Cu^{2+}+2e$。

这一电极反应的平衡条件为

$$\bar{\mu}_{Cu^{2+}}+2\bar{\mu}_{e_M}-\bar{\mu}_{Cu}=0 \tag{2-24}$$

$\bar{\mu}_{Cu}=\mu_{Cu}$（Cu 为固体金属，不带电荷，$n=0$）

$\bar{\mu}_{Cu^{2+}}=\mu_{Cu^{2+}}+2F\phi_{sol}$（$Cu^{2+}$ 为阳离子，$n=2$，由于处于溶液中，以下标 sol 表示）

$\bar{\mu}_{e_M}=\mu_{e_M}-F\phi_M$（电子带负电荷，$n=-1$，在金属电极相中，以下标 e_M 表示）

将上述各物质的电化学位代入式（2-24），整理后可以得到电极反应的平衡条件为

$$\phi_M-\phi_{sol}=\frac{\mu_{Cu^{2+}}-\mu_{Cu}}{2F}+\frac{\mu_{e_M}}{F} \tag{2-25}$$

例 6 第二类金属电极反应：$Ag+Cl^- \rightleftharpoons AgCl+e$。

这一电极反应的平衡条件为：$\bar{\mu}_{AgCl}+\bar{\mu}_{e_M}-\bar{\mu}_{Ag}-\bar{\mu}_{Cl^-}=0$

$\bar{\mu}_{AgCl}=\mu_{AgCl}$（AgCl 为固体，$n=0$）

$\bar{\mu}_{e_M}=\mu_{e_M}-F\phi_M$（电子带负电荷，$n=-1$）

$\bar{\mu}_{Ag}=\mu_{Ag}$（Ag 为固体，$n=0$）

$\bar{\mu}_{Cl^-}=\mu_{Cl^-_{sol}}-F\phi_{sol}$（$Cl^-$ 带负电荷，$n=-1$，处于溶液相）

将各物质电化学位代入上述平衡条件，整理后可以得到电极反应的平衡条件为

$$\phi_M-\phi_{sol}=\frac{\mu_{AgCl}-\mu_{Ag}-\mu_{Cl^-_{sol}}}{F}+\frac{\mu_{e_M}}{F} \tag{2-26}$$

例 7 氢电极反应：$\frac{1}{2}H_2 \rightleftharpoons H^+ +e$。

这一电极反应的平衡条件为

$$\bar{\mu}_{H^+_{sol}}+\bar{\mu}_{e_M}-\frac{1}{2}\bar{\mu}_{H_2}=0 \tag{2-27}$$

$\bar{\mu}_{H^+_{sol}}=\mu_{H^+_{sol}}+F\phi_{sol}$（$H^+$ 带一个正电荷，$n=1$）

$\bar{\mu}_{e_M}=\mu_{e_M}-F\phi_M$（电子带一个负电荷，$n=-1$）

$\bar{\mu}_{H_2}=\mu_{H_2}$（氢气不带电荷，$n=0$）

代入式（2-27），得到氢电极反应的平衡条件为

$$\phi_M-\phi_{sol}=\frac{\mu_{H^+_{sol}}-\frac{1}{2}\mu_{H_2}}{F}+\frac{\mu_{e_M}}{F} \tag{2-28}$$

例 8 氧电极反应：$4OH^- \rightleftharpoons O_2+2H_2O+4e$。

这一电极反应的平衡条件为

$$\bar{\mu}_{O_2}+2\bar{\mu}_{H_2O}+4\bar{\mu}_{e_M}-4\bar{\mu}_{OH^-}=0 \tag{2-29}$$

$\bar{\mu}_{O_2}=\mu_{O_2}$（氧气不带电荷，$n=0$）

$\bar{\mu}_{H_2O}=\mu_{H_2O}$（水不带电荷，$n=0$）

$\bar{\mu}_{e_M}=\mu_{e_M}-F\phi_M$（电子带一个负电荷，$n=-1$）

$\bar{\mu}_{OH^-}=\mu_{OH^-}-F\phi_{sol}$（$OH^-$带一个负电荷，$n=-1$）

将各个物质的电化学位代入平衡条件式（2-29），经整理得到

$$\phi_M-\phi_{sol}=\frac{\mu_{O_2}+2\mu_{H_2O}-4\mu_{OH^-}}{4F}+\frac{\mu_{e_M}}{F} \tag{2-30}$$

例 9 氧化还原电极反应：$Fe^{2+} \rightleftharpoons Fe^{3+}+e$。

平衡条件为（计算过程略）

$$\phi_M-\phi_{sol}=\frac{\mu_{Fe^{3+}}-\mu_{Fe^{2+}}}{F}+\frac{\mu_{e_M}}{F} \tag{2-31}$$

由上面的例子可以看出，电极反应的平衡条件的左边为金属相和溶液相之间的电位差，这个电位差也称为电极的绝对电极电位；右边主要分成两部分，一部分为参加反应的所有物质的化学位与其系数乘积的代数和除以 nF，另一部分始终为$\frac{\mu_{e_M}}{F}$。根据这一规律可以写出任何电极反应的平衡条件，但应注意以下两点：

1）在写电极反应式时，将得到电子的氧化体及其他参与物质写在反应式的右边，将失去电子的还原体与其他反应物质写在左边，处于左边物质的化学计量系数用带负号的数字表示，右边物质的计量系数用带正号的数字表示。

2）按照上述写法书写的可逆电极反应式，从还原体向氧化体方向进行时，即电极反应式从左到右进行时，称电极反应按阳极反应方向进行，或者称这个电极反应为阳极反应；相反，当从氧化体向还原体方向进行时，称这个反应按阴极反应方向进行，或者称这个反应为阴极反应。

2.3.3 电极电位

讨论电极反应达到平衡的条件是为了判断在一定条件下一个电极反应是否处于平衡状态。那么，如果反应不是处于平衡状态，电极反应向哪个方向进行呢？要回答这一问题，首先要解决的是如何测量电极的平衡状态，那就要引入电极电位的概念，在介绍电极电位之前，有必要先弄清楚双电层的形成及其结构。

1. 双电层

由电极反应的平衡条件可以看出，电子导体相（金属）和离子导体相（溶液）都存在一个内电位（即 ϕ_M、ϕ_{sol}），由于两相内电位的不同，在电极系统的离子导体相和金属导体相之间就存在电位差（$\phi_M-\phi_{sol}$），导致在两相之间存在一个相界区。如果金属离子处于金属晶格中的位能比处于溶液中的低，则溶液中的金属离子将沉积到金属表面，在金属导体相一侧带过剩正电荷，而离子导体相一侧带过剩负电荷，金属导体侧内电位高于离子导体侧，

则 $\phi_M > \phi_{sol}$；反之，则 $\phi_M < \phi_{sol}$。作为最简单的近似，可以假设双电层为一个均匀电场，如图 2-7 所示，这个双电层的电场强度可以表示为

$$\varepsilon = -\frac{\phi_{sol} - \phi_M}{l} \tag{2-32}$$

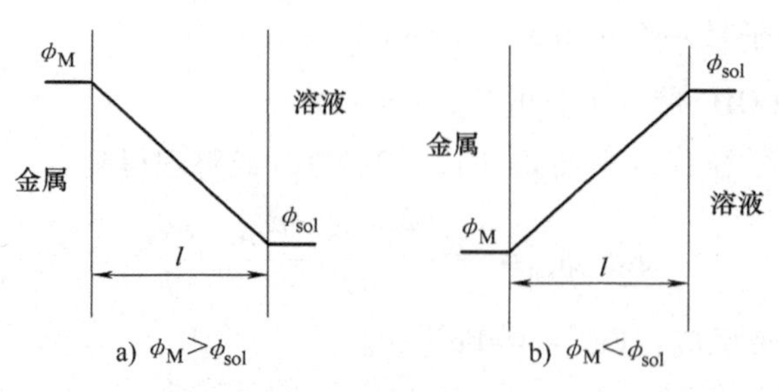

图 2-7 均匀电场的电位分布图

在金属材料与溶液之间形成的相界区通常称为双电层。图 2-7 只是粗略地表示双电层的电位分布，实际情况要复杂得多，这是因为双电层的结构较为复杂，除靠近金属表面的紧密层外，在紧密层外面还有一层空间电荷层，也称分散层。本书主要讨论图 2-7 中的均匀电场情况。

2. 绝对电极电位

当金属电极浸没到电解质溶液中后，由于双电层的形成，金属表面和电解质表面都存在一个内电位，这个内电位的差值称为绝对电极电位。对一个电极反应来说，绝对电极电位不是一成不变的，根据不同的电化学反应情况及双电层的结构，具有不同的数值。对于一个电极反应，当电极反应达到平衡时，满足 $\sum \gamma_i \bar{\mu}_i = 0$，根据这一平衡条件可以得到这样一个等式：等式的左边始终是金属与溶液之间的内电位差，这个电位差就是绝对电极电位；等式右边分为两项，一项是参加反应的除了电子以外的所有物质的化学位与其系数乘积的和除以 nF（n 为得失电子数，F 为法拉第常数），另外一项始终是 $\frac{\mu_{e_M}}{F}$。由于该等式是在平衡条件下推导出的，因此，更一般的表达式为

$$\Phi_e = (\phi_M - \phi_{sol})_e = \frac{\sum \gamma_i \mu_i}{nF} + \frac{\mu_{e_M}}{F} \tag{2-33}$$

式中 Φ_e——平衡条件下的绝对电极电位。

可以看出，当一个电极反应达到平衡时，绝对电极电位不为零，但在具体的电极反应中，达到平衡后，绝对电极电位的数值不应该再发生变化。因此，判断一个电极反应是否平衡，可以通过测量绝对电极电位的变化来表征，如果绝对电极电位在不断发生变化，那么电极反应就没有达到平衡；反之，如果在测量条件下，绝对电极电位恒定不发生变化，那么电极反应就达到了平衡。

那么，绝对电极电位如何测量呢？

现在以 Cu 浸没到水溶液中构成的电极体系为例来说明一个电极反应的绝对电极电位是无法测量的。当将铜电极浸没到水溶液中时，就构成了一个电极系统，在它们的界面将发生电极反应，Cu 电极与水溶液之间就存在绝对电极电位（$\phi_{Cu} - \phi_{H_2O}$）。如果要测量两者之间的电极电位差，就需要用一个具有高灵敏度的高电阻测量仪表，一端连着铜电极，一端用另

一个金属电极 M 连着水溶液，构成如图 2-8a 所示的测量体系，但是这样构成的测量回路的测量值却不是 Cu 电极和水溶液之间的绝对电极电位。实际上，金属 M 与水溶液也构成了一个电极系统，由于采用高电阻仪表进行测量，因此回路的电流可以认为近似为 0，这时测量仪表的读数为 E。可以将其等效电路转变成图 2-8b 所示的体系，这时，当电极反应达到平衡时，两个电极之间的电位差 E 包含了三个部分：Cu/水溶液电极系统的绝对电极电位、水溶液/M 电极系统的绝对电极电位以及 M/Cu 之间的电极电位。E 的计算式为

$$E=(\phi_{Cu}-\phi_{sol})_e+(\phi_{sol}-\phi_M)_e+(\phi_M-\phi_{Cu})_e \tag{2-34}$$

式（2-34）是在电极系统处于平衡状态下得到的，表示测量仪表的读数为三部分电极电位的总和，不能简单打开括号进行计算。Cu 电极和金属 M 电极都构成了电极系统，假设金属 M 在水溶液中发生的是失去 n 个电子的氧化反应，则两个电极在平衡状态的绝对电极电位可以表示为

$$(\phi_{Cu}-\phi_{sol})_e=\frac{\mu_{Cu^{2+}}-\mu_{Cu}}{2F}+\frac{\mu_{e_{Cu}}}{F} \tag{2-35}$$

$$(\phi_{sol}-\phi_M)_e=-\frac{\mu_{M^{n+}}-\mu_M}{nF}-\frac{\mu_{e_M}}{F} \tag{2-36}$$

式（2-34）中的 $(\phi_M-\phi_{Cu})_e$ 是两个电子良导体之间的直接接触，电子可以在两个导体之间流动而不引起物质的变化，因此不构成电极系统。由于电子可以在两个导体之间自由流动，因此可以认为电子可以穿越两个导体之间的界面而几乎不对外做功，因此，两者电化学位相等，即 $\bar{\mu}_{e_{Cu}}=\bar{\mu}_{e_M}$，也即 $\mu_{e_{Cu}}-F\phi_{Cu}=\mu_{e_M}-F\phi_{e_M}$（电子的电荷都为-1），经过变换可得

$$(\phi_M-\phi_{Cu})_e=\frac{\mu_{e_M}-\mu_{e_{Cu}}}{F} \tag{2-37}$$

将式（2-35）~式（2-37）三个平衡条件下的关系式代入式（2-34），经过整理后，就得到

$$E=\frac{\mu_{Cu^{2+}}-\mu_{Cu}}{2F}-\frac{\mu_{M^{n+}}-\mu_M}{nF} \tag{2-38}$$

由此可见，一个电极系统的绝对电极电位是无法测量的，只能测量如图 2-8b 所示的两个电极系统组成的原电池的电动势。尽管绝对电极电位无法测量，但是如果采用一个比较稳定的电极系统 M，M 在整个测量过程中的电极电位不发生变化，就可以通过测量原电池电动势 E 的变化来反映绝对电极电位的变化情况，根据 E 值的变化情况就可以对电极反应偏离平衡的情况进行判断。

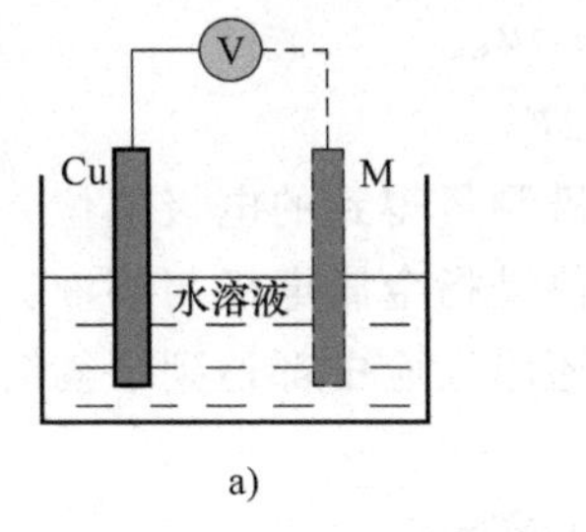

a)

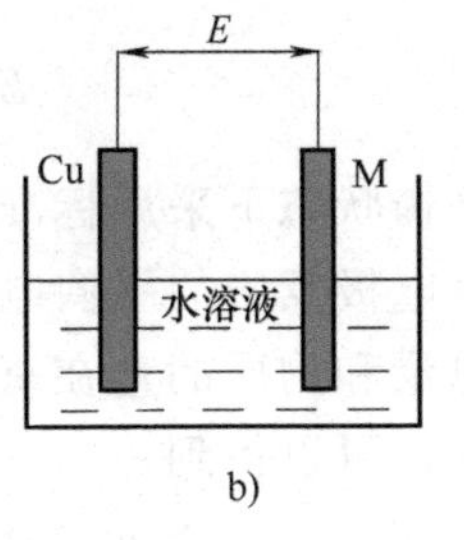

b)

图 2-8　电极系统绝对电极电位无法测量的示意图

3. 参比电极与平衡电极电位

现在已经知道，一个电极系统的绝对电极电位尽管无法测量，但是可以通过测量与这个电极系统构成的原电池的电动势的变化来表征电极系统绝对电极电位的变化值，这就需要一个比较稳定的电极，这个稳定电极的电极反应必须保持平衡，并且与该电极反应有关的反应物质的化学位应保持稳定，也就是式（2-38）的后面一项要在整个测量过程中不发生变化，这样的电极就称为参比电极。由参比电极与被测电极系统组成的原电池的电动势习惯上就称为被测电极系统的电极电位。因此，一个电极系统的电极电位大小与参比电极密切相关，在说明电极系统的电极电位时，必须指出相应的参比电极。

参比电极有很多种，如饱和甘汞电极、饱和 AgCl/KCl 电极、标准氢电极等。很多电化学手册里面可查的电极电位都是相对于标准氢电极的电极电位。将镀了铂黑的铂片浸没在 H^+活度为 1mol/L 的除氧盐酸溶液中，并且通以氢气，使氢气压力为 1atm（1atm = 101325Pa），这时组成的电极为标准氢电极，其电极反应为

$$\frac{1}{2}H_2 \rightleftharpoons H^+ + e$$

用这个电极代替图 2-8b 中的 M 电极组成原电池时，测量获得的电动势 E 就是被测 Cu 电极的电极电位，即

$$E = \frac{\mu_{Cu^{2+}} - \mu_{Cu}}{2F} - \frac{\mu_{H^+} - \frac{1}{2}\mu_{H_2}}{F} \tag{2-39}$$

由物理化学的知识知道，处于溶液中和气相中的物质的化学位可以分别表示为

$$\mu = \mu^0 + RT\ln\alpha$$
$$\mu = \mu^0 + RT\ln f$$

式中 α——液相中物质的活度（mol/L）；

f——气相物质的逸度（atm）；

μ^0——标准化学位（J/mol），表示该物质在液相中活度为 1mol/L，或者气相中的逸度为 1atm 时的化学位，μ^0 的数值与温度和压力有关，一般情况下是指压力为 1atm、温度为 298.15K（25℃）时的值；

R——理想气体常数，$R = 8.314$J/(K · mol)；

T——热力学温度（K），$T = 273.15 + t$，t 为摄氏温度。

按照化学热力学的定义，$\mu^0_{H^+} = 0$，$\mu^0_{H_2} = 0$，因此，对于标准氢电极，$\mu_{H^+} = 0$，$\mu_{H_2} = 0$，式（2-39）就变为

$$E = \frac{\mu_{Cu^{2+}} - \mu_{Cu}}{2F} \tag{2-40}$$

式（2-40）是在平衡状态下采用标准氢电极测量得到的电极电位，所以也称为电极反应的平衡电极电位。一个电极反应的平衡电极电位是指金属电极与溶液界面的电极过程建立起平衡时，电极反应的电量和物质的量在氧化、还原反应中都达到平衡时的电极电位。

根据化学位的公式，可以得到

$$\mu_{Cu^{2+}} = \mu^0_{Cu^{2+}} + RT\ln\alpha_{Cu^{2+}}$$
$$\mu_{Cu} = \mu^0_{Cu} + RT\ln\alpha_{Cu^{2+}} = \mu^0_{Cu}\text{（Cu 为固体，活度为 1mol/L）}$$

将化学位的公式代入（2-40）就得到

$$E_{e(Cu/Cu^{2+})}=\frac{\mu^0_{Cu^{2+}}-\mu^0_{Cu}}{2F}+\frac{RT\ln\alpha_{Cu^{2+}}}{2F} \tag{2-41}$$

令 $E^0_{Cu/Cu^{2+}}=\frac{\mu^0_{Cu^{2+}}-\mu^0_{Cu}}{2F}$，则式（2-41）进一步变为

$$E_{e(Cu/Cu^{2+})}=E^0_{Cu/Cu^{2+}}+\frac{RT\ln\alpha_{Cu^{2+}}}{2F} \tag{2-42}$$

类似地，对于电极反应 $Ag+Cl^- \rightleftharpoons AgCl+e$，当采用标准氢电极为参比电极时，其平衡电极电位可以很容易得出

$$E_{e(Ag/AgCl)}=E^0_{Ag/AgCl}+\frac{RT}{F}\cdot\frac{1}{\ln\alpha_{Cl^-}} \tag{2-43}$$

在利用上述方法计算平衡电极电位时应该注意以下三点：

1）电极反应中位于电极反应式右边的物质是处于氧化体状态的一方，其物质前的系数取正号；电极反应式左边的物质是处于还原体状态的一方，物质前的系数取负号。

2）固体物质的活度通常取 1mol/L，因此，固体物质的化学位就等于其标准化学位。

3）在一般的腐蚀环境中，电解质的溶剂为水，并且水含量往往较大，其活度也通常取 1mol/L。

现在，考虑更一般的情况，设有如下电极反应：

$$(-\gamma_R)R+(-\gamma_1)S_1+(-\gamma_2)S_2+\cdots \rightleftharpoons \gamma_O O+\gamma_1 S_1+\gamma_m S_m+\cdots+ne$$

R 代表还原体，O 代表氧化体，S 代表在电极反应中没有发生变化的物质，γ 为电极反应中各个物质前面的系数。

采用标准氢电极测量这个电极反应的平衡电极电位时，类似地，可以很容易得到平衡电极电位的表达式为

$$E_e=\frac{\sum\gamma_i\mu_i}{nF}=E^0+\frac{RT}{nF}\sum\gamma_i\ln\alpha_i=E^0+\frac{RT}{nF}\ln(\prod\alpha_i^{\gamma_i}) \tag{2-44}$$

其中，$E^0=\frac{\sum\gamma_i\mu_i^0}{nF}$为标准电极电位，它是指参与电极反应的所有物质都处于标准状态下（温度为 298.15K，物质的活度为 1mol/L，气体逸度为 1atm）相对于标准氢电极的电极电位。

式（2-44）就是著名的能斯特方程，利用这个方程，可以计算一个可逆电极反应达到平衡时的电极电位。如果电极反应式里面有气体，能斯特方程里面的活度应该以逸度代替，在稀溶液中，一般情况下可以用浓度近似代替活度，当然，如果气体的逸度比较小，也可以用分压来代替逸度。

在实际的电极电位测量中，应用标准氢电极十分不方便，因为标准氢电极的制备较为复杂，条件控制比较苛刻。在工程实践中，常采用其他参比电极进行测量，再利用这些参比电极与标准氢电极的电位差，就可以计算出相对于标准氢电极的电极电位。表 2-1 所列为常用的参比电极在 25℃时相对于标准氢电极的电极电位。

表 2-1　常用参比电极相对于标准氢电极的电极电位（25℃）

参比电极	标准电极电位/V	参比电极	标准电极电位/V
标准氢电极	0.0000	铜-硫酸铜电极	0.3160
饱和甘汞电极	0.2416	硫酸亚汞电极	0.6580
银-氯化银电极	0.2233		

现在，可以根据能斯特方程计算腐蚀电化学中两种常见的电极（氢电极和氧电极）反应的平衡电极电位。

氢电极的电极反应为

$$\frac{1}{2}H_2 \rightleftharpoons H^+ + e$$

根据能斯特方程，其平衡电极电位为

$$E_{e(H_2/H^+)} = E^0 + \frac{RT}{F}\ln\frac{\alpha_{H^+}}{f_{H_2}^{\frac{1}{2}}} \tag{2-45}$$

温度为 25℃，氢气压力为 1atm 时，$E^0=0$，$f=1\text{atm}$，代入式（2-45），可得氢电极的平衡电极电位为

$$E_{e(H_2/H^+)} = \frac{RT}{F}\ln\alpha_{H^+} \tag{2-46}$$

根据化学理论，溶液的 pH 值与 H^+离子活度之间的关系为

$$\text{pH} = -\lg\alpha_{H^+} = -\frac{1}{2.303}\ln\alpha_{H^+} \tag{2-47}$$

将式（2-47）代入式（2-46），经整理得到

$$E_{e(H_2/H^+)} = (-0.0591\text{pH})\text{V} \tag{2-48}$$

式（2-48）是计算氢去极化反应（阴极反应）的平衡电极电位的常用公式，可以方便地计算在标准气体压力（1atm）和 25℃时，不同 pH 对氢电极平衡电极电位的影响，可以看出，氢电极的平衡电极电位与 pH 值呈直线关系。

氧电极的电极反应为 $4OH^- \rightleftharpoons O_2 + 2H_2O + 4e$，由能斯特方程可得氧电极反应的平衡电极电位为

$$E_{e(OH^-/O_2)} = E^0_{e(OH^-/O_2)} + \frac{RT}{4F}\ln\frac{f_{O_2}\cdot\alpha^2_{H_2O}}{\alpha^4_{OH^-}} \tag{2-49}$$

当氧气的逸度为 1atm 时，$f_{O_2}=1\text{atm}$，$\alpha_{H_2O}=1\text{mol/L}$，则式（2-49）进一步简化为

$$E_{e(OH^-/O_2)} = E^0_{e(OH^-/O_2)} + \frac{RT}{4F}\ln\frac{1}{\alpha^4_{OH^-}} \tag{2-50}$$

由于 $\alpha_{H^+}\cdot\alpha_{OH^-}=10^{-14}$，并且 $\text{pH}=-\frac{1}{2.303}\ln\alpha_{H^+}$。在 25℃时，代入相关数据，可得氧电极的平衡电极电位与 pH 值的关系为

$$E_{e(OH^-/O_2)} = (1.229-0.0591\text{pH})\text{V} \tag{2-51}$$

由式（2-48）和式（2-51）可以看出，氧电极的平衡电极电位始终比氢电极的平衡电极

电位大 1.229V，意味着在同样的条件下，氧电极的电极反应更容易发生，这就是吸氧腐蚀往往比析氢腐蚀更加普遍的原因。

4. 稳态电位（非平衡电位）与非稳态电位

当金属材料与其所服役的环境发生接触时，作为阳极的金属电极反应往往很难处于平衡状态，金属将以最大限度的不可逆反应进行，直到金属腐蚀完全或者腐蚀停止为止。由于在腐蚀过程中金属不断被消耗并释放出电子，因此，对于金属电极反应（$M \longrightarrow M^{n+}+ne$），反应将主要向右（生成氧化体）进行，很难达到平衡状态。与此同时，阴极也会发生得到电子的阴极反应。阴极和阳极处于电量平衡状态，其电流相等，但阴极和阳极的物质的量却在不断发生变化。这种由电荷平衡建立起来的电位，称为稳态电位，由于电极反应处于非平衡状态，故也称为非平衡电位。

例如，将 Zn 片浸没到 HCl 溶液中，在 Zn 表面将会同时发生以下两个电极反应：

阳极：　$Zn \longrightarrow Zn^{2+}+2e$

阴极：　$2H^{+}+2e \longrightarrow H_2$

电荷达到平衡时，$I_a=I_c$（其中，a 表示阳极，c 表示阴极），阳极 Zn 失去的电子会被阴极的 H^+ 得到。

但是，若在电极系统的电极反应中，电荷和物质均无法建立平衡，电荷交换也无恒定值，因此，电位也在不断变化，无恒定电位可言，这种电位就称为非稳态电位。

2.4　电化学腐蚀倾向的判断

2.4.1　自由焓准则

大多数腐蚀反应是在恒温恒压下进行的电化学反应，根据热力学定律，一切高能状态的物质都有向低能状态转变的趋势，这个趋势的方向和大小决定了物质转变的方向和程度。在电化学腐蚀中，金属往往处于高能状态，有自发向低能状态转变的趋势。因此，发生腐蚀时，体系的吉布斯自由能会减少，腐蚀能自发进行；反之，腐蚀不能自发进行，当吉布斯自由能的变化为 0 时，反应就达到平衡。这三种情况分别表示如下：

$$\begin{cases}\Delta G<0, & \text{腐蚀反应自发进行} \\ \Delta G=0, & \text{腐蚀反应达到平衡} \\ \Delta G>0, & \text{腐蚀反应不能自发进行}\end{cases} \tag{2-52}$$

显然 $|\Delta G|$ 越大，反应的驱动力越大，自发进行腐蚀反应的倾向也就越大。式（2-52）中吉布斯自由能的变化不难计算，因为 $\Delta G=\sum \gamma_i \mu_i$，而 $\mu=\mu^0+RT\ln\alpha$，据此，可根据阳极反应和阴极反应形成的腐蚀反应进行 ΔG 的计算，从而对电化学腐蚀倾向做出判断。

例 10　pH 值对 Fe 的析氢腐蚀倾向的影响（为方便计算，假设 H_2 的压力为 1atm，并且析氢反应为唯一的阴极反应）。

如果溶液中除了 H^+ 的还原反应外，没有其他物质的还原反应，则腐蚀反应如下：

阳极反应：　$Fe \longrightarrow Fe^{2+}+2e$

阴极反应：　$2H^{+}+2e \longrightarrow H_2$

总的腐蚀反应：$Fe+2H^+ \longrightarrow Fe^{2+}+H_2$

上述腐蚀反应的吉布斯自由能变化为

$$\Delta G = \sum \gamma_i \mu_i = \mu_{Fe^{2+}} + \mu_{H_2} - \mu_{Fe} - 2\mu_{H^+}$$

$$= (\mu^0_{Fe^{2+}} + \mu^0_{H_2} - \mu^0_{Fe} - 2\mu^0_{H^+}) + RT\ln \frac{\alpha_{Fe^{2+}} \cdot f_{H_2}}{\alpha_{Fe} \cdot \alpha^2_{H^+}} \quad (2\text{-}53)$$

在式（2-53）中，$\mu^0_{H_2}=\mu^0_{H^+}=0$，$\mu^0_{Fe}=0$，$\alpha_{Fe}=1mol/L$（铁为固体，活度为 1mol/L），$f_{H_2}=1atm$，将这些数据代入式（2-53），可以得到

$$\Delta G = \mu^0_{Fe^{2+}} + RT\ln \frac{\alpha_{Fe^{2+}}}{\alpha^2_{H^+}} \quad (2\text{-}54)$$

查表得：$\mu^0_{Fe^{2+}}=-84.94kJ/mol$，以 $\alpha_{Fe^{2+}}=10^{-6}mol/L$ 作为发生腐蚀的界限，并考虑氢离子活度与 pH 值之间的关系，代入相关数据，式（2-54）进一步简化为

$$\begin{aligned}\Delta G &= \mu^0_{Fe^{2+}} + RT(\ln 10^{-6} + 4.606pH) \\ &= (-84.94-34.25+11.42pH)kJ \\ &= (-119.14+11.42pH)kJ\end{aligned} \quad (2\text{-}55)$$

1）温度为 25℃，pH=0 的酸溶液：

$$\Delta G = (-119.14+11.42pH)kJ = -119.14kJ<0$$

因此，Fe 在 pH=0 的酸溶液中会自发地发生腐蚀生成 Fe^{2+}，其腐蚀倾向为 119.14kJ。

2）温度为 25℃，pH=7 的中性溶液：

$$\Delta G = (-119.14+11.42\times 7)kJ = -39.2kJ<0$$

可见，Fe 在 pH=7 的中性溶液中也会自发发生析氢腐蚀生成 Fe^{2+}，其腐蚀倾向为 39.2kJ，小于在 pH=0 的酸性溶液中发生腐蚀的倾向，可见 pH 值越小，Fe 越容易发生析氢腐蚀，这与我们日常观察到的化学反应现象是一致的。

3）25℃，pH=14 的碱性溶液：

$$\Delta G = (-119.14+11.42\times 14)kJ = 40.74kJ>0$$

可见，Fe 在 pH=14 的碱性溶液中不会发生自发腐蚀生成 Fe^{2+}，表明 Fe 在强碱性溶液中可能发生钝化。

4）当 pH=14，温度为 25℃，氢气压力为 1atm，腐蚀产物为 $HFeO_2^-$ 时，腐蚀反应为

$$Fe+2H_2O \longrightarrow HFeO_2^- + H_2 + H^+$$

按照 $\alpha_{HFeO_2^-}=10^{-6}mol/L$ 计算，则

$$\Delta G = \mu_{HFeO_2^-} + \mu_{H^+} + \mu_{H_2} - 2\mu_{H_2O} - \mu_{Fe}$$

其中，$\mu_{Fe}=0$（铁为固体），$\mu_{H_2}=0$（氢气的压力为 1atm），因此

$$\Delta G = \mu_{HFeO_2^-} + \mu_{H^+} - 2\mu_{H_2O}$$

按照上述计算方法，可得 $\Delta G=-18.86kJ<0$，腐蚀反应可以自发进行生成 $HFeO_2^-$。

以上的计算结果表明，腐蚀环境对腐蚀行为具有十分重要的影响，不同 pH 值对 Fe 的腐蚀行为影响不一样，在酸性环境中，Fe 的腐蚀倾向大，容易发生腐蚀，而通过增大 pH，可以降低 Fe 的腐蚀倾向，甚至使 Fe 的腐蚀停止。

另外，由上述的计算也可以看出，金属发生电化学腐蚀的根本原因是，金属和电解质构

成了热力学不稳定体系，存在一个阴极反应可以使阳极反应向右进行，从而使系统的吉布斯自由能的改变小于0，这个自由能减少得越多，金属的腐蚀倾向越大。另一方面，根据热力学理论，吉布斯自由能与物质的化学位密切相关，而化学位受到温度、压力及物质活度的影响。因此，吉布斯自由能也与温度、压力及物质活度具有密切的关系，也就是金属所处的服役环境可以对腐蚀的方向和行为及其反应程度产生重要影响。

2.4.2　电位比较准则

电解质溶液中的金属腐蚀往往是通过金属腐蚀电池来进行的。一个金属腐蚀电池至少包含一个阳极反应和一个阴极反应，两者可以分别看作一个氧化还原反应的一半，也就是前面讲的单一电极反应。两个电极反应在相应的电极系统中，在可逆的情况下可以达到平衡状态，此时对应的平衡电极电位分别为阳极平衡电极电位（E_{ea}）和阴极平衡电极电位（E_{ec}）。对于一个可逆电池反应而言，由热力学知识知道，可逆电池能够对外做的最大有用功为

$$\Delta G=-nFE=-nF(E_{ec}-E_{ea}) \tag{2-56}$$

即在忽略液体接触电位和金属接触电位的情况下，可逆电池所做的最大功（nFE）等于体系自由能的减少，这时体系自由能的减少全部用于做功。

在腐蚀电池中，金属阳极发生溶解，其电位为 E_a；腐蚀剂在阴极还原，其电位为 E_c。如果阳极和阴极电极反应均为可逆电极，达到平衡时相应的电位为 E_{ea} 和 E_{ec}。依金属腐蚀倾向的热力学判据，得出金属腐蚀倾向的电化学判据为：

1）$E_{ea}<E_{ec}$，电位为 E_{ea} 的金属自发进行腐蚀。

2）$E_{ea}=E_{ec}$，平衡状态。

3）$E_{ea}>E_{ec}$，电位为 E_{ea} 的金属不会自发腐蚀。

4）$E_{ec}-E_{ea}$ 的差值越大，$|\Delta G|$ 越大，腐蚀倾向也就越大。

值得注意的是，以上判据是电化学腐蚀发生的原因，也是电化学腐蚀发生的能量条件，即要使金属发生电化学腐蚀，必须使腐蚀体系的吉布斯自由能降低。形成腐蚀电池并不是发生电化学腐蚀的原因，腐蚀电池的作用在于影响腐蚀进行的速度和腐蚀破坏的形态。前面讲过的腐蚀电池，从电极电位的角度来说，是发生阳极反应的平衡电极电位低于发生阴极反应的平衡电极电位。例如，将 Cu 与 Zn 短接并同时处于盐酸溶液中，Zn 将发生腐蚀，发生腐蚀的原因在于 Zn 变成 Zn^{2+} 的平衡电极电位低于溶液中 H^+ 得到电子的平衡电极电位；而 Cu 不发生腐蚀，只作为阴极还原反应的场所。即使 Zn 不与 Cu 接触，Zn 在盐酸溶液中也会发生腐蚀，其原因仍然是发生的阳极反应的平衡电极电位低于 H^+ 发生的阴极反应的平衡电极电位，这时阴极和阳极反应的场所一致，都是 Zn 的表面。

2.4.3　电动序

在工程实践中，有时也可以用标准电极电位对金属的腐蚀倾向做出粗略的判断，但标准电极电位并不是金属的平衡电极电位。将各种金属的标准电位 E^0 的数值从小到大排列起来，就得到电动序。表 2-2 所列为水溶液中某些金属发生腐蚀的标准电极电位，若体系不在标准

状态，电动序的变化一般不大，因此，仍然可以用电动序对金属的腐蚀倾向做出粗略的判断。电动序可以清楚地表明各种金属转变为氧化状态的倾向，在氢电极反应之前的金属 E^0 为负值，称为负电性金属，在水溶液中会自发地发生析氢腐蚀；在氢电极反应之后的金属 E^0 为正值，称为正电性金属，在水溶液中不会自发发生析氢腐蚀。

表 2-2　金属在 25℃时的标准电极电位 E^0（标准氢电极作为参比电极）

电极反应	标准电极电位/V	电极反应	标准电极电位/V
$Li \longrightarrow Li^+ + e$	-3.045	$Ti \longrightarrow Ti^+ + e$	-0.336
$K \longrightarrow K^+ + e$	-2.925	$Co \longrightarrow Co^{2+} + 2e$	-0.227
$Ca \longrightarrow Ca^{2+} + 2e$	-2.870	$Ni \longrightarrow Ni^{2+} + 2e$	-0.250
$Na \longrightarrow Na^+ + e$	-2.714	$Mo \longrightarrow Mo^{2+} + 2e$	-0.200
$Mg \longrightarrow Mg^{2+} + 2e$	-2.370	$Sn \longrightarrow Sn^{2+} + 2e$	-0.136
$Al \longrightarrow Al^{3+} + 3e$	-1.660	$Pb \longrightarrow Pb^{2+} + 2e$	-0.126
$Ti \longrightarrow Ti^{2+} + 2e$	-1.630	$H_2 \longrightarrow 2H^+ + 2e$	0.000
$Zr \longrightarrow Zr^{4+} + 4e$	-1.530	$Cu^+ \longrightarrow Cu^{2+} + e$	+0.153
$Mn \longrightarrow Mn^{2+} + 2e$	-1.180	$Cu \longrightarrow Cu^{2+} + 2e$	+0.337
$V \longrightarrow V^{2+} + 2e$	-1.180	$4OH^- \longrightarrow O_2 + 2H_2O + 4e$	+0.401
$Nb \longrightarrow Nb^{3+} + 3e$	-1.100	$Cu \longrightarrow Cu^+ + e$	+0.521
$V \longrightarrow V^{3+} + 3e$	-0.876	$Fe^{2+} \longrightarrow Fe^{3+} + e$	+0.770
$Zn \longrightarrow Zn^{2+} + 2e$	-0.762	$Hg \longrightarrow Hg^{2+} + 2e$	+0.789
$Cr \longrightarrow Cr^{3+} + 3e$	-0.740	$Ag \longrightarrow Ag^+ + e$	+0.799
$Ga \longrightarrow Ga^{3+} + 3e$	-0.530	$Pd \longrightarrow Pd^{2+} + 2e$	+0.987
$Te \longrightarrow Te^{3+} + 3e$	-0.510	$Ir \longrightarrow Ir^{2+} + 2e$	+1.000
$Fe \longrightarrow Fe^{2+} + 2e$	-0.441	$Pt \longrightarrow Pt^{2+} + 2e$	+1.190
$Cd \longrightarrow Cd^{2+} + 2e$	-0.403	$Au \longrightarrow Au^{3+} + 3e$	+1.500
$In \longrightarrow In^{3+} + 3e$	-0.342	$Au \longrightarrow Au^+ + e$	+1.680

尽管在某些情况下可以利用电动序粗略地判断金属的腐蚀倾向，但应注意以下几点：

1）电动序中的电极电位并不是金属发生电极反应的平衡电极电位，这种体系处于非平衡状态中。

2）金属的标准电极电位实际上是热力学数据，只用于粗略判断金属在某些介质中的腐蚀倾向，并不涉及金属腐蚀的动力学问题，无法判断金属腐蚀速度的大小，只能判断金属腐蚀的可能方向。

3）金属的标准电极电位都是在自身离子溶液（离子活度为 1mol/L）中测定的，在实际的服役环境中，电解质溶液中除金属发生腐蚀生成的自身金属离子外，还可能有其他物质或者金属的几种价态的离子共存的情况，所以电动序的使用范围是有限的。

2.5　E_e-pH 图

2.5.1　E_e-pH 图的绘制

由于大多数金属腐蚀都处于含有水的电解质溶液中，金属浸入电解质溶液中是否发生腐蚀反应，有的只与金属的电极电位有关，而有的与水溶液中的无机阴离子的种类和活度有关，特别是水溶液中总是含有一定量的 OH^-，也就是与溶液的 pH 值有关。E_e-pH 图就是描述金属发生腐蚀时的平衡电极电位与溶液 pH 值的关系的热力学平衡电化学相图。在 E_e-pH 图中，一般纵轴表示相对于标准氢电极的平衡电极电位，横轴为 pH 值，将金属不同腐蚀状态下的平衡电极电位与 pH 值的关系绘制于图中，就得到 E_e-pH 图。

一般说来，金属发生腐蚀时有两类电极反应，一类是金属处于自身离子溶液中构成的第一类金属电极反应（如 $Cu \longrightarrow Cu^{2+}+2e$），另一类是金属发生氧化反应后生成固体的电极反应（如 $Ag+Cl^- \longrightarrow AgCl+e$）。现在考虑更一般的情况，来写出这两类电极反应的平衡电极电位与溶液离子浓度的关系。

对第一类金属电极，其通式可以写成：$M \longrightarrow M^{n+}+ne$，根据能斯特方程，其平衡电极电位为

$$E_e = E^0 + \frac{RT}{nF}\ln\alpha_{M^{n+}} \tag{2-57}$$

这类电极反应的特点是，电极反应没有氢离子或者氢氧根离子的参与，电极反应的平衡电极电位和标准电极电位与金属离子的活度有关，与溶液的 pH 值没有关系。因此，这类电极反应在 E_e-pH 图上为平行于横轴的直线。如果生成的金属离子与溶液中的其他离子可以形成溶解于溶液的配位化合物，其通式可以表达为 $M+pX_{sol}^{m-} \rightleftharpoons [MX_p]_{sol}^{-(pm-n)}+n_e$。其中，M 为固体，形成的配位化合物处于溶液中，其平衡电极电位可以表示为

$$E_e = E^0 + \frac{RT}{nF}\ln\frac{\alpha_{[MX_p]^{-(pm-n)}}}{\alpha_{X^{m-}}^{p}} \tag{2-58}$$

因此，平衡电极电位除与配位离子的活度有关外，还与形成的配位化合物的活度有关，但与 pH 值没有关系。

对第二类金属电极，其通式可以写成 $nM+X_{sol}^{m-} \rightleftharpoons M_mX_n+me$，M 及 M_mX_n 均处于固体相，根据能斯特方程，其平衡电极电位为

$$E_e = E^0 - \frac{RT}{nF}\ln\alpha_X^{m-} \tag{2-59}$$

这类电极反应的平衡电极电位与溶液中的阴离子活度有关。在有的情况下，溶液中存在的 OH^- 也可以与金属离子形成难溶化合物，这时的平衡电极电位就与溶液的 pH 值有关。

与此同时，前面还学习了氢电极和氧电极的平衡电极电位与 pH 值的关系，在温度为 25℃、氢气压力为 1atm 时，氢电极的平衡电极电位可以写为

$$E_{e(H_2/H^+)} = (-0.0591\text{pH})\text{V}$$

而在温度为25℃、氧气压力为1atm时，氧电极的平衡电极电位与pH值的关系为

$$E_{e(OH^-/O_2)}=(1.229-0.0591pH)V$$

由氢电极和氧电极的平衡电极电位与pH值的关系可以看出，这两类气体电极的平衡电极电位与溶液的pH值呈直线关系，在E_e-pH图中为一倾斜的直线，斜率始终为-0.0591，并且氧电极的平衡电极电位始终比氢电极的平衡电极电位大1.229V，如图2-9所示。

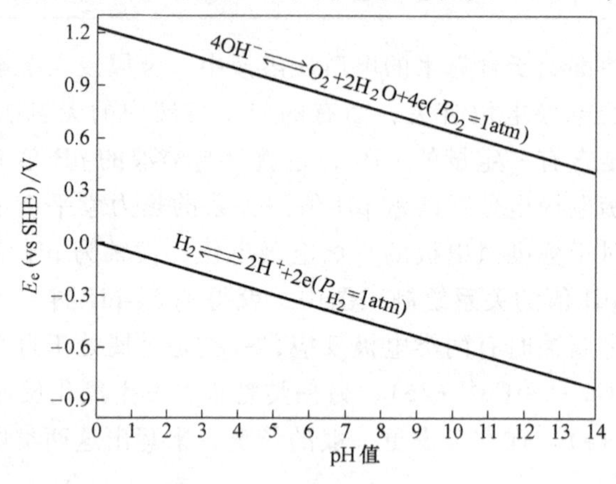

图2-9　氧电极和氢电极的E_e-pH图（图中vs SHE表示相对于标准氢电极）

图2-9是在氢电极和氧电极的气体压力都在1atm下得到的，如果参与反应的气体的压力不同，在E_e-pH图上就会得到一系列表示不同压力下的平衡电极电位与pH值的具有平行关系特征的直线，如图2-10所示，也称为克拉克图。运用此图，可以判断不同气体压力或者不同H^+活度时气体电极反应进行的方向。

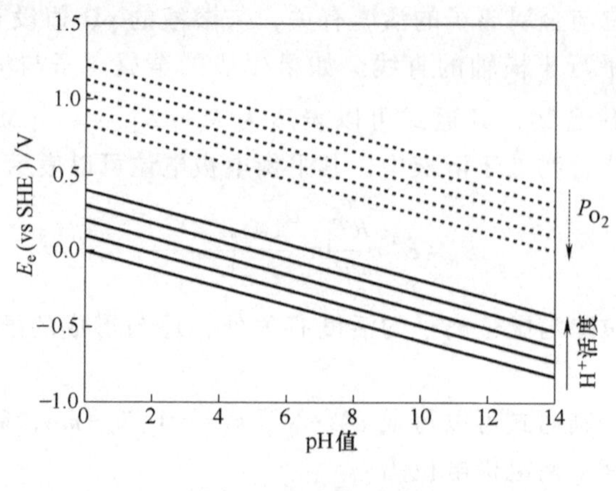

图2-10　克拉克图

2.5.2　布拜（Pourbaix）图

克拉克图只反映了气体电极反应可能进行的方向，但在实际的工程问题中，我们更加关注的是金属发生腐蚀与溶液pH值的关系。一般情况下，金属发生腐蚀与溶液中的阴离子具有十分密切的关系，如果只考虑溶液中的OH^-，那么就可以将金属发生不同电极反应时的

平衡电极电位与 pH 值关联起来，将金属发生腐蚀时所有可能进行的电极反应的平衡条件用 E_e-pH 图上的垂直线、水平线或者倾斜直线来表示。Pourbaix 首先绘制了这种图，因此也称 Pourbaix 图，下面以 Fe-H_2O 体系对这种图做简单介绍。

如果只考虑溶液中 H^+和 OH^-对电极反应的影响，则 Fe 在水溶液中的腐蚀过程主要涉及三类反应：①只与金属电极的电位有关而与 pH 值没有关系的电极反应，这类电极反应在 E_e-pH 图上为一水平线；②只与溶液 pH 值有关而与电极电位没有关系的反应，这类反应因为与电极电位没有关系，没有电子参与，不是电极反应，没有平衡电极电位，在 E_e-pH 图上为一垂直线；③电极反应既有金属离子和 OH^-（或 H^+）参与，也有电子参与，这类电极反应的平衡电极电位不仅与金属离子的活度有关，也与溶液的 pH 值有关，在 E_e-pH 图上可以表示为倾斜的直线。

1）温度为 25℃时，对于 Fe-H_2O 腐蚀体系，第一类电极反应有以下两种情况。

① 均相反应：$Fe^{2+} \rightleftharpoons Fe^{3+} + e$，$E_e = \left(0.991 + 0.0591 \lg \dfrac{\alpha_{Fe^{3+}}}{\alpha_{Fe^{2+}}}\right) V$。

② 复相反应：$Fe \rightleftharpoons Fe^{2+} + 2e$，$E_e = (-0.441 + 0.2951 \lg \alpha_{Fe^{2+}}) V$。

可见，这类反应的平衡电极电位与离子活度的对数呈直线关系，在 E_e-pH 图上为一倾斜的直线。

2）温度为 25℃时，对 Fe-H_2O 腐蚀体系，第二类化学反应也有两种情况如下。

① 均相反应：$Fe^{3+} + H_2O \rightleftharpoons FeOH^{2+} + H^+$，这个反应没有电子参与，不是电极反应，只能根据化学平衡常数得出离子活度与 pH 值的关系。

化学平衡常数 $K = \dfrac{\alpha_{FeOH^{2+}} \cdot \alpha_{H^+}}{\alpha_{Fe^{3+}} \cdot \alpha_{H_2O}}$，两边取对数并考虑 $\alpha_{H_2O} = 1 mol/L$，可得

$$\lg K = \lg \frac{\alpha_{FeOH^{2+}}}{\alpha_{Fe^{3+}}} + \lg \alpha_{H^+}, \text{即} \lg \frac{\alpha_{FeOH^{2+}}}{\alpha_{Fe^{3+}}} = \lg K - \lg \alpha_{H^+}$$

代入平衡常数数据可得，$\lg \dfrac{\alpha_{FeOH^{2+}}}{\alpha_{Fe^{3+}}} = -2.22 + pH$。

② 复相反应：$Fe^{2+} + 2H_2O \rightleftharpoons Fe(OH)_2 \downarrow + 2H^+$，同样，这个反应也没有电子的参与，不是电极反应，利用化学平衡关系可以得出各个反应物浓度之间的关系为

$$\lg \alpha_{Fe^{2+}} = 13.37 - 2pH$$

可见，第二类反应离子活度的对数与 pH 值呈直线关系，没有电极电位，在 E_e-pH 图上为一垂直线。

3）温度为 25℃时，对 Fe-H_2O 腐蚀体系，第三类电极反应也有均相反应和复相反应。

① 均相反应：$Fe^{2+} + H_2O \rightleftharpoons FeOH^{2+} + H^+ + e$，反应不仅有金属离子参与，也有电子参与，属于电极反应，平衡电极电位可以由能斯特方程进行计算：

$$E_e = \left(0.877 - 0.0591 pH + 0.0591 \lg \frac{\alpha_{FeOH^{2+}}}{\alpha_{Fe^{2+}}}\right) V$$

② 复相反应有两种情况，第一种情况为溶液相与固体相之间的反应：

$$Fe^{2+} + 3H_2O \rightleftharpoons Fe(OH)_3 \downarrow + 3H^+ + e$$

平衡电极电位为 $E_e=(0.748-0.1773pH-0.0591\lg\alpha_{Fe^{2+}})$ V。

第二种情况为还原体和氧化体都是固体相的复相反应：

$$Fe+2H_2O \rightleftharpoons Fe(OH)_2\downarrow+2H^++2e$$

平衡电极电位为 $E_e=(-0.045-0.0591pH)$ V。

由此可见，在一定的离子活度下，平衡电极电位与 pH 值呈直线关系，在 E_e-pH 图上为倾斜的直线。

上述第一类化学反应有电子参与，因此是电极反应，但电极反应没有 H^+或者 OH^-参与，平衡电极电位只与参与电极反应的金属离子活度有关，将不同活度下的平衡电极电位画在 E_e-pH 图上，将会呈现出一系列平行于 pH 横坐标的平行线。当氧化体或者还原体的活度发生改变时，反应的平衡电极电位就会发生变化，氧化体对还原体的比值越大，电极电位越高，水平线的位置也就越高。对于给定的条件来说，当电位高于平衡线时，电极反应就会从还原体向氧化体方向进行；相反，当电位低于平衡线时，电极反应会向还原体方向进行，也就是还原体更加稳定。

第二类化学反应无电子参与，有 H^+或者 OH^-参与，不是电极反应，只是普通的化学反应，不改变物质的化合价，因此与电极电位没有关系，只能用化学平衡关系式或者化学位计算离子活度与 pH 值之间的关系。离子活度的对数与 pH 值呈现出直线关系，绘制一系列不同 pH 值下的关系曲线，将得到一系列垂直于 pH 轴的平行线。对于给定的平衡条件，就有一条相应的垂直线。如果溶液的 pH 值高于相应的平衡 pH 值，反应将向产生 H^+或消耗 OH^-离子的方向进行，使体系的 pH 值降低；反之，就会向产生 OH^-或消耗 H^+的方向进行，也就是使体系的 pH 值升高。

第三类化学反应不仅有电子参与，也有 H^+或者 OH^-参与，因此属于电极反应，其平衡电极电位与 pH 值的关系在 E_e-pH 图上呈现为倾斜直线，在不同的离子活度下，绘制不同 pH 值与平衡电极电位的关系，将得到一系列平行的斜线。在给定的条件下，如电位在平衡线上方，那么电极反应向更加稳定的氧化体方向进行，反之，向还原体方向进行。

将这三类直线绘制在 E_e-pH 的坐标平面上，并将氢电极和氧电极的 E_e-pH 关系也绘制在坐标平面上，就得到 Fe-H_2O 体系的 E_e-pH 图，如图 2-11 所示。对于图中的电极反应（包

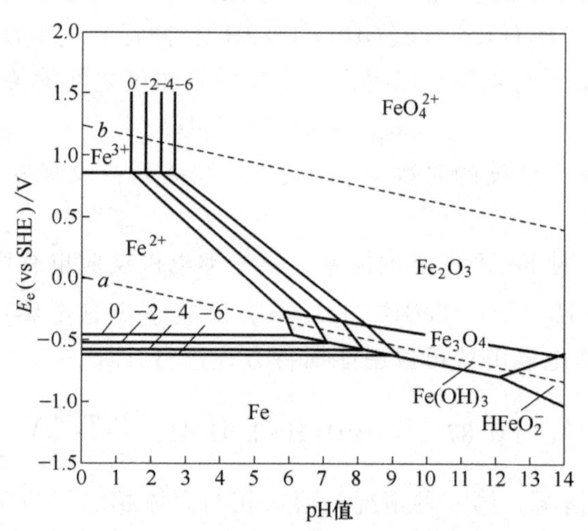

图 2-11 Fe-H_2O 体系的布拜（Pourbaix）图

括第一类反应和第三类反应），可以画出无数条不同条件的平衡线，但图中只画出了少数几条相应于典型数值的平衡线。图 2-11 中一些平衡线上标注的 0、-2、-4、-6 的意义是：如果这个反应是溶液中的物质与固相之间的复相反应，平衡线分别表示溶液中物质的活度（单位为 mol/cm^3）或者离子活度的比值分别为 10^0、10^{-2}、10^{-4}、10^{-6} 条件下，平衡电极电位与 pH 值的关系。

这三类反应将 E_e-pH 图分成了不同的区，对应 Fe 在水溶液中的不同腐蚀状态，加上氢电极和氧电极的 E_e-pH 关系线，就可以对不同条件下的 Fe 在水中的腐蚀倾向做出粗略的判断。在图 2-11 中，线 b 为氧电极的平衡电极电位与 pH 值的关系直线，线 a 为氢电极的平衡电极电位与 pH 值的关系曲线。在给定的 pH 值条件下，氧电极的平衡电极电位都比氢电极的大 1.229V。因此，在同样的 pH 值条件下，Fe 的吸氧腐蚀更加容易进行。a 与 b 之间的区域代表了给定条件下水的热力学稳定区，因此，在这个区域，水是更加稳定的。在线 b 的上方，氧气更加稳定，也就是在电极反应中，将向生成氧气的方向进行，这不利于吸氧腐蚀反应的进行，因此在线 b 的上方，Fe 可能不会发生腐蚀。如果在给定的条件下，电极电位处于线 b 的下方将可能发生吸氧腐蚀。线 a 下方是 H_2 的稳定区，当电位低于线 a 时，H_2O 就可能被还原而分解出 H_2，而不会发生 Fe 的腐蚀，因此属于 Fe 的热力学稳定区。

如果选定一个临界条件（主要是金属离子活度或者金属的配位离子活度）作为分界线，一般选择离子浓度为 10^{-6}mol/mL 作为临界条件，当金属离子浓度大于这一临界条件时，认为金属是不稳定的，将会发生腐蚀；而在平衡线另一侧，金属离子浓度小于临界浓度，认为金属处于“稳定”的状态，这样就可利用上述三类反应的临界线将 E_e-pH 图分成不同的区域，得到简化的 E_e-pH 图，如图 2-12 所示。

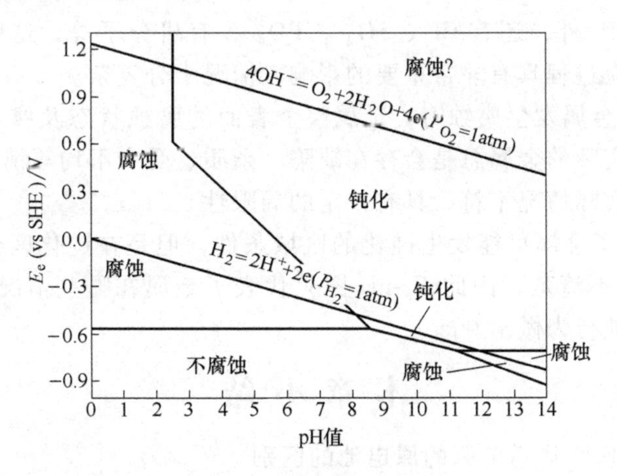

图 2-12　简化的 E_e-pH 图

在图 2-12 中，可以分为三大区域：金属相的稳定区（金属不发生腐蚀）、金属表面可能有难溶化合物覆盖形成的钝化区，以及金属发生腐蚀的腐蚀区。在金属的稳定区，Fe 较为稳定，在多数 pH 值范围内不发生腐蚀；钝化区一般情况下是可能生成了能够覆盖在金属表面并能稳定存在的物质，如 Fe_2O_3、Fe_3O_4 等；而在 Fe 的腐蚀区，在不同的电位范围和 pH 值下，存在不同的腐蚀状态，金属离子状态更加稳定，主要腐蚀产物为 Fe^{2+}、Fe^{3+}、$HFeO_2^-$ 等。

2.5.3 E_e-pH 图的应用及局限

1. E_e-pH 图的应用

首先，可以利用 E_e-pH 图对金属发生腐蚀的可能状态进行判断，知道了平衡电极电位和相应的 pH 值，就可以利用 E_e-pH 图大致判断金属可能腐蚀的方向和产物。

其次，可以根据 E_e-pH 图制定适当的防腐策略。如对于 Fe-H_2O 体系的 E_e-pH 图（图 2-12），可以采用三种策略提高 Fe 在水溶液中的稳定性，第一种是通过升高电位使 Fe 钝化，这就是阳极保护的基本原理；第二种是通过降低电位使 Fe 进入稳定区，用一个外加的阴极电流或者电位比 Fe 更负的金属与 Fe 相连，可以有效降低 Fe 的电位，这就是阴极保护的基本原理；第三种方法是通过升高 pH 值使 Fe 钝化进入钝化区，这主要是 pH 值升高可能形成了某种难溶化合物覆盖在金属表面的缘故。

2. E_e-pH 图应用的局限性

1）E_e-pH 图是热力学平衡状态图，只能预示金属腐蚀的倾向性，以及在特定电位和 pH 值条件下可能的腐蚀状态，而无法预测金属腐蚀速度的大小，金属腐蚀速度的大小要用电化学动力学的知识去求解。

2）E_e-pH 图上每一条线实际上反映的是发生某种腐蚀反应时，平衡电极电位与 pH 值的关系，因此平衡线指金属与该金属离子或腐蚀产物与有关离子的平衡。实际溶液中可能会发生两种或者两种以上的腐蚀产物，情况更为复杂。

3）E_e-pH 图只考虑了 H^+或者 OH^-对腐蚀状态及平衡电极电位的影响，而在实际的腐蚀环境中，除 H^+或者 OH^-外，还有 Cl^-、SO_4^{2-}、PO_4^{3-}、有机分子等，这些离子或分子在材料表面的吸附对电极反应过程具有非常重要的影响，情况十分复杂。

4）E_e-pH 图认为金属发生腐蚀时，金属整个表面的腐蚀状态及腐蚀速率是一样的，属于全面均匀腐蚀。而实际的金属总是会存在缺陷、杂质、受力不均等情况，以整体平均代替局部或表面情况，与实际情况不符，具有一定的局限性。

5）E_e-pH 图给出了金属可能发生钝化的区域条件，但是在钝化区金属氧化物或氢氧化物的腐蚀/耐蚀行为并不清楚，因此 E_e-pH 图只代表了金属在哪些情况下可能会发生钝化，而无法对钝化后的腐蚀行为做出判断。

本章小结

1. 腐蚀原电池和作为化学电源的原电池的区别

作为化学电源的原电池实际上是一个将化学能转换为电能的装置，而腐蚀原电池是只导致金属材料腐蚀破坏而不能对外做有用功的短路原电池。

2. 电极反应及其特点

在电极系统中伴随着两个非同类导体之间的电荷转移而在两相界面上发生的化学反应，称为电极反应。在电极反应中，既有反应物质的变化（化学反应），也有电荷在两相之间的转移过程，两者是同时发生的，缺少一个都不能称为电极反应。除此之外，电极反应还具有如下特点：

1）电极反应必然有得失电子的发生，化学反应的基本规律仍然适用于电化学反应。

2）电极材料必须能够释放电子或吸收电子。

3）电极反应必定发生在电极表面上。

4）电极反应要么是氧化反应要么是还原反应，相当于一个氧化还原反应的一半。

3. 平衡电极电位及其计算

一个电极反应的平衡电极电位是指金属电极与溶液界面的电极过程建立起平衡时，电极反应的电量和物质的量在氧化、还原反应中都达到平衡的电极电位。

平衡电极电位采用能斯特方程进行计算：

$$E_e=\frac{\sum \gamma_i\mu_i}{nF}=E^0+\frac{RT}{nF}\sum \gamma_i \ln\alpha_i=E^0+\frac{RT}{nF}\ln(\prod \alpha_i^{\gamma_i})$$

4. 电化学腐蚀倾向判断的方法

（1）自由焓准则

$$\begin{cases}\Delta G<0,\text{腐蚀反应自发进行}\\ \Delta G=0,\text{腐蚀反应达到平衡}\\ \Delta G>0,\text{腐蚀反应不能自发进行}\end{cases}$$

其中，$|\Delta G|$表示了腐蚀倾向的大小。

（2）电位比较准则

1）$E_{ea}<E_{ec}$，电位为E_{ea}的金属自发进行腐蚀。

2）$E_{ea}=E_{ec}$，平衡状态。

3）$E_{ea}>E_{ec}$，电位为E_{ea}的金属不会自发腐蚀。

4）$E_{ec}-E_{ea}$的差值越大，$|\Delta G|$越大，腐蚀倾向也就越大。

5. E_e-pH 图的绘制、应用及局限

1）E_e-pH 图是热力学平衡图，反映的是金属发生腐蚀的可能状态。

2）可以利用E_e-pH 图大致判断金属可能腐蚀的方向和产物，并制定相应的防腐蚀策略。

拓展视频

中国创造：蛟龙号

课后习题及思考题

1. 什么是腐蚀电池？腐蚀电池与作为化学电源的原电池的区别在哪里？
2. 举例说明腐蚀电池的工作环节。
3. 腐蚀倾向的判据有哪些？如何判断电化学腐蚀倾向的难易程度？
4. 请解释标准电极电位、平衡电极电位、稳态电位、非稳态电位、绝对电极电位的概念。
5. 画出简化的 Fe-H_2O 体系的E_e-pH 图，并从E_e-pH 图分析提高铁的耐蚀性的途径。
6. 电极体系与电极有何区别与联系？
7. 可逆电极与不可逆电极有何区别，它们的特征是什么？

8. 电极电位是如何形成的？为何绝对电极电位不可测量？

9. 什么是化学位和电化学位？它们与电极反应中的电极电位有何关系？

10. 金属发生腐蚀时，表面至少会有几个电极反应？金属在无氧的自身离子中性溶液中会一直发生溶解腐蚀吗？为什么？

11. 试解释金属的自腐蚀电位和自腐蚀电流的含义。自腐蚀电位是平衡电极电位吗？金属铁板放置在质量分数为3%的NaCl水溶液中，稳定一段时间后，通过实验测得的开路电位是平衡电位吗？

12. 将铜电极和铝合金电极分别放入稀盐酸溶液中，有什么现象发生？如果将同时放入稀盐酸溶液中的铜电极和铝合金电极用导线连接，又能观察到什么现象？试解释其原因。

13. 含杂质铜的锌在酸中的腐蚀速度比纯锌在酸中的腐蚀速度大，这是因为前者形成了腐蚀电池，因此，有人认为形成腐蚀电池是发生电化学腐蚀的原因，这种观点是否正确？为什么？

14. 铅试样浸入pH=4、温度为40℃、已除氧的酸溶液中，计算Pb^{2+}能达到的最大活度，并说明铅试样是否发生了腐蚀［当金属离子浓度大于10^{-6}mol/L时可以认为发生了腐蚀，铅发生腐蚀生成金属离子的标准电极电位为-0.126V（SHE）］。

15. 计算离子活度为10^{-6}mol/L时，Ag/Ag^{+}、Zn/Zn^{2+}、Fe^{2+}/Fe^{3+}的平衡电极电位。

16. 在pH=0的充空气的$CuSO_4$溶液中，Cu是否发生腐蚀生成Cu^{2+}（活度为1mol/L）和H_2（1atm）？以电位差表示腐蚀倾向的大小。

17. Ag在0.2mol/L的$CuCl_2$溶液中是否会发生腐蚀生成固态的AgCl？以电位表示其腐蚀倾向的大小。

18. 在下列情况下，氧电极反应的平衡电位如何变化？

（1）温度升高10℃（取P_{O_2}=1atm，pH=7）。

（2）氧压力增大到原来的10倍（温度为25℃）。

（3）溶液pH值减小1单位（温度为25℃）。

第3章

电化学腐蚀动力学——电化学反应速度

3.1 极化

3.1.1 极化现象及其本质

金属在电解质溶液作用下发生的电化学腐蚀一般都处于非平衡状态，一个完整的腐蚀反应至少包含一个阳极反应和一个阴极反应。当腐蚀发生时，无论阳极还是阴极都处于不可逆状态，此时的阳极或阴极就称为不可逆电极，一般具有下列特征：

1）对单一电极反应，在两个相反方向上的电化学速率不等，如，对于金属的阳极反应 $M \longrightarrow M^{n+}+ne$，当腐蚀发生时，反应从左侧到右侧反应的速度大于从右侧到左侧的反应速度，电极反应不可逆。

2）体系主要朝某一方向进行，体系的定量组成随时间变化，体系不可逆，未处于平衡状态，电极电位不是平衡电极电位，不能用能斯特方程进行计算。

如图 3-1a 所示，把一个锌棒和一个铜棒放入 NaCl 电解质溶液中，Cu 与 Zn 未接通时，在 Cu 或者 Zn 表面都会发生相应的腐蚀反应，构成不可逆电极。由于两者都没有外加电流，并且都是电的良导体，Cu 或者 Zn 发生腐蚀产生的电子可以被溶液中的氧化剂得到而还原，当 Cu 或者 Zn 表面的电量达到平衡时，建立起各自的稳态电位，也称开路电位。

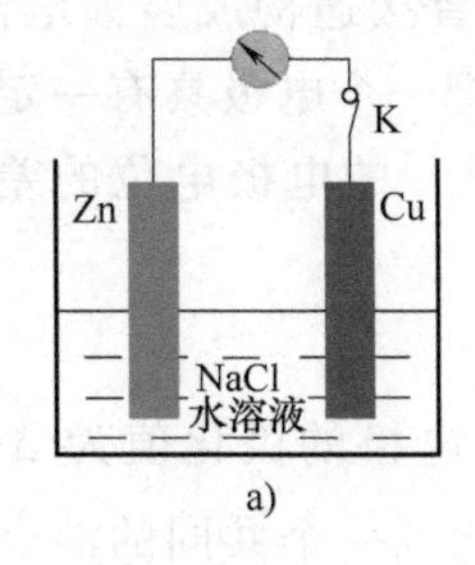

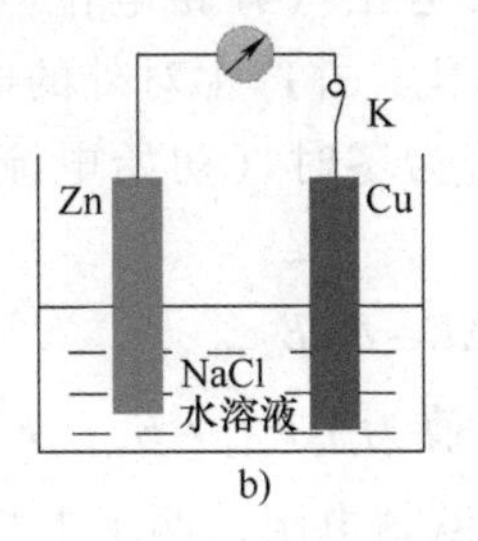

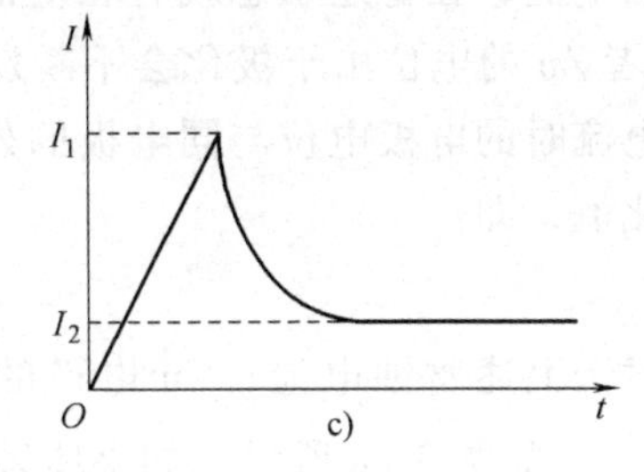

图 3-1 极化示意图

Zn 的开路电位：$E^0_{Zn}=-0.83V$

Cu 的开路电位：$E^0_{Cu}=0.05V$

假设整个体系的欧姆电阻为200Ω，那么当用一根导线将Cu与Zn连接起来（图3-1a、b），并加载一个电流表，在接通的瞬间，电流表的指示值应为

$$I_1=\frac{E_{Cu}^0-E_{Zn}^0}{R}=\frac{0.05+0.83}{200}A=4.4\times10^{-3}A$$

但接通后电流快速下降（图3-1b），直到几分钟后达到一个稳定值（$I_2=1.5\times10^{-4}A$），如图3-1c所示。由于体系中的电阻在整个过程中并不发生变化，因此，电流的减小只可能是两极间电位差减小导致的。对于单一的电极反应来说，当所处的环境不变时，平衡电极电位并不发生变化，因此，电位差的变小是由于电流的流动改变了电极反应的状态，使电极反应的电位发生了变化（图3-2），原本处于稳定状态的电极反应被打破。这种由于由电流流动造成的电极电位变化的现象就称为极化。

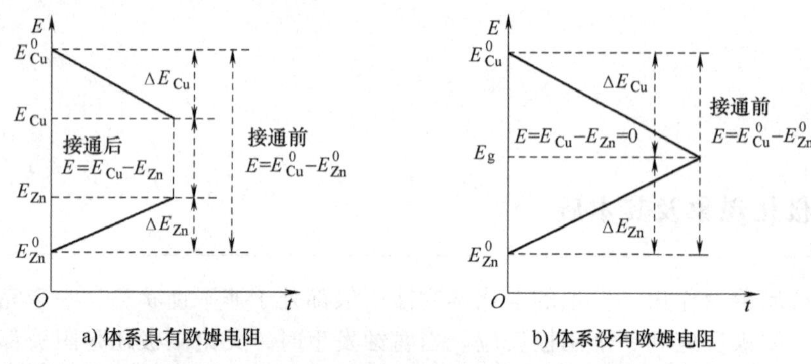

图3-2　腐蚀电池极化时的电极电位变化示意图

如果忽略整个体系的电阻，由于Cu与Zn都是电子的良导体，电流流动的结果是使两个电极之间的电位差越来越小，直至相等为止，此时的电位差为零（图3-2b）。

根据热力学定律，自然界一切处于高能状态的物质都有向低能状态转化的趋势。在上述的腐蚀电池中，由于Cu电极的开路电位大于Zn电极的开路电位，两者形成腐蚀电池时，自然就会产生相应的驱动力，使Cu的电极电位降低，而Zn的电极电位升高，从而产生极化，可见极化现象是自然界的普遍规律。

由于Cu与Zn电极在接通之前的电极表面都会发生各自的腐蚀反应（对应至少一个阳极和一个阴极反应），对单一的Cu腐蚀或者Zn腐蚀来讲，腐蚀达到稳定状态时，对外都不表现出电流，在稳定状态就有相应的腐蚀电位（开路电位）；当两者接通构成腐蚀电池时，Cu或者Zn的电位由于极化会不断发生变化，并产生对外的电流。把一个电极具有一定大小的外电流时的电极电位与同电极的外电流为零时（初始电流为0时）的电极电位的差值称为极化值，即

$$\Delta E=E-E_{I=0}$$

对于上述腐蚀电池，Cu电极的极化值为$\Delta E_{Cu}=E_{Cu}-E_{Cu}^0$，Zn电极的极化值为$\Delta E_{Zn}=E_{Zn}-E_{Zn}^0$，如图3-2a所示。如果体系没有欧姆电阻，两个电极将极化到一个共同的混合电位E_g，这时，$E_{Cu}=E_{Zn}=E_g$，$\Delta E_{Cu}=E_g-E_{Cu}^0$，$\Delta E_{Zn}=E_g-E_{Zn}^0$，如图3-2b所示。

从物理化学方面来说，上述的Cu电极或者Zn电极在未接通之前都处于电量平衡的稳定状态；当两者用导线接通时，由于两者存在电位差，其原来的稳定状态被打破，原电极就

会产生减弱引起该变化的对抗因素，从而引起电极电位的变化，导致电极反应速度的变化。可见，极化的本质是电极反应的阻力，其根本原因是电极过程存在的某些较慢的步骤限制了电极反应速度。

3.1.2　极化类型

根据极化发生的过程，可以把极化分为阳极极化和阴极极化。前者是指当有电流流过时，电位偏离平衡电位向生成氧化体的方向（也称为正方向）进行的现象；后者是指当有电流流过时，电位偏离了平衡电位向生成还原体的方向进行的现象。

在一般情况下，一个典型的单电极反应是由多个过程串联而成的，如图 3-3 所示。由于电极反应总是在电极表面进行，参与电极反应的物质必须首先通过溶液中的迁移扩散到达电极表面，并吸附在电极表面上；吸附的物质在某种驱动力的作用下发生电荷转移，同时发生化学反应实现物质的变化；电极反应的生成物离开电极表面并进入电解质溶液中，这一过程也主要靠扩散进行，如果是阳极极化的电极表面，生成的反应产物有可能与溶液中的其他离子结合生成固体覆盖物，从而增加电极反应的阻力。

电极反应的串联过程对应于三种主要的极化形式：放电步骤所决定的电化学极化、物质扩散步骤所决定的浓差极化和电极表面生成固体薄膜的电阻极化。任何一个电极反应步骤进行缓慢都可能导致整个电极反应受阻，从而产生极化现象。把进行得最慢的步骤称为电极反应的速度控制步骤，相应就有电化学极化控制类型、浓差极化（扩散）控制类型及电阻极化控制类型。

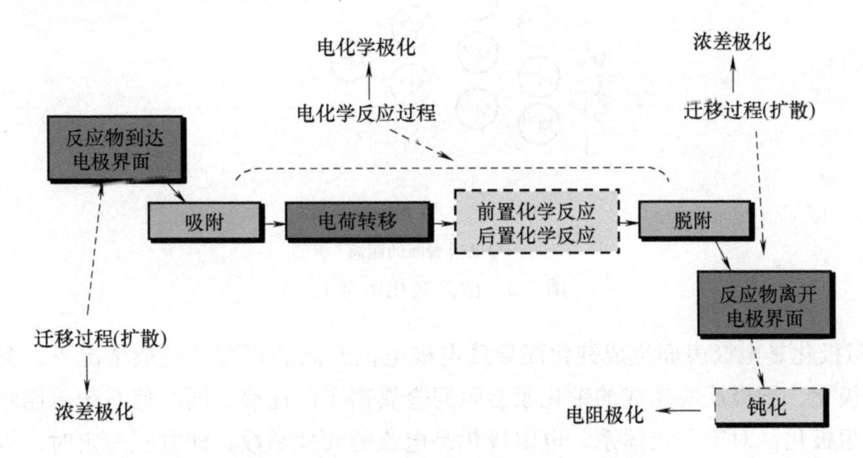

图 3-3　电极反应的串联步骤及极化类型

1）电化学极化又称为活化极化是电极反应过程中电化学反应步骤进行缓慢导致的极化。电化学极化在阳极反应和阴极反应中都可以发生。对于阳极反应，电化学反应为金属失去电子变成金属离子的过程，产生的电子会从阳极流向阴极，形成阳极到溶液的正向电流。如果金属离子从表面迁移的速度跟不上电子迁移的速度，就会在电极表面产生过剩正电荷，从而使阳极反应的电极电位升高（图 3-4a）。另一方面，如果金属离子化比较迟缓，而电子流失较快，就会在电极表面造成某种形式的带一定正电荷的空穴，也会使电极电位升高。对阴极反应，电化学反应为氧化剂得到电子被还原的过程。电子由阳极流向阴极，电流由溶液指向电极形成反向电流。当电子流入阴极的速度大于氧化剂得到电子的速度时，就会在电极表面造成负电荷的积累，使电极电位降低（图 3-4b）。

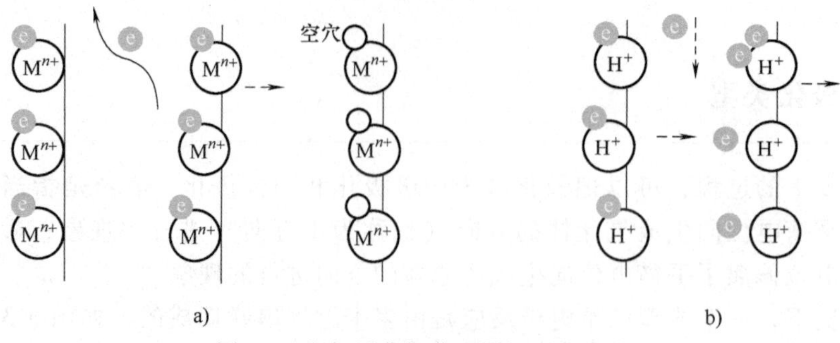

图 3-4　阳极活化极化和阴极活化极化

2）浓差极化是由电极反应的液相传质步骤进行缓慢，而电化学步骤容易进行时导致的电极反应受到阻碍的现象。电极反应的阳极反应方向和阴极反应方向都有液相传质步骤，因此都可能受到浓差极化。对阳极反应，当反应生成的金属离子离开电极表面迁移到溶液中的速度较慢时，电极表面与溶液深处存在浓度差异，电极表面积累正电荷，从而造成电极电位升高，产生阳极浓差极化。对阴极反应，反应参与物氧化剂到达或还原产物离开反应界面的速度太慢或者生成物迁移速度较慢，都会导致金属表面积累过剩负电荷，从而导致电极电位降低的浓差极化，如图 3-5 所示。

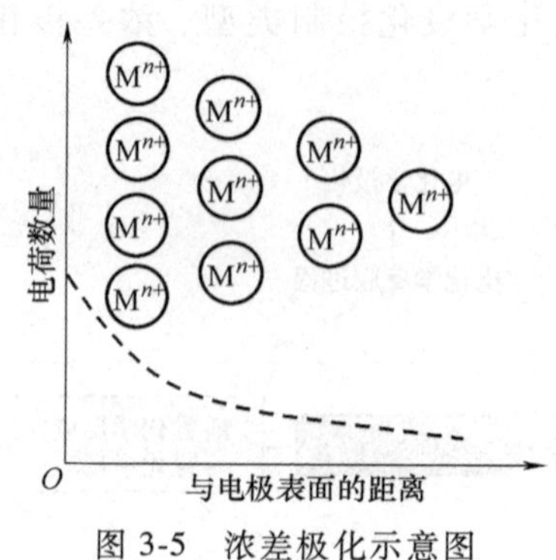

图 3-5　浓差极化示意图

3）电阻极化是电极表面生成钝化膜导致电极电位升高的现象。一般情况下，只有阳极才会发生电阻极化，阳极反应生成的钝化膜会阻碍金属离子的迁移，同时使系统电阻增加，从而造成阳极电阻极化。对于固定体系，电阻极化是电流的线性函数，即电阻一定时，电阻极化与电流成正比；同时，电阻极化随着电流的变化而变化，当电流中断时，电阻极化也消失。

3.2　电极反应的过电位

3.2.1　非平衡电位下电极反应进行的方向

当一个化学反应从左侧向右侧进行时，体系的吉布斯自由能降低，即

$$\Delta G=\sum\gamma_i\mu_i<0$$

当一个化学反应达到平衡时，体系的吉布斯自由能的变化为0，即

$$\Delta G=\sum\gamma_i\mu_i=0$$

当一个化学反应从右侧向左侧进行时，体系的吉布斯自由能会升高，即

$$\Delta G=\sum\gamma_i\mu_i>0$$

在化学里有一个化学亲和势的定义，$A=-\Delta G$，其中 A 称为化学亲和势。因此，化学反应进行方向也可以根据其化学亲和势来进行判断，即

$$\begin{cases}A=-\Delta G=-\sum\gamma_i\mu_i>0,\text{化学反应可以从左向右进行}\\A=-\Delta G=-\sum\gamma_i\mu_i=0,\text{化学反应达到平衡状态}\\A=-\Delta G=-\sum\gamma_i\mu_i<0,\text{化学反应可以从右向左进行}\end{cases}$$

类似地，对于一个普遍的电极反应

$$(-\nu_R)R+(-\nu_1)S_1+(-\nu_2)S_2+\cdots\rightleftharpoons\nu_O O+\nu_1S_1+\nu_mS_m+\cdots+ne$$

可以定义一个电化学亲和势，即

$$\overline{A}=-\Delta G=-\sum\gamma_i\overline{\mu}_i \tag{3-1}$$

同样，也可以根据电化学亲和势对电极反应的方向进行判断，即 $\overline{A}>0$，电极反应向生成氧化体的方向（阳极反应方向）进行；$\overline{A}=0$，电极反应达到平衡状态；$\overline{A}<0$，电极反应向生成还原体的方向（阴极反应方向）进行。

对于参加电极反应的物质来说，$\overline{\mu}=\mu+nF\phi$，代入式（3-1）可以得到

$$\overline{A}=-\sum\gamma_i\overline{\mu}_i=\sum\gamma_i\mu_i+nF(\Phi_M-\Phi_{sol}) \tag{3-2}$$

当电极反应达到平衡时，$\overline{A}=0$，（$\Phi_M-\Phi_{sol}$）就为平衡状态下的绝对电极电位，用 $(\Phi_M-\Phi_{sol})_e$ 表示（下标 e 表示处于平衡状态），那么式（3-2）进一步变为

$$\sum\gamma_i\mu_i+nF(\Phi_M-\Phi_{sol})_e=A+nF(\Phi_M-\Phi_{sol})_e=0$$

由此可得，$A=-nF(\Phi_M-\Phi_{sol})_e$，代入式（3-2），得到

$$\overline{A}=-\sum\gamma_i\overline{\mu}_i=nF(\Phi_M-\Phi_{sol})-nF(\Phi_M-\Phi_{sol})_e \tag{3-3}$$

因此，当电极反应没有达到平衡时，并且电极系统的绝对电极电位大于平衡状态下的绝对电极电位时，即 $(\Phi_M-\Phi_{sol})>(\Phi_M-\Phi_{sol})_e$ 时，电极反应主要向阳极方向进行；反之，当 $(\Phi_M-\Phi_{sol})<(\Phi_M-\Phi_{sol})_e$ 时，电极反应主要向阴极方向进行。因此，可以从绝对电极电位偏离平衡状态下的绝对电极电位的方向来判断非平衡状态下电极反应的进行方向。

3.2.2　过电位

通过第 2 章的学习，我们知道，一个电极系统的绝对电极电位是无法测量的，但是绝对电极电位的变化可以利用参比电极测量出来。如果用 E 表示非平衡状态下测得的电极电位，E_e 表示平衡状态下测得的电极电位，那么 $(\Phi_M-\Phi_{sol})-(\Phi_M-\Phi_{sol})_e=E-E_e$。因此，式（3-3）可以进一步写为

$$\overline{A}=-\sum\gamma_i\overline{\mu}_i=nFE-nFE_e=nF(E-E_e) \tag{3-4}$$

因此，电极反应进行的方向又可以用电极电位偏离平衡电极电位的方向进行判断，当

$E>E_e$ 时，电极反应向阳极反应方向进行，当 $E<E_e$ 时，电极反应向阴极反应方向进行。把式（3-4）中电极电位偏离平衡电极电位的差值（$E-E_e$）称为过电位（有的教材也称为超电压），用字母 η 表示。这样，式（3-4）就可以写为

$$\overline{A}=nF\eta \text{ 或 } \eta=\frac{\overline{A}}{nF} \tag{3-5}$$

由此可以看出，一个电极反应的过电位就是这个电极反应电化学亲和势的反映，因此，电极反应的电化学亲和势可以通过测量电极反应的过电位并计算得到。显然，一个电极反应的过电位的绝对值越大，电化学亲和势也就越大，因此，过电位也反映了驱使电极反应向阳极方向或者阴极方向进行反应的驱动力大小。

3.2.3 布拜关系式及其物理意义

有了过电位的定义，电极反应偏离平衡的情况就可以用过电位来反映。当 $\eta>0$，$(E-E_e)>0$ 时，电极发生阳极反应，产生阳极电流，反应向生成氧化体的方向进行，并规定阳极电流 $I_a>0$；当 $\eta<0$，$(E-E_e)<0$ 时，电极发生阴极反应，产生阴极电流，反应向生成还原体的方向进行，并规定阴极电流 $I_c<0$；当电极反应达到平衡时，$(E-E_e)=0$，对外没有电流，$I=0$。

于是，在电极反应的过电位和电极反应的电流之间，存在着如下关系：

$$\eta I\geqslant 0 \tag{3-6}$$

如果已知电极反应的面积，用电流除以面积就可以得到电流密度 i，将式（3-6）中的电流换成电流密度，这个关系式依然成立，即 $\eta i\geqslant 0$，这就是布拜关系式，包含以下两种情况。

1）当电极反应处于平衡状态时，$\eta=0$，$I=0$。电极反应中，氧化方向的速度等于还原方向的速度，也就是阳极方向的电流等于阴极方向的电流。宏观上电极反应处于停止状态，电极表面流入和流出的电流相等，电极反应处于可逆状态。因此，$\eta=0$，$I=0$，$\eta I=0$ 适用于可逆电极过程。

2）对于非平衡状态的电极反应过程，无论是阳极过程还是阴极过程，都有 $\eta I>0$，这就是一个电极反应偏离平衡的特征，表示电极反应处于不可逆状态。

下面通过原电池工作时的能量耗散来看 ηI 的物理意义。

如图 3-6 所示，将两个金属电极浸没到电解质溶液中，并通过一个负载电流表连接起来

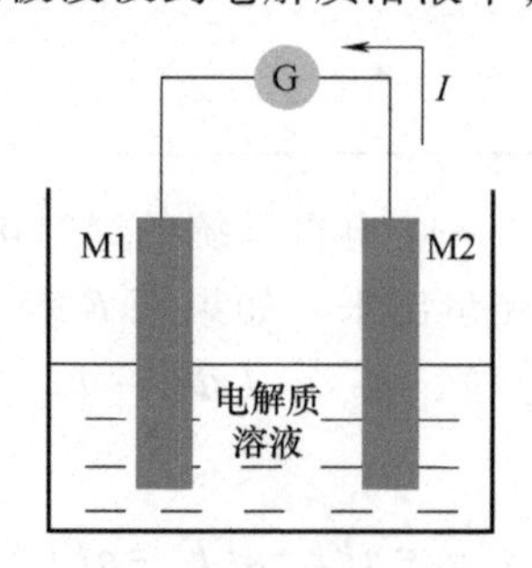

图 3-6　原电池工作示意图

构成一个原电池。忽略整个体系的电阻，并假设两个电极接通前都可以达到平衡，那么接通前，M1 电极的平衡电极电位为 E_{e1}，M2 的平衡电极电位为 E_{e2}，并进一步假设 $E_{e2}>E_{e1}$，那么在极化前，两个电极的端电压（初始电压）为

$$V_0=E_{e2}-E_{e1}$$

当采用导线将两个电极连接起来后，由于 M2 的电位高于 M1 的电位，因此，必然会对相应的电极产生极化。根据过电位的定义，达到稳定状态后，有

$$E_1=E_{e1}+\eta_1,\ E_2=E_{e2}-|\eta_2|$$

M1 电极电位较低，发生阳极极化，其过电位为正值；M2 电极电位高，发生阴极极化，其过电位为负值。当忽略整个体系的欧姆电阻时，极化后的电动势为

$$V=E_2-E_1=E_{e2}-|\eta_2|-(E_{e1}+\eta_1)=V_0-(\eta_1+|\eta_2|) \tag{3-7}$$

假设体系得失的电子数为 n，当上述构建的原电池处于可逆平衡状态时可以对外做最大有用功，每输出 nF 电量可以做的最大有用功为

$$W_0=nFV_0 \tag{3-8}$$

当反应处于非平衡状态时，由于极化的影响，原电池的电动势变为 V，每输出 nF 电量可以做的功为

$$W=nF[V_0-(\eta_1+|\eta_2|)]=W_0-nF(\eta_1+|\eta_2|) \tag{3-9}$$

由此可见，当原电池以可以测量的速度输出电流时，原电池的氧化还原反应的化学能就不能全部转变为电能。W_0 为原电池的最大有用功，只有在原电池的反应速度为无限小的可逆过程中才能实现。W 称为实际有用功，它总是小于最大有用功，也就是说，在以有限速度进行的不可逆过程中，原电池中的两个电极反应的化学能只有一部分转变为实际有用功，还有一部分（两个电极反应过电位绝对值的和与电量的乘积）却成为不可利用的热能耗散掉了。

由于电流是单位时间内流动的电量，而电极表面流过的电流密度是单位面积的电极表面流过的电流。因此，式（3-9）的物理意义是，当一个电极反应以不可逆过程的方式进行时，单位时间单位面积的电极表面上电极反应的化学能转变为不可利用的热能而耗散掉的能量为 ηi（i 为电流密度）。

实际上，上面的讨论是在忽略溶液电阻的情况下得出的。如果原电池的溶液电阻不可忽略，其电阻为 R_{sol}，则在原电池的回路中有电流 I 通过时，原电池的端电压还要考虑溶液电阻的影响，式（3-7）变为

$$V=E_2-E_1=V_0-(\eta_1+|\eta_2|+R_{sol}I)$$

相应地，原电池工作时，1mol 物质变化（得失电子数为 n）所能做的实际有用功为

$$W=W_0-nF(\eta_1+|\eta_2|+R_{sol}I)$$

随着电极反应速度的增加，电流 I 的绝对值越大，电极偏离平衡电位也越远，过电位的绝对值也越大。因此，电极反应过程偏离平衡状态越远（意味着过电位越大），从化学能中能够得到的有用功部分就越小，以热能形式耗散的能量部分就越大。

3.3 单一电极反应动力学

3.3.1 活化极化控制类型

1. 活化极化控制类型反应动力学的数学表达式

当电极反应的液相传质过程容易进行，并且忽略体系电阻极化，整个电极反应的速度就由带电粒子穿越双电层并发生电荷转移的电化学放电步骤所控制，由此引发的电极反应类型就属于活化极化的控制类型。

对于电极表面只有一个电极反应的情况（如 $Cu \longrightarrow Cu^{2+}+2e$），电极反应的通式可写作

$$R \rightleftharpoons O+ne$$

其中，R 表示还原体，O 表示氧化体，在电化学反应中，R 转变为 O 必须要经历势能较高的活化态 X。电极反应除需要克服化学反应的活化能外，还需要克服电场的作用而消耗功。设还原体转变为氧化体的化学反应活化能为 $\Delta G^*_{R\longrightarrow O}$，相反方向氧化体转变为还原体的化学反应活化能为 $\Delta G^*_{O\longrightarrow R}$，根据化学反应动力学，上述电极反应对应的化学反应的正向速度可以表示为

$$\vec{v}_c=\vec{k}_c c_R$$

逆反应的速度可以表示为

$$\overleftarrow{v}_c=\overleftarrow{k}_c c_O$$

其中，下标 c 表示化学反应，k_c 为化学反应速率常数，它们可以用下面两式来表示：

$$\vec{k}_c=\frac{kT}{h}\exp\left(-\frac{\Delta G^*_{R\longrightarrow O}}{RT}\right)$$

$$\overleftarrow{k}_c=\frac{kT}{h}\exp\left(-\frac{\Delta G^*_{O\longrightarrow R}}{RT}\right)$$

其中，k 为玻耳兹曼常数，$k=1.381\times10^{-23}$ J/K；h 为普朗克常数，$h=6.626\times10^{-34}$ J · s。

设电极与溶液的界面形成的双电层为均匀电场，双电层的厚度为 l，如图 3-7 所示，则双电层的电场强度为

$$\varepsilon=\phi/l \tag{3-10}$$

带有 nF 电量的 1mol 氧化体转变为活化粒子 X 时，除需要克服化学变化的活化能 $\Delta G^*_{O\longrightarrow R}$ 外，还需要克服电场的作用而消耗功 $nF\varepsilon x_2$，此时氧化体变为还原体的自由焓变化为

$$\Delta\overline{G}^*_{O\longrightarrow R}=\Delta G^*_{O\longrightarrow R}+nF\varepsilon x_2 \tag{3-11}$$

同理，由还原体转变为氧化体的自由焓变化为

$$\Delta\overline{G}^*_{R\longrightarrow O}=\Delta G^*_{R\longrightarrow O}-nF\varepsilon x_1 \tag{3-12}$$

由 $\varepsilon=\phi/l$ 可得

$$\varepsilon x_1=\frac{x_1}{l}\phi,\varepsilon x_2=\frac{x_2}{l}\phi$$

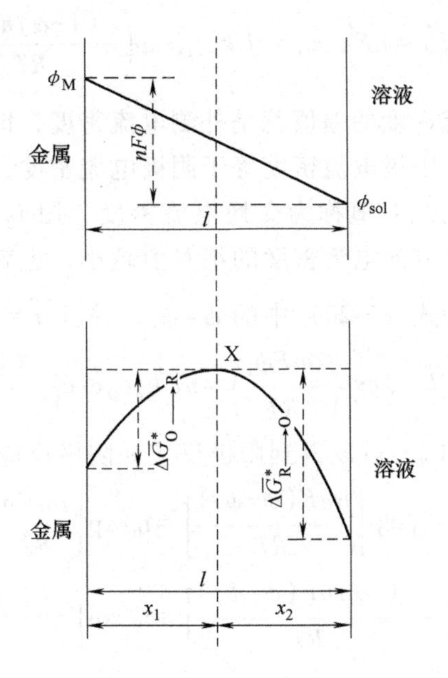

图 3-7　双电层的电场强度及活化能

令 $\alpha=\dfrac{x_1}{l}=\dfrac{x_1}{x_1+x_2}$，则 $1-\alpha=\dfrac{x_2}{l}=\dfrac{x_2}{x_1+x_2}$，可得

$$\varepsilon x_1=\alpha\phi \tag{3-13}$$

$$\varepsilon x_2=(1-\alpha)\phi \tag{3-14}$$

将式（3-13）和式（3-14）代入式（3-11）和式（3-12），并仿照化学反应的速率常数，就得到电极反应的速率常数为

$$\vec{k}_a=\frac{kT}{h}\exp\left(-\frac{\Delta G^*_{R\longrightarrow O}-\alpha nF\phi}{RT}\right)=\vec{k}_c\exp\left(\frac{\alpha nF\phi}{RT}\right) \tag{3-15}$$

$$\overleftarrow{k}_a=\frac{kT}{h}\exp\left(-\frac{\Delta G^*_{O\longrightarrow R}+(1-\alpha)nF\phi}{RT}\right)=\overleftarrow{k}_c\exp\left[-\frac{(1-\alpha)nF\phi}{RT}\right] \tag{3-16}$$

假设电极反应为一级反应，根据电极反应式，电极反应的正向速度为

$$\vec{v}=\vec{k}_a c_R \tag{3-17}$$

逆向速度为

$$\overleftarrow{v}=\overleftarrow{k}_a c_O \tag{3-18}$$

根据法拉第定律，电极反应速度与流过电极的电流密度之间的关系为

$$i=nFv$$

则，根据式（3-15）~式（3-18），电极反应的阳极电流密度值（从左至右的反应）为

$$\vec{i}=nF\vec{v}=nF\vec{k}_a c_R=nF\vec{k}_c c_R\exp\left(\frac{\alpha nF\phi}{RT}\right) \tag{3-19}$$

阴极电流密度（从右至左的反应）绝对值为

$$\overleftarrow{i}=nF\overleftarrow{v}=nF\overleftarrow{k}_{c}c_{O}=nF\overleftarrow{k}_{c}c_{O}\exp\left(-\frac{(1-\alpha)nF\phi}{RT}\right) \tag{3-20}$$

阳极电流密度和阴极电流密度的差值就是外测电流密度，即 $i=\overrightarrow{i}-\overleftarrow{i}$。

当电极反应处于平衡时，阳极电流密度等于阴极电流密度，电极对外不表现出电流，此时的阳极或者阴极电流密度的绝对值称为交换电流密度，用 i_0 表示。显然，交换电流密度越小，代表阳极方向或者阴极方向电流密度的绝对值越小，也就表示腐蚀速度越小。电极反

应处于平衡时，式（3-19）和式（3-20）中的 $\phi=\phi_e$，并且 $\overrightarrow{i}=\overleftarrow{i}=i_0$，此时就有

$$i_0=nF\overrightarrow{v}=nF\overrightarrow{k}_{c}c_{R}\exp\left(\frac{\alpha nF\phi_e}{RT}\right)=nF\overleftarrow{k}_{c}c_{O}\exp\left(-\frac{(1-\alpha)nF\phi_e}{RT}\right) \tag{3-21}$$

结合式（3-19）~式（3-21），可以得到阳极反应和阴极反应的电流密度分别为

$$\overrightarrow{i}=i_0\exp\left[\frac{\alpha nF(\phi-\phi_e)}{RT}\right]=i_0\exp\left[\frac{\alpha nF\eta}{RT}\right] \tag{3-22}$$

$$\overleftarrow{i}=i_0\exp\left[-\frac{(1-\alpha)nF(\phi-\phi_e)}{RT}\right]=i_0\exp\left[-\frac{(1-\alpha)nF\eta}{RT}\right] \tag{3-23}$$

式中，η 为电极反应的过电位。

因为，$\eta=\phi-\phi_e=E-E_e$，所以上面讨论的电极反应速率关系式中的绝对电极电位 ϕ 就可以改写为由电极电位 E 表示的电极反应动力学关系式。

$$\overrightarrow{i}=nF\overrightarrow{v}=nF\overrightarrow{k}_{a}c_{R}=nF\overrightarrow{k}c_{R}\exp\left(\frac{\alpha nFE}{RT}\right) \tag{3-24}$$

$$\overleftarrow{i}=nF\overleftarrow{v}=nF\overleftarrow{k}_{c}c_{R}=nF\overleftarrow{k}c_{O}\exp\left[-\frac{(1-\alpha)nFE}{RT}\right] \tag{3-25}$$

式中

$$\overrightarrow{k}=\overrightarrow{k}_{c}\exp\left[\frac{nF(\phi_e-E_e)}{RT}\right] \tag{3-26}$$

$$\overleftarrow{k}=\overleftarrow{k}_{c}\exp\left[-\frac{(1-\alpha)nF(\phi_e-E_e)}{RT}\right] \tag{3-27}$$

电极电位 E 和过电位都是可以测量的，因此可以利用上面的公式进行活化极化控制类型的单电极反应电流密度的计算。

当电极反应达到平衡时，$E=E_e$，阳极反应电流密度等于阴极反应电流密度 $\overrightarrow{i}=\overleftarrow{i}=i_0$，结合式（3-22）和式（3-23），可以得到

$$E_e=\frac{RT}{nF}\ln\frac{\overleftarrow{k}}{\overrightarrow{k}}+\frac{RT}{nF}\ln\frac{c_O}{c_R} \tag{3-28}$$

对比能斯特方程，可知电极反应的标准电极电位为：$E^0=\dfrac{RT}{nF}\ln\dfrac{\overleftarrow{k}}{\overrightarrow{k}}$。

2. 活化极化控制类型的过电位曲线

过电位曲线是指电极反应中电极反应的过电位与外测电流之间的关系曲线，而外测电流密度是阳极方向和阴极方向电流密度的绝对值的差值，即 $i=\overrightarrow{i}-\overleftarrow{i}$。

对活化极化控制的电极反应，根据式（3-22）和式（3-23），可得

$$i=i_0\left\{\exp\left[\frac{\alpha nF\eta}{RT}\right]-\exp\left[-\frac{(1-\alpha)nF\eta}{RT}\right]\right\} \tag{3-29}$$

不同的 α 值可以做出形状大致一致的过电位曲线，如图 3-8 所示，横坐标表示过电位，纵坐标表示外测电流。

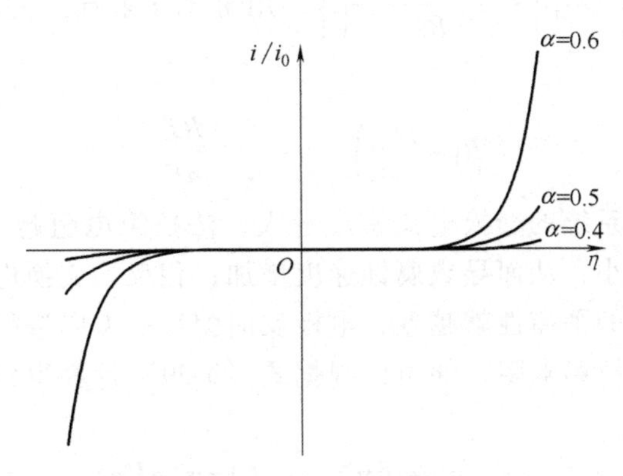

图 3-8　不同 α 值的过电位曲线

一般说来，当 $\alpha=0.5$ 时，过电位曲线是关于原点对称的双曲线正弦函数。图 3-8 也称为实测的过电位曲线，反映了电极反应的过电位与外测电流密度之间的关系。实际上它是由阳极方向的过电位曲线和阴极方向的过电位曲线合成的。如图 3-9a 所示，实线表示实测的过电位曲线，两条虚线分别表示阳极反应方向和阴极反应方向的过电位曲线。实测的过电位曲线通过坐标轴的原点，原点对应于电极反应处于平衡状态，此时的过电位为 0，但是阳极电流密度和阴极电流密度都不为 0，两条虚线与电流密度轴的交点对应于交换电流密度。发生阳极极化时，$\eta_a>0$，$i>0$；发生阴极极化时，$\eta_c<0$，$i<0$。如果图 3-9a 中电流密度绝对值取对数，就得到过电位与电流密度对数的关系曲线，如图 3-9b 所示，这种坐标为半对数坐标。

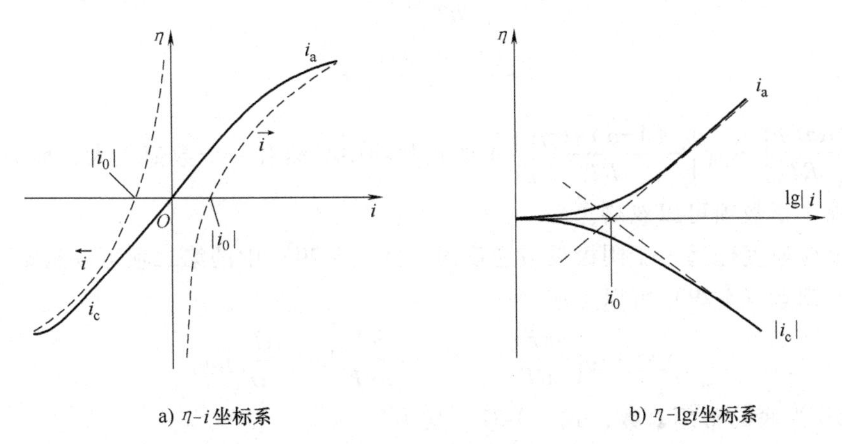

图 3-9　活化极化控制电极反应的过电位曲线（$\alpha=0.5$）

下面针对活化极化控制的电极反应的过电位曲线讨论微极化和强极化两种情况。

（1）微极化　如图 3-9 所示，当电极反应处于平衡时，$\eta=0$，$i=0$，对应于实测坐标轴

的原点，这时外测电流密度为 0。如果进行极化的电流非常小，使得产生的过电位值也很小，可以近似认为电极反应仍处于平衡状态，那么这时过电位与极化电流密度呈直线关系，过电位与电流密度的比值称为法拉第电阻，实际上它可以由过电位曲线在原点处的斜率求得。

根据 $i=i_0\left\{\exp\left[\frac{\alpha nF\eta}{RT}\right]-\exp\left[-\frac{(1-\alpha)nF\eta}{RT}\right]\right\}$，用 η 对 i 求导，并取 $\eta=0$，$\alpha=0.5$，可得法拉第电阻为

$$R_{\mathrm{F}}=\left(\frac{\partial\eta}{\partial i}\right)_{\eta=0}=\frac{1}{i_0}\cdot\frac{RT}{nF} \tag{3-30}$$

由此可见，一个电极系统的交换电流密度越大，法拉第电阻越小，电极越不容易极化，因此电极反应的阻力就越小，从而导致腐蚀速度增加；相反，交换电流密度越小，电极系统就越容易极化，电极反应的平衡性就越差，电极反向朝某一方向进行的程度也越大。根据电极反应的关系式，测出法拉第电阻，便可以根据式（3-30）计算得到这个电极反应的交换电流密度。

另一方面，由于过电位很小，在 $\left|\frac{\alpha nF\eta}{RT}\right|$ 和 $\left|-\frac{(1-\alpha)nF\eta}{RT}\right|$ 的值都远远小于 1 的情况下，$\exp\left[\frac{\alpha nF\eta}{RT}\right]\approx\frac{\alpha nF\eta}{RT}$，$\exp\left[-\frac{(1-\alpha)nF\eta}{RT}\right]\approx-\frac{(1-\alpha)nF\eta}{RT}$，取 $\alpha=0.5$，式（3-29）就变为

$$\eta=\frac{RT}{nFi_0}i=R_{\mathrm{F}}i \tag{3-31}$$

由此可见，在过电位很小的情况下，过电位与外测电流密度之间呈直线关系。随着过电位越来越大，过电位与电流密度就不再呈直线关系。

（2）强极化　在过电位绝对值比较大的情况下，也就是电极电位偏离平衡电极电位足够远时，使得

$$\left|\frac{\alpha nF\eta}{RT}\right|\gg1$$

$$\left|-\frac{(1-\alpha)nF\eta}{RT}\right|\gg1$$

则 $i=i_0\left\{\exp\left[\frac{\alpha nF\eta}{RT}\right]-\exp\left[-\frac{(1-\alpha)nF\eta}{RT}\right]\right\}$ 中的指数项中必然有一个数值很大，而另一个很小，使得很小的那个指数项可以忽略。

当阳极反应速度远远大于阴极反应速度时，式（3-29）中的第二项可以忽略，外测电流为阳极电流，则式（3-29）可以写成

$$i=i_0\exp\left(\frac{\alpha nF\eta}{RT}\right)，或\ \eta=\frac{RT}{\alpha nF}\ln i-\frac{RT}{\alpha nF}\ln i_0 \tag{3-32}$$

换成以 10 为底的常用对数，式（3-32）变为

$$\eta=\frac{2.303RT}{\alpha nF}\lg i-\frac{2.303RT}{\alpha nF}\lg i_0 \tag{3-33}$$

同样，当阴极反应速度远远大于阳极反应速度时，式（3-29）中的第一项可以忽略，外测电流是阴极电流，则式（3-29）可以写成

$$|i| = i_0 \exp\left[-\frac{(1-\alpha)nF\eta}{RT}\right] \tag{3-34}$$

进一步可变换为

$$\eta = -\frac{RT}{(1-\alpha)nF}\ln|i| + \frac{RT}{(1-\alpha)nF}\ln i_0$$

或

$$\eta = -\frac{2.303RT}{(1-\alpha)nF}\lg|i| + \frac{2.303RT}{(1-\alpha)nF}\lg i_0 \tag{3-35}$$

可见，当过电位的绝对值相当大的情况下（强极化），过电位与外测电流密度的对数呈线性关系，如图 3-9b 所示，这种坐标系统又称半对数坐标系统。

对于式（3-33）和式（3-35），令后一项为 a，$\lg i$ 前面的系数为 b，就可以得到著名的塔菲尔关系式

$$\eta = a \pm b\ln|i| \tag{3-36}$$

用常用对数可以表示为 $\eta = a' \pm b'\lg|i|$，$a = 2.303a'$，$b = 2.303b'$。

加号用于阳极过电位，减号用于阴极过电位。图 3-9b 中坐标系统的过电位曲线的直线部分，就是塔菲尔直线线段，b 就称为塔菲尔斜率或塔菲尔系数。将塔菲尔直线线段延长到 $\eta = 0$ 处，相应的电流密度就是交换电流密度，因此，可以用这个方法测电极反应的交换电流密度。

3.3.2 浓差极化控制类型

电极反应本质上是在电极表面发生的电化学反应，无论是溶液中参与电极反应的反应物还是电极表面生成的反应产物，都要通过传质过程到达或离开电极表面，从而影响电极反应的速度。当反应物扩散移动速度不能满足电极反应速度的需要时，在电极附近反应物浓度小于电解质溶液本体的反应物浓度，电极反应速度受物质传质步骤的控制，产生浓差极化。

一般说来，溶液中的传质过程包括扩散、电迁移和液体对流三个过程。溶液中的扩散过程较为复杂，特别是当溶液浓度不均匀时更加复杂。现在考虑最简单的情况，假设物质浓度只在一个方向上发生变化，并且溶液中各处物质的浓度和浓度梯度不随时间而改变，则溶液中物质的扩散过程可以用菲克第一定律来描述：

$$\frac{dm_j}{dt} = -D_j\frac{dc_j}{dx} \tag{3-37}$$

式中 $\frac{dm_j}{dt}$——第 j 种物质在单位时间单位面积扩散的物质的量；

D_j——第 j 种物质的扩散系数；

c_j——第 j 种物质的浓度；

x——物质在溶液中所处的位置。

式中的负号表示扩散方向和浓度梯度的方向相反。菲克第一定律表明，物质的扩散速度与扩散系数和浓度梯度成正比。

在上述的假设条件下，扩散途径中每一点上的扩散速度都相等，如果扩散过程是唯一的

传质过程，则浓度梯度为

$$\frac{\mathrm{d}c}{\mathrm{d}x}=\frac{c_b-c_s}{l} \tag{3-38}$$

对一个电极反应来讲，如果扩散过程为速度控制步骤，那么式（3-38）中的 c_b 为电解质本体溶液中的浓度，c_s 为电极表面物质的浓度，l 为扩散层厚度。

在电极反应中，一般浓差极化在阴极的影响较大，对电极反应的阴极反应来说，如果电化学放电步骤很快，不会造成物质和电荷的积累，阴极反应主要就由扩散过程所控制，这时物质扩散到电极表面的扩散速度应该等于它在电极表面还原的速度。以 i 的绝对值表示阴极还原电流密度的绝对值，m_j 表示通过单位面积扩散到电极表面而被还原的物质的量，发生阴极还原反应的得失电子数为 n，则 1mol 物质被还原的电流为 nF，则

$$\frac{\mathrm{d}m_j}{\mathrm{d}t}=\frac{-|i|}{nF} \tag{3-39}$$

即单位时间扩散的物质量等于电流密度除以 1mol 物质被还原产生的电流。取负号是因为阴极电流的方向取负值。

结合式（3-37）~式（3-39），可得

$$|i|=nFD\frac{c_b-c_s}{l} \tag{3-40}$$

在阴极反应中，扩散传质过程为控制步骤时，电极表面没有物质的积累，电极表面的物质浓度（c_s）趋于 0，电流密度的绝对值取得最大值，这时的电流密度称为极限扩散电流密度，以 i_d 表示，即

$$i_d=nFD\frac{c_b}{l} \tag{3-41}$$

现在考虑以下两种电极反应情况：

1）电极反应交换电流密度很大，即使有外测阴极电流时，也可以近似认为电极反应处于可逆平衡状态，电极电位可以用能斯特方程进行计算。

在无外测阴极电流时，电极反应处于可逆平衡状态，电极表面物质浓度等于溶液本体物质的浓度，其平衡电极电位为

$$E_1=E^0+\frac{RT}{nF}\ln c_b$$

当有外测阴极电流时，由于交换电流密度很大，可以近似认为达到平衡状态，电极表面的反应物浓度变为 c_s，其平衡电极电位为

$$E_2=E^0+\frac{RT}{nF}\ln c_s$$

由此可得，浓差极化过电位为

$$\eta_d=E_2-E_1=\frac{RT}{nF}\ln\frac{c_s}{c_b} \tag{3-42}$$

由极限扩散电流密度的公式 $i_d=nFD\frac{c_b}{l}$ 和 $|i|=nFD\frac{c_b-c_s}{l}$，可以得到 $\frac{c_s}{c_b}=1-\frac{|i|}{i_d}$，将此式代入式（3-42），可以得到浓差极化过电位的另一个表达公式为

$$\eta_{\mathrm{d}}=\frac{RT}{nF}\ln\left(1-\frac{|i|}{i_{\mathrm{d}}}\right) \tag{3-43}$$

经过变换就可以得到电流密度与过电位的关系：

$$|i|=i_{\mathrm{d}}\left[1-\exp\left(-\frac{nF}{RT}|\eta_{\mathrm{d}}|\right)\right] \tag{3-44}$$

2）电极反应是不可逆的，放电步骤的进行不能忽略，同时存在电化学活化极化和浓差极化。

当电极反应完全由电化学放电步骤控制时，阴极还原反应的逆过程的速度小到可以忽略不计。在这种情况下，可以认为电极表面的物质浓度等于溶液本体物质的浓度，所以扩散过程可以忽略，属于电化学放电步骤控制的电极反应，阴极反应速度可以表示为

$$|i|=i_0\exp\left[-\frac{(1-\alpha)nF\eta}{RT}\right]=i_0\exp\left(-\frac{\eta}{\beta_{\mathrm{c}}}\right),\beta_{\mathrm{c}}=\frac{RT}{(1-\alpha)nF}$$

β_{c} 称为自然对数塔菲尔斜率。

如果扩散过程也是影响电极反应速度的步骤之一，电极表面的物质浓度从 c_{b} 降为 c_{s}，则此时的阴极还原电流密度为

$$|i|=i_0\frac{c_{\mathrm{s}}}{c_{\mathrm{b}}}\exp\left[-\frac{(1-\alpha)nF\eta}{RT}\right]=i_0\frac{c_{\mathrm{s}}}{c_{\mathrm{b}}}\exp\left(-\frac{\eta}{\beta_{\mathrm{c}}}\right) \tag{3-45}$$

当有浓差极化存在时，$\dfrac{c_{\mathrm{s}}}{c_{\mathrm{b}}}=1-\dfrac{|i|}{i_{\mathrm{d}}}$，代入式（3-45）就可以得到

$$|i|=i_0\left(1-\frac{|i|}{i_{\mathrm{d}}}\right)\exp\left(-\frac{\eta}{\beta_{\mathrm{c}}}\right) \tag{3-46}$$

经过整理变换就可以得到

$$|i|=\frac{i_0\exp\left(-\dfrac{\eta}{\beta_{\mathrm{c}}}\right)}{1+\dfrac{i_0}{i_{\mathrm{d}}}\exp\left(-\dfrac{\eta}{\beta_{\mathrm{c}}}\right)} \tag{3-47}$$

或 $\eta=-|\eta|=\beta_{\mathrm{c}}\ln\left(1-\dfrac{|i|}{i_{\mathrm{d}}}\right)-\beta_{\mathrm{c}}\ln\dfrac{|i|}{i_0}$ （3-48）

从以上的分析结果可以看出，阴极电极反应在可逆过程和不可逆过程中得到的结果是不同的。

对式（3-47）来说，当$\dfrac{i_0}{i_{\mathrm{d}}}\exp\left(-\dfrac{\eta}{\beta_{\mathrm{c}}}\right)\ll 1$ 时，相当于过电位绝对值很小并且极限扩散电流密度远远大于阴极反应交换电流密度的情况，这种情况下式（3-47）可写作

$$|i|=i_0\exp\left(-\frac{\eta}{\beta_{\mathrm{c}}}\right)$$

这实际上就是电化学反应步骤控制的电极反应动力学关系式。

当$\dfrac{i_0}{i_{\mathrm{d}}}\exp\left(-\dfrac{\eta}{\beta_{\mathrm{c}}}\right)\gg 1$ 时，相当于极限扩散电流密度不是很大，而阴极反应过电位绝对值很大的情况，这时式（3-47）可以简化为

$$|i| = i_d$$

这就是阴极反应过程速度完全由扩散过程的速度控制的情况。此时电极表面反应物的浓度为0，阴极电流密度就与过电位无关，而等于极限扩散电流密度。

将上述关系式表示在半对数坐标中，如图3-10所示。

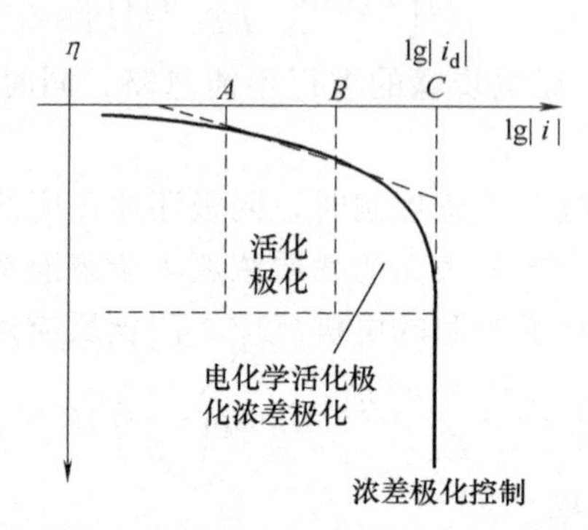

图3-10　浓差极化和电化学活化极化共同存在时的阴极过电位曲线

在图3-10中，*AB*段相当于放电步骤控制的电极反应段，此时放电步骤为电极反应的控制步骤，属于电化学活化极化的控制类型；*BC*段相当于既有放电步骤又有扩散控制的阶段，此时电极反应受到活化极化和浓差极化的共同控制；到*C*点以后，电流密度不再与过电位有关系，等于极限扩散电流密度，电极反应速度完全由浓差极化控制。

3.4　均相腐蚀电极反应动力学

所谓均相腐蚀是指参与电极反应的电子导体相和离子导体相都是均匀的。所谓腐蚀电极是指界面上至少存在两个电极反应，一个是金属失去电子的氧化反应，一个是氧化剂（也称去极化剂）得到电子的还原反应。一般情况下，由于金属腐蚀不断发生，因此还原反应（阴极反应）的平衡电极电位要高于金属氧化反应（阳极反应）的平衡电极电位，由于金属和溶液都是均匀的，因此电极反应都发生在整个金属暴露表面上，如Fe浸没在HCl溶液中的反应，阳极反应和阴极反应都发生在Fe的表面，这时阳极和阴极的面积相等。

3.4.1　电化学活化极化腐蚀状态的电极反应动力学

1. 自然腐蚀状态

最简单的自然腐蚀状态是电极表面只存在一个阳极反应和一个阴极反应，并且电极反应速度由电化学放电步骤所决定。在自然腐蚀状态下，发生氧化反应（金属腐蚀）的金属电极（可看作单电极反应）存在一个阳极平衡电极电位 E_{ea}，阴极反应也存在一个阴极平衡电极电位 E_{ec}，并且 $E_{ec}>E_{ea}$。当金属浸没在电解质溶液中时，阳极发生腐蚀，就会有电流从阳极经溶液流向阴极，从而使阳极和阴极的平衡状态被打破，产生相应的极化，结果使阳极电位升高，阴极电位降低。如果整个体系没有电阻，那么阳极电位和阴极电位会达到一个共同的电位，这个电位称为混合电位。很显然，混合电位处于阳极平衡电位和阴极平衡电位之间，即 $E_{ea}<E<E_{ec}$。在腐蚀电极的情况下，阴极反应和阳极反应极化到共同的混合电位时，

阳极和阴极的反应速度相等，电量达到平衡，电位处于稳定状态，此时的电位称为稳态电位，也就是金属发生自然腐蚀的自然腐蚀电位 E_{corr}，即 $E_a=E_c=E_{corr}$。在这一电位下，阴极和阳极都会产生相应的过电位，其关系如图 3-11 所示。

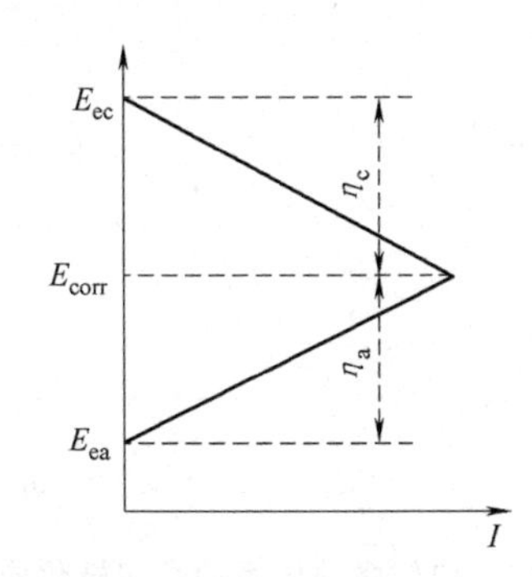

图 3-11　活化极化控制的均相腐蚀电极（自然腐蚀状态）的电位关系

根据单电极反应动力学公式，当发生活化极化时，阳极正向反应速度远远大于逆向反应速度（即金属失去电子被氧化的速度远远大于金属得到电子被还原的速度，电极反应 $M \longrightarrow M^{n+}+ne$ 主要向右进行），阳极反应速度可以表示为

$$i_a=i_{0a}\exp\left(\frac{\alpha nF\eta_a}{RT}\right)=i_{0a}\exp\left(\frac{E_{corr}-E_{ea}}{\beta_a}\right) \tag{3-49}$$

其中，i_{0a} 为阳极反应的交换电流密度，$\eta_a=E_{corr}-E_{ea}$ 为阳极反应产生的过电位，$\beta_a=\dfrac{RT}{\alpha nF}$。

同理，阴极反应速度可以表示为

$$i_c=i_{0c}\exp\left[-\frac{(1-\alpha)nF\eta_c}{RT}\right]=i_{0c}\exp\left(-\frac{E_{corr}-E_{ec}}{\beta_c}\right) \tag{3-50}$$

其中，i_{0c} 为阴极反应的交换电流密度，$\eta_c=E_{corr}-E_{ec}$ 为阴极反应产生的过电位，$\beta_c=\dfrac{RT}{(1-\alpha)\ nF}$。

上述阴极反应速度和阳极反应速度的电位-电流曲线可以表示为图 3-12a。可以看出，对阳极反应来讲，存在正向反应的速度和逆向反应的速度，当两者速度相等时（净电流为 0），电极反应达到平衡，电极电位为 E_{ea}。由于这一体系主要由活化极化所控制，并且正向反应速度远远大于逆向反应速度，所以在 E-i 坐标系中的逆向 E-i 曲线用虚线表示，而实线表示反应主要向正向进行（也就是向腐蚀的方向进行）。同理，对阴极反应可以做类似分析。

如果对电流密度取绝对值，并取对数，可以得到图 3-12b 所示的半对数坐标系的极化曲线。在半对数坐标系中，对阳极反应，由于是活化极化控制，因此，单一电极极化时的电位偏离平衡电位足够远（即过电位很大），符合塔菲尔关系式，将塔菲尔曲线的直线部分延长并相交，交点的位置就对应于电极的平衡电极电位和交换电流密度。对两个电极组成的腐蚀电极来说，阳极反应主要向氧化方向进行，而阴极反应主要向还原方向进行，两者平衡电极电位的差值导致单一电极的平衡状态被打破，产生极化，如果体系只有活化极化控制，那么

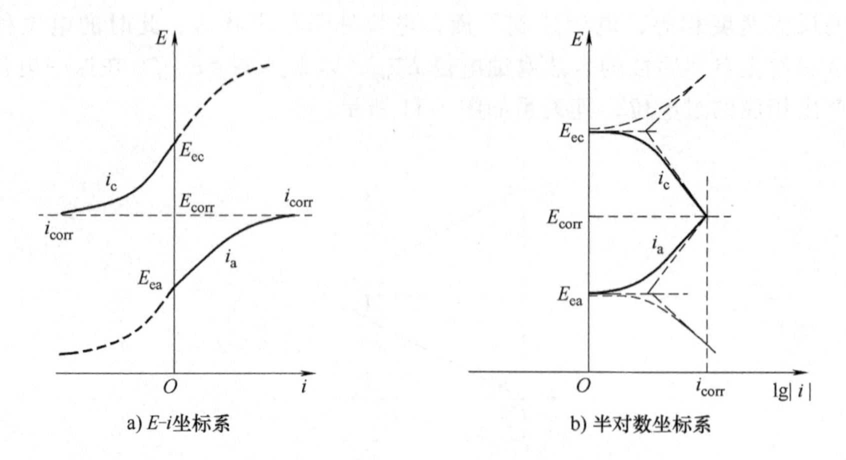

图 3-12　均相腐蚀体系的真实极化曲线

两个电极将会极化到一个共同的混合电位。在自然腐蚀状态下，这个电位也称自然腐蚀电位，相应的电流就是自然腐蚀电流。

在自然腐蚀状态下，达到稳定状态时，阳极产生的电子全部被阴极所消耗，因此对外不表现出电流，也就是外测电流为 0。此时，由于阳极反应和阴极反应的面积相等，阳极反应电流密度的绝对值和阴极反应电流密度的绝对值相等，并且都等于腐蚀电流密度 i_{corr}，即

$$i_{corr}=i_{0a}\exp\left(\frac{E_{corr}-E_{ea}}{\beta_a}\right)=i_{0c}\exp\left(-\frac{E_{corr}-E_{ec}}{\beta_c}\right) \tag{3-51}$$

消去 i_{corr}，可以得到腐蚀电位为

$$E_{corr}=\frac{\beta_a\beta_c}{\beta_a+\beta_c}\ln\frac{i_{0c}}{i_{0a}}+\frac{\beta_a}{\beta_a+\beta_c}E_{ec}+\frac{\beta_c}{\beta_a+\beta_c}E_{ea} \tag{3-52}$$

由式（3-52）可以得出以下结论：

1）阳极交换电流密度 i_{0a} 减小会使腐蚀电位增加并靠近阴极平衡电极电位；i_{0c} 减小，腐蚀电位更加靠近阳极平衡电极电位。

2）β_a 增加，E_{corr} 正向移动（以下简称正移）；β_c 增加，E_{corr} 负向移动（以下简称负移）。

将式（3-51）中的 E_{corr} 消去，可得腐蚀电流密度的数学表达式为

$$\ln i_{corr}=\frac{\beta_a}{\beta_a+\beta_c}\ln i_{0a}+\frac{\beta_c}{\beta_a+\beta_c}\ln i_{0c}+\frac{E_{ec}-E_{ea}}{\beta_a+\beta_c} \tag{3-53}$$

$$或\ i_{corr}=i_{0a}^{\frac{\beta_a}{\beta_a+\beta_c}}\cdot i_{0c}^{\frac{\beta_c}{\beta_a+\beta_c}}\cdot\exp\left(\frac{E_{ec}-E_{ea}}{\beta_a+\beta_c}\right) \tag{3-54}$$

由此可以看出，对由电化学活化极化步骤控制的均匀腐蚀体系，腐蚀电流密度与其内在因素有下列关系：

1）阳极和阴极的交换电流密度越大，腐蚀电流密度 i_{corr} 越大。

2）动力学参数的影响主要通过第三项（$\beta_a+\beta_c$）体现，极化率越大，也就是电极反应

的阻力越大，i_{corr} 就越小。

3）一般说来，阴、阳极反应的起始电位差越大，腐蚀速度越大。

以上规律可以示意地表示在图 3-13 中。

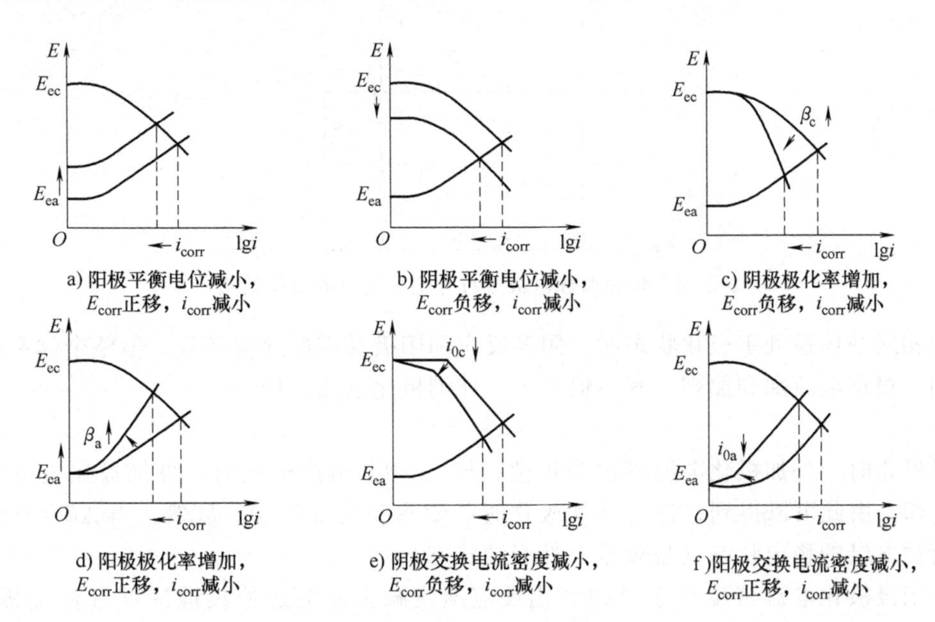

图 3-13　活化极化控制情况下自然腐蚀状态的腐蚀电位和腐蚀电流的影响因素

2. 极化状态

如果对上述稳态下的均相腐蚀电极通以外加极化电流，使阴极和阳极的电量平衡被打破，这时阳极反应和阴极反应的速度就不相等，对外表现出电流。由于稳定的腐蚀状态被打破，阳极和阴极都将产生极化，使阳极电位不等于阴极电位。把电极电位偏离自然腐蚀电位的值（在自然腐蚀电位，对外不表现出电流）称为极化值，即

$$\Delta E = E - E_{corr} \tag{3-55}$$

在进行阳极极化时，外加电流从导线流入金属，在电极界面上电流方向从金属指向溶液，并规定外加极化电流为正值，电位正移，$\Delta E_+ = (E_a - E_{corr}) > 0$。对阳极反应，极化之前的过电位为

$$\eta_a = E_{corr} - E_{ea}$$

在极化之后，阳极电位从腐蚀电位正移到 E_a，此时的过电位为

$$\eta_a' = E_a - E_{ea}$$

由于阳极极化使电位正移，所以 $\eta_a' - \eta_a = (E_a - E_{corr}) > 0$。因此，在极化电位 E_a，阳极反应过电位增大，$\eta_a' > \eta_a$，而阴极反应过电位会减小，即 $\eta_c' < \eta_c$。

同理，发生阴极极化时，外加电流从金属经导线流出，在电极界面，电流从溶液指向金属，规定电流为负，电位负移，$\Delta E_- = (E_c - E_{corr}) < 0$。在极化电位 E_c，阳极反应过电位减小，$\eta_a'' < \eta_a$，阴极反应过电位增大，$|\eta_c''| > |\eta_c|$，如图 3-14 所示。

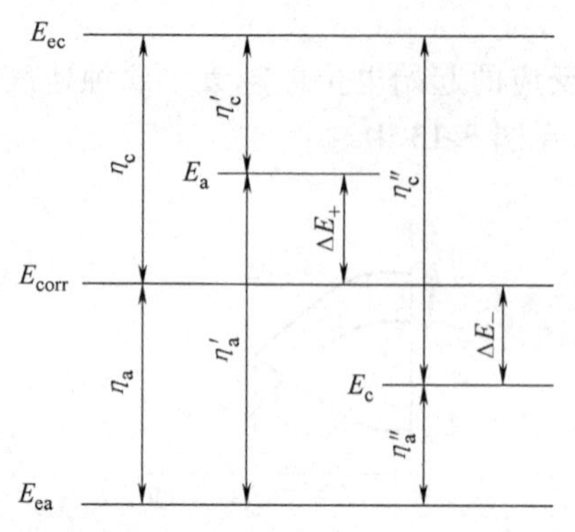

图 3-14 均相腐蚀电极进行外加极化时的电位关系

当均相腐蚀体系处于极化状态时，阴极反应和阳极反应的速度不等，但整个体系的电量是平衡的，根据电流加和原理，其差值就等于外测极化电流，即

$$i=i_a-|i_c| \tag{3-56}$$

阳极极化时，外加极化电流密度为正值，即 $i_+>0$；阴极极化时，外加极化电流密度为负值，$i_-<0$。由此可以得到，进行外加极化时，依然满足 $\Delta E_i>0$。显然，当 $\Delta E_i=0$ 时，代表均相腐蚀电极的稳定状态（也就是自然腐蚀状态）。

外加阳极极化电流密度等于总的氧化反应速度减去总的还原反应速度（阳极极化时，总的氧化反应速度大于总的还原反应速度）；阴极极化电流密度则相反。

当通以外加电流时，腐蚀体系受到极化，阳极反应过程和阴极反应过程的电位都将发生改变，在极化电位 E，由于反应都受到活化极化控制，阳极反应速度和阴极反应速度仍然遵循前述的单电极反应动力学方程式，即

阳极反应速度为

$$\begin{aligned} i_a &= i_{0a}\exp\left(\frac{E-E_{ea}}{\beta_a}\right)=i_{0a}\exp\left[\frac{E-E_{corr}+(E_{corr}-E_{ea})}{\beta_a}\right]=i_{corr}\exp\left(\frac{E-E_{corr}}{\beta_a}\right) \\ &= i_{corr}\exp\left(\frac{\Delta E_+}{\beta_a}\right) \end{aligned} \tag{3-57}$$

阴极反应速度为

$$i_c=i_{0c}\exp\left[-\frac{E-E_{corr}+(E_{corr}-E_{ec})}{\beta_c}\right]=i_{corr}\exp\left(-\frac{E-E_{corr}}{\beta_c}\right)=i_{corr}\exp\left(-\frac{\Delta E_-}{\beta_c}\right) \tag{3-58}$$

根据电流加和原理，阳极极化时，外加极化电流为阳极电流：

$$i_+=i_a-|i_c|=i_{corr}\left[\exp\left(\frac{\Delta E_+}{\beta_a}\right)-\exp\left(-\frac{\Delta E_-}{\beta_c}\right)\right] \tag{3-59}$$

阴极极化时，外加电流为阴极电流：

$$i_-=|i_c|-i_a=i_{corr}\left[\exp\left(-\frac{\Delta E_-}{\beta_c}\right)-\exp\left(\frac{\Delta E_+}{\beta_a}\right)\right] \tag{3-60}$$

在 E-i 坐标系或 E-lg$i$ 坐标系中可以做出实测极化曲线（实线）和真实极化曲线（虚线）的关系，如图 3-15 所示。

实测极化曲线的形状有以下特点：

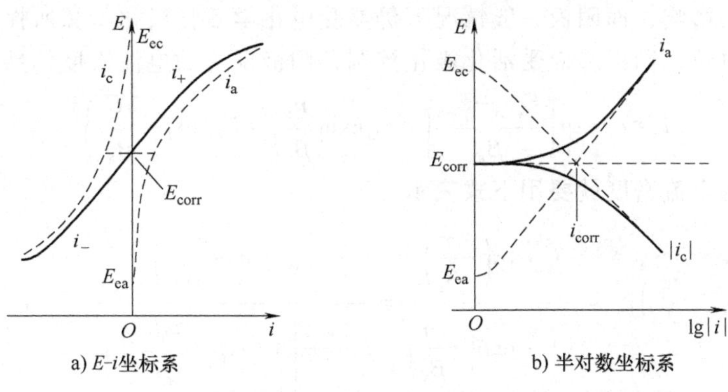

a) E-i坐标系　　b) 半对数坐标系

图 3-15　极化状态下的均相腐蚀电极的电位电流关系曲线

1）在强极化区，即电极电位偏离自然腐蚀电位足够远（极化值较大），动力学方程式（3-59）和式（3-60）中的负指数项可以忽略。阳极极化时，阴极反应速度减小到可以忽略，即$|i_c|=0$，则式（3-59）变为

$$i_+\approx i_a=i_{corr}\exp\left(\frac{\Delta E_+}{\beta_a}\right) \text{或} \Delta E_+=-\beta_a\ln i_{corr}+\beta_a\ln i_+ \tag{3-61}$$

阴极极化时，阳极反应速度可以忽略，$i_a=0$，则式（3-60）变为

$$i_-=|i_c|\approx i_{corr}\exp\left(-\frac{|\Delta E_-|}{\beta_c}\right) \text{或} |\Delta E_-|=\beta_c\ln i_{corr}-\beta_c\ln|i_-| \tag{3-62}$$

这表明，在极化电位偏离自然腐蚀电位足够远时，实测极化曲线与真实极化曲线是重合的，在这个重合区段的电极反应速度符合塔菲尔公式的强极化区段的表达式，即

$$\Delta E=a\pm b\lg i \tag{3-63}$$

2）在微极化区，极化值 ΔE 很小，将动力学方程式的指数函数展开为幂级数，并只保留一次项，可得

$$i=i_{corr}\left(\frac{1}{\beta_a}+\frac{1}{\beta_c}\right)\Delta E \tag{3-64}$$

可见，在极化值很小时，E-i 坐标系中的实测极化曲线可以看作直线，其斜率称为极化电阻，记为 R_p。

$$R_p=\frac{\Delta E}{i}=\frac{\beta_a\beta_c}{\beta_a+\beta_c}\cdot\frac{1}{i_{corr}} \tag{3-65}$$

但实际上，对于很多的活化极化腐蚀体系，即使在腐蚀电位附近，极化曲线也无明显的线性区，严格说来，这时的极化电阻应为极化曲线在 E_{corr} 处所做切线的斜率，即

$$R_p=\left(\frac{dE}{di}\right)_{E=E_{corr}}=\frac{1}{\left(\frac{di}{dE}\right)_{E=E_{corr}}}=\frac{1}{i_{corr}\left(\frac{1}{\beta_a}+\frac{1}{\beta_c}\right)}=\frac{\beta_a\beta_c}{\beta_a+\beta_c}\cdot\frac{1}{i_{corr}} \tag{3-66}$$

3.4.2　阳极受电化学活化极化控制、阴极受浓差极化控制的电极反应动力学

如果腐蚀过程中阴极反应的速度不仅取决于氧化剂在电极表面的电化学还原步骤，还受

到扩散传质过程的影响，而阳极一般情况下仍然受电化学活化极化步骤所控制，则根据前面的讨论，在腐蚀电位，阳极反应受活化极化控制，阳极反应的电流密度仍然为

$$i_a = i_{0a}\exp\left[\frac{E_{corr}-E_{ea}}{\beta_a}\right] = i_{0a}\exp\left(\frac{\eta_a}{\beta_a}\right) = i_{corr}\exp\left(\frac{\Delta E_+}{\beta_a}\right)$$

而阴极反应的电流密度就要用下式表示

$$|i_c| = \frac{i_{0c}\exp\left(-\frac{\eta}{\beta_c}\right)}{1+\frac{i_{0c}}{i_d}\exp\left(-\frac{\eta}{\beta_c}\right)} = \frac{i_{corr}\exp\left(-\frac{\Delta E_-}{\beta_c}\right)}{1-\frac{i_{corr}}{i_d}\left[1-\exp\left(-\frac{\Delta E_-}{\beta_c}\right)\right]}$$

如果对外能够测出电流，根据电流加和原理，外测极化电流为

$$i = i_a - |i_c| = i_{corr}\exp\left(\frac{\Delta E_+}{\beta_a}\right) - \frac{i_{corr}\exp\left(-\frac{\Delta E_-}{\beta_c}\right)}{1-\frac{i_{corr}}{i_d}\left[1-\exp\left(-\frac{\Delta E_-}{\beta_c}\right)\right]} \tag{3-67}$$

上述公式为阳极反应受活化极化控制，而阴极反应包括浓差极化的腐蚀体系的一般动力学反应方程式。

当阳极反应只受活化极化控制，阴极反应只受浓差极化控制时，在腐蚀电位 E_{corr}，有

$$i_a = |i_c| = i_d = i_{corr}$$

则式（3-67）可以简化为

$$i = i_{corr}\left[\exp\left(\frac{\Delta E}{\beta_a}\right) - 1\right] \tag{3-68}$$

这种腐蚀体系的典型代表是吸氧腐蚀体系，因为氧气在阴极的还原反应主要靠扩散过程控制。典型的极化曲线如图 3-16 所示。

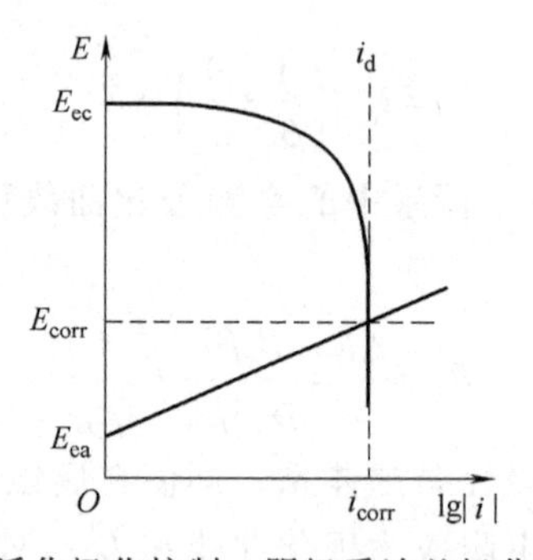

图 3-16　阳极受活化极化控制、阴极受浓差极化控制的极化曲线

当腐蚀电流远远小于极限扩散电流密度时，$i_{corr} \ll i_d$，使得

$$1-\frac{i_{corr}}{i_d}\left[1-\exp\left(-\frac{\Delta E_-}{\beta_c}\right)\right] \approx 1$$

则式（3-67）变为

$$i = i_a - |i_c| = i_{corr}\exp\left(\frac{\Delta E_+}{\beta_a}\right) - i_{corr}\exp\left(-\frac{\Delta E_-}{\beta_c}\right)$$

此时属于阳极反应和阴极反应都受电化学活化极化控制的腐蚀类型。

因此，式（3-67）是更为普遍的均相腐蚀电极反应动力学方程式。

3.5　复相电极的电化学反应动力学

3.5.1　电位电流关系

前面讲述原电池的能耗问题时，曾经提出一个模型，即用两种金属 M1 和 M2 构成原电池，当 M1 和 M2 直接短接时，如果体系对外不做有用功，就构成一个腐蚀原电池，这种由两种不同金属相互直接接触，在电解质溶液中组成的电极系统称为复相电极，复相电极构成了一个腐蚀原电池，如图 3-17 所示。

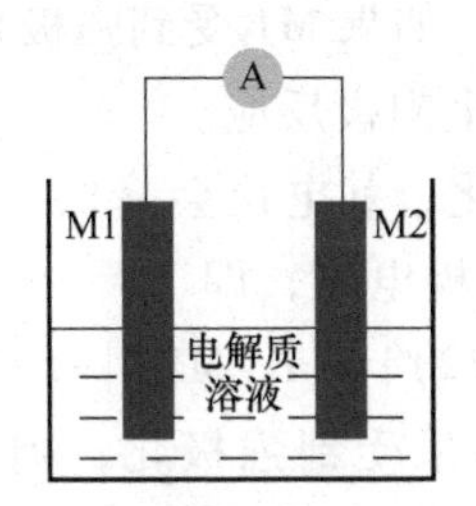

图 3-17　复相电极构成的腐蚀电池

当 M1 和 M2 浸没到同一种电解质溶液中时，在没有用导线接通之前，各自组成了一个均相的腐蚀电极，相应就有对应的金属发生阳极反应的平衡电极电位［E_{ea}(M1) 和 E_{ea}(M2)］，以及氧化剂发生阴极反应的平衡电极电位［E_{ec}(M1) 和 E_{ec}(M2)］。假设 M1 和 M2 都处于同一种电解质溶液中，发生的是同一种阴极反应，那么两者阴极反应的平衡电极电位应该相同，即 $E_{ec}(M1)=E_{ec}(M2)=E_{ec}$。与此同时，在电极 M1 和 M2 都达到稳态腐蚀状态时，就会产生相应的自然腐蚀电位 E_{corr}(M1) 和 E_{corr}(M2)，分别表示它们孤立存在时各自的自然腐蚀状态下的腐蚀电位。

假设 $E_{corr}(M1)<E_{corr}(M2)$，由于金属是电子的良导体，因此，当 M1 和 M2 用导线连接起来时，M1 和 M2 将产生电位差，彼此进行极化。M2 电极电位高，作为阴极，受到阴极极化，电位会降低；而 M1 电极电位低，作为阳极，受到阳极极化，电位升高。如果忽略腐蚀体系的欧姆电阻，相互极化的结果是 M1 和 M2 都将达到一个共同的电位 E_g，这就是复相电极构成的腐蚀原电池极化后的混合电位。显然，$E_{corr}(M1)<E_g<E_{corr}(M2)$，即混合电位处于 E_{corr}(M1)和 E_{corr}(M2) 之间。

因此，在金属 M1 上，发生阳极极化，金属氧化反应过电位增大，$\eta'_a(M1)=\eta_a(M1)+|\Delta E(M1)|$，去极化剂的还原反应过电位减小，$\eta'_c(M1)=|\eta_c(M1)|-|\Delta E(M1)|$。在金属 M2 上，金属氧化反应过电位减小，$\eta'_a(M2)=\eta_a(M2)-|\Delta E(M2)|$，去极化剂还原反应过电位增大，$|\eta'_c(M2)|=|\eta_c(M2)|+|\Delta E(M2)|$，将这种电位关系表示在图 3-18 中。

在上述的腐蚀电池中，一般情况下，两个金属电极的面积是不相等的，但是根据电量守恒的原理，在混合电位 E_g，两个金属电极表面的电流是相等的。

M1 的腐蚀电位低，受到阳极极化，其电位会升高，使得阴极反应速度减小，而阳极反

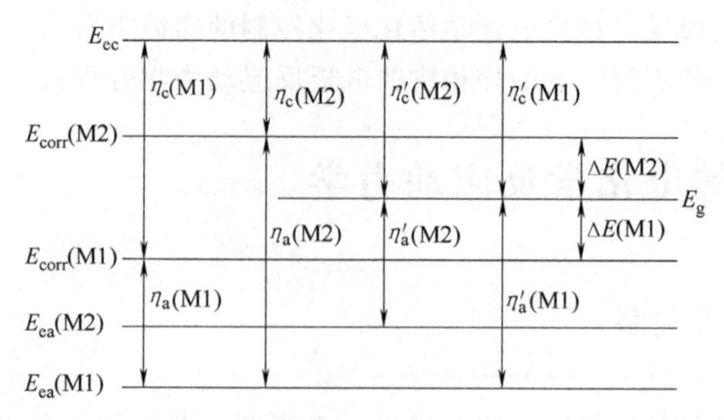

图 3-18　金属 M1 和 M2 构成电偶腐蚀电池的电位关系

应速度增加，因此，流出的电流为阳极电流，即

$$I_{+}(\mathrm{M1})=I_{\mathrm{a}}(\mathrm{M1})-|I_{\mathrm{c}}(\mathrm{M1})|$$

M1 电极表面主要发生阳极反应，如果 M1 受到强极化，阴极反应速度可以减小到 0，使得 $|I_{\mathrm{c}}(\mathrm{M1})|=0$，则 M1 表面上只发生阳极反应。

M2 的腐蚀电位高，受到阴极极化，其电位会降低，从而使得阳极反应速度减小，而阴极反应速度会增加，流出的电流为阴极电流，即

$$|I_{-}(\mathrm{M2})|=|I_{\mathrm{c}}(\mathrm{M2})|-I_{\mathrm{a}}(\mathrm{M2})$$

在 M2 上主要发生阴极反应，如果受到强极化，则阳极反应速度可以减小到 0，使得 $I_{\mathrm{a}}(\mathrm{M2})=0$，M2 表面只发生阴极反应，此时 M2 金属的阳极反应停止，说明 M2 停止了腐蚀，这也是阴极保护的基本原理。

M1 和 M2 的电流强度相等，即 $|I_{-}(\mathrm{M2})|=I_{+}(\mathrm{M1})$。

由此可以得出 $I_{\mathrm{a}}(\mathrm{M1})+I_{\mathrm{a}}(\mathrm{M2})=|I_{\mathrm{c}}(\mathrm{M1})|+|I_{\mathrm{c}}(\mathrm{M2})|$。这表明复相电极上总的阳极电流等于总的阴极电流，不会造成电荷的积累。

3.5.2　电偶腐蚀

两个处于不同腐蚀电位的金属发生电接触时，腐蚀电位较低的金属的阳极溶解速度增大，而腐蚀电位高的金属溶解速度减小，这样的腐蚀电池称为电偶腐蚀电池，如图 3-17 所示。两个不同腐蚀电位的金属浸入同一种电解质溶液中，就构成了腐蚀电偶。根据电极电位和电流的关系，当腐蚀电位较低的 M1 金属受到强极化时，阴极反应的电极电位会降低（从 E_{corr} 到 E_{c}'），如果进一步进行极化，当 $E_{\mathrm{c}}'=E_{\mathrm{ea}}$ 时，阴极反应速度可以减小到 0，使得电极电位较高的金属停止发生腐蚀，如图 3-19 所示。

设有两块金属 M1 和 M2，在互相极化前，它们作为孤立电极存在于电解质溶液中时，构成均相腐蚀电极，将形成各自的稳定腐蚀状态，相应的腐蚀电位分别为 $E_{\mathrm{corr}1}$ 和 $E_{\mathrm{corr}2}$，腐蚀电流密度分别为 $i_{\mathrm{corr}1}$ 和 $i_{\mathrm{corr}2}$。假设 $E_{\mathrm{corr}1}<E_{\mathrm{corr}2}$，则当 M1 和 M2 用导线连接时，就形成一个腐蚀电偶，其中 M1 的电位低，作为阳极，M2 的电位高，作为阴极。如果两个电极反应都只受到活化极化步骤的控制，则它们会极化到同一电位 E_{g}，称为电偶腐蚀的混合电位。

根据均相腐蚀电极的动力学关系式，在混合电位 E_{g}，M1 作为阳极的外测极化电流密度为

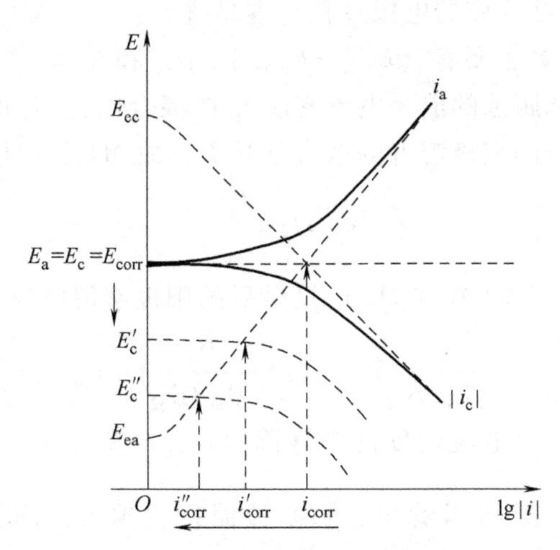

图 3-19　电偶腐蚀的原理

$$i_1=i_{corr1}\left[\exp\left(\frac{E_g-E_{corr1}}{\beta_{a1}}\right)-\exp\left(-\frac{E_g-E_{corr1}}{\beta_{c1}}\right)\right] \tag{3-69}$$

M2 作为阴极的外测极化电流密度为

$$|i_2|=i_{corr2}\left[\exp\left(-\frac{E_g-E_{corr2}}{\beta_{c2}}\right)-\exp\left(\frac{E_g-E_{corr2}}{\beta_{a2}}\right)\right] \tag{3-70}$$

假设 M1 与电解质溶液接触的面积为 A_1，M2 与溶液接触的面积为 A_2，则在混合电位 E_g 时，腐蚀电池外电路中的电流为

$$i_g=i_1A_1=|i_2|A_2 \tag{3-71}$$

理论上，根据式（3-69）~式（3-71）可以求出 E_g 和 i_g，但实际情况比较复杂，下面讨论两种简化的情况。

1. 阳极反应和阴极反应都受到活化极化控制的强极化

由于两个电极都受到强极化，因此极化后的混合电位 E_g 偏离两个电极的自然腐蚀电位都比较远，因此，式（3-69）和式（3-70）括号中的第二项可以忽略不计。这就是说，M1 和 M2 接触时，M1 主要发生阳极反应，而 M2 主要发生阴极反应。

$$i_g=A_1i_{corr1}\exp\left(\frac{E_g-E_{corr1}}{\beta_{a1}}\right)=A_2i_{corr2}\exp\left(-\frac{E_g-E_{corr2}}{\beta_{c2}}\right) \tag{3-72}$$

由式（3-72）就可以得到 E_g 和 i_g 的数学表达式：

$$E_g=\frac{\beta_{c2}}{\beta_{a1}+\beta_{c2}}E_{corr1}+\frac{\beta_{a1}}{\beta_{a1}+\beta_{c2}}E_{corr2}+\frac{\beta_{a1}\beta_{c2}}{\beta_{a1}+\beta_{c2}}\ln\left(\frac{A_2i_{corr2}}{A_1i_{corr1}}\right) \tag{3-73}$$

$$\ln i_g=\frac{E_{corr2}-E_{corr1}}{\beta_{a1}+\beta_{c2}}+\frac{\beta_{a1}}{\beta_{a1}+\beta_{c2}}\ln(A_1i_{corr1})+\frac{\beta_{c2}}{\beta_{a1}+\beta_{c2}}\ln(A_2i_{corr2}) \tag{3-74}$$

由式（3-73）和式（3-74）可以得到如下规律：

1）混合电位 E_g 处于 E_{corr1} 和 E_{corr2} 之间，显然，当两个电极的腐蚀电位越正，电偶腐蚀电池的混合电位也越正。

2）作为阴极的 M2 金属与溶液接触的面积越大，则 A_2i_{corr2} 的值越大，代表 M2 表面的电流越大，因此，M2 上腐蚀反应的电极过程越容易进行。

3）决定混合电流的参数主要有（$E_{corr2}-E_{corr1}$）、β_{a1} 和 β_{c2}。

式（3-74）是接触电偶腐蚀的混合电流密度 i_g 在混合电位 E_g 时，代表了阳极金属发生腐蚀的腐蚀电流密度，对应的阳极溶解的电流就是 I_g，故 M1 的阳极溶解电流密度为

$$i_{a1}=i_g=\frac{I_g}{A_1}$$

由式（3-74），可以得到 M1 在与 M2 电接触后的阳极溶解电流密度为

$$\ln i_{a1}=\frac{E_{corr2}-E_{corr1}}{\beta_{a1}+\beta_{c2}}+\frac{\beta_{a1}}{\beta_{a1}+\beta_{c2}}\ln(i_{corr1})+\frac{\beta_{c2}}{\beta_{a1}+\beta_{c2}}\ln(i_{corr2})+\frac{\beta_{c2}}{\beta_{a1}+\beta_{c2}}\ln\frac{A_2}{A_1} \quad (3\text{-}75)$$

显然，影响 M1 阳极溶解电流密度的因素除（$E_{corr2}-E_{corr1}$）、（$\beta_{a1}+\beta_{c2}$）、i_{corr1} 和 i_{corr2} 外，还有阴阳极的面积比$\frac{A_2}{A_1}$。可以看出，阴阳极面积比越大，阳极腐蚀电流的密度 i_{a1} 越大。这种由于同电极电位高的金属接触而引起腐蚀速度增大的现象称为接触腐蚀效应，反映接触腐蚀效应的参数是接触腐蚀前后阳极溶解电流密度的比值，即

$$\gamma=\frac{i_{a1}}{i_{corr1}}$$

γ 就称为接触腐蚀效应，由式（3-75）可得

$$\ln\gamma=\frac{E_{corr2}-E_{corr1}}{\beta_{a1}+\beta_{c2}}+\frac{\beta_{c2}}{\beta_{a1}+\beta_{c2}}\ln\left(\frac{i_{corr2}}{i_{corr1}}\right)+\frac{\beta_{c2}}{\beta_{a1}+\beta_{c2}}\ln\frac{A_2}{A_1} \quad (3\text{-}76)$$

由式（3-75）和式（3-76）可以得到如下规律：

1）如果两个电极只受到活化极化控制时，则 i_g（或 i_{a1}）及 γ 都是随着阴阳极面积比（A_2/A_1）的增大而增大的，这表明增加阴极面积（阳极面积不变）将会加速电位低的金属发生腐蚀。因此，发生电偶腐蚀时，要尽量减小阴极性电极与电解质溶液的接触面积，否则会使金属加速腐蚀。

2）M1 和 M2 的面积之和为定值（$A_1+A_2=A$，A 不变）时（如工业金属材料表面一般是不均匀的，含有杂质和各种夹杂物，因此构成了腐蚀微电池，可以简单地认为基体金属与杂质形成了由两种金属电接触构成的腐蚀电偶，也就是腐蚀微电池，满足阴阳极面积之和为定值这一条件），$\ln i_g$ 随着 A_2 的变化将出现极大值，由式（3-74）可得

$$\left(\frac{\partial \ln i_g}{\partial A_2}\right)_{A_1+A_2=A}=\frac{\beta_{c2}}{\beta_{a1}+\beta_{c2}}\cdot\frac{1}{A_2}-\frac{\beta_{a1}}{\beta_{a1}+\beta_{c2}}\cdot\frac{1}{A_1} \quad (3\text{-}77)$$

当$\frac{A_2}{A_1}=\beta_{c2}/\beta_{a1}$ 时，$\left(\frac{\partial \ln i_g}{\partial A_2}\right)_{A_1+A_2=A}=0$，出现极大值。

但在同样的条件下，$\ln i_g$（或 $\ln i_{a1}$）和 $\ln\gamma$ 随 A_2 的变化曲线就没有极大值出现。

$$\left(\frac{\partial \ln i_{a1}}{\partial A_2}\right)_{A_1+A_2=A}=\left(\frac{\partial \ln\gamma}{\partial A_2}\right)_{A_1+A_2=A}=\frac{\beta_{c2}}{\beta_{a1}+\beta_{c2}}\cdot\frac{A}{(A-A_2)A_2}>0 \quad (3\text{-}78)$$

由此可见，除在 $\beta_{a1}\gg\beta_{c2}$ 的情况下，I_{a1} 和 γ 总是随 A_2 的增大而增大的，因此当 A_2 作为阴极性杂质面积时，就表示杂质含量越多，腐蚀速度越高。可见，腐蚀微电池对金属材料的腐蚀破坏速度和分布情况有重要影响。

2. 阳极反应受放电步骤控制、阴极反应由扩散步骤控制的腐蚀电偶

由于 M1 或 M2 表面上的阴极还原反应速度均由扩散过程控制，阴极反应的电流密度就等于极限扩散电流密度，M1 与 M2 接触前的腐蚀电流密度为

$$i_{corr1}=i_d$$

M1 与 M2 接触后的混合电流强度为

$$I_g=A_2 i_d=A_1(i_{a1}-i_d)$$

经过简单变换可以得到

$$i_{a1}=i_d\left(1+\frac{A_2}{A_1}\right)=i_{corr1}\left(1+\frac{A_2}{A_1}\right) \tag{3-79}$$

$$\gamma=\frac{i_{a1}}{i_{corr1}}=1+\frac{A_2}{A_1} \tag{3-80}$$

可见，在这种情况下，接触腐蚀效应与两种金属的面积之比呈直线关系，如果在接触腐蚀电池中作为阴极 M2 的面积很大，以致$\frac{A_2}{A_1}\gg 1$，则式（3-79）可以表示为

$$i_{a1}\approx i_d\frac{A_2}{A_1} \tag{3-81}$$

这就表明，在阴极反应由扩散过程控制的条件下，接触腐蚀电偶中阳极的溶解速度正比于腐蚀电偶的阴极面积。

另外，当阴极反应的速度是由扩散过程控制时，M1 在与 M2 接触以后，M1 发生阳极极化，电位要向正方向移动。M1 与 M2 接触前的电位为 E_{corr1}，接触后的电位为 E_g。根据前面的电极反应动力学公式，在接触后的混合电位 E_g，阳极反应速度可以表示为

$$i_{a1}=i_{corr1}\exp\left(\frac{E_g-E_{corr1}}{\beta_{a1}}\right)=i_d\exp\left(\frac{E_g-E_{corr1}}{\beta_{a1}}\right) \tag{3-82}$$

由式（3-82）和式（3-79）可以得到接触前后电位变化为

$$\Delta E=E_g-E_{corr1}=\beta_{a1}\ln\left(1+\frac{A_2}{A_1}\right) \tag{3-83}$$

故在$\frac{A_2}{A_1}\gg 1$ 的情况下

$$\Delta E=E_g-E_{corr1}\approx\beta_{a1}\ln\frac{A_2}{A_1} \tag{3-84}$$

但在$\frac{A_2}{A_1}\ll 1$ 的情况下（如 M1 是基体金属而 M2 是阴极性杂质的情况下）

$$\Delta E=E_g-E_{corr1}\approx\beta_{a1}\frac{A_2}{A_1} \tag{3-85}$$

可以看出，在腐蚀过程中，如果去极化剂的还原反应速度由扩散过程所控制，并且腐蚀过程对金属表面状态和紧靠金属表面溶液层成分的影响可以忽略，那么阴极性杂质对基体金属腐蚀速度的影响不大。

3.5.3 差数效应和阴极保护效应

1. 差数效应

在腐蚀体系受到阳极极化时，阳极反应过电位增大，而阴极反应过电位减小，由 $i_a = i_+ + |i_c|$（电流加和原理）可知，与阴极还原反应耦合的那部分 i_a（金属的自腐蚀电流密度）降低，这种现象称为差数效应。例如，将 Zn 块浸没到盐酸溶液中，Zn 发生析氢腐蚀，析氢反应速度与 Zn 的腐蚀速度相等，如果在盐酸溶液中浸入一块 Pt 与 Zn 偶接，就会发现 Zn 块表面的析氢反应速度降低了。

当 Zn 试样只发生析氢腐蚀时，对 Zn 块进行阳极极化，Zn 的腐蚀电位从 E_{corr1} 正移 ΔE 后，其阳极溶解速度总得来说是增大了。但此时 Zn 的阳极溶解电流由两部分组成：一部分来自试样上仍在进行的腐蚀过程，这部分腐蚀过程引起的腐蚀速度称为自腐蚀速度；另一部分来自外部阳极极化电流（同电位较正的金属连接或者施加阳极极化电流）。尽管两部分合起来的腐蚀速度大于没有进行极化前的速度，但是阳极极化后的自腐蚀速度却小于没有阳极极化时的腐蚀速度，这两者之间的差值就称为差数效应。

在活化极化控制的腐蚀体系中，以 i'_a 为阳极极化后的自腐蚀速度，则有

$$i'_a = |i_c| = i_{corr}\exp\left(-\frac{\Delta E_+}{\beta_c}\right)$$

由此得出自腐蚀速度的减少量为

$$\Delta i_{corr} = i_{corr} - i'_a = i_{corr}\left[1-\exp\left(-\frac{\Delta E_+}{\beta_c}\right)\right] \tag{3-86}$$

若定义差数率 $D=\frac{\Delta i_{corr}}{i_{corr}}$，则

$$D = 1-\exp\left(-\frac{\Delta E_+}{\beta_c}\right) \tag{3-87}$$

可见，阳极极化值越大，D 越大。D 的最大值为 1，对应于自腐蚀速度减小到 0，此时金属表面不再进行去极化剂（接受电子发生还原反应的物质，一般指阴极反应物质）阴极还原反应，而只进行金属的阳极氧化反应，氧化反应产生的电子全部从外电路流出。

2. 阴极保护效应

当腐蚀体系受到阴极极化时，$\Delta E_- = E - E_{corr} < 0$，电位负移，阳极反应过电位减小，因而阳极反应速度减小；阴极反应过电位绝对值增大，因而阴极反应速度增大。这种阴极极化时导致金属腐蚀速度减小的现象称为阴极保护效应。电位负移越大，金属腐蚀速度减小越多。当电位负移到阳极反应的平衡电极电位 E_{ea} 时，阳极反应速度减小到 0，金属的腐蚀就停止了，此时金属得到了完全保护。相应的极化电流密度称为最小保护电流密度，记为 i_{pr}。

对活化极化腐蚀体系，有

$$|i_c| = i_{0c}\exp\left(-\frac{\Delta E_-}{\beta_c}\right)$$

因为腐蚀电位 E_{corr} 离 E_{ea} 足够远，故极化到 E_{ea} 时，阴极反应必然受到强极化，由此得

出最小保护电流密度为

$$i_{pr}=i_{corr}\exp\left(\frac{E_{corr}-E_{ea}}{\beta_c}\right)=i_{0c}\exp\left(\frac{E_{ec}-E_{ea}}{\beta_c}\right) \tag{3-88}$$

当然，只有 i_{pr} 足够小时，阴极保护才有意义，由式（3-88）可知，阴极保护适用于 i_{corr} 小，而 β_c 较大的腐蚀体系。

如果阴极反应受浓差极化控制，阴极反应速度不能超过极限扩散电流密度 i_d，只要阴极表面不发生新的阴极反应，i_{pr} 就近似等于 i_d。对于吸氧腐蚀体系，一般情况下 i_d 较小，故适宜采用阴极保护。

3.6 伊文思极化图及其应用

3.6.1 伊文思极化图

通过前面的学习知道，极化是由于电流流动导致电极电位变化的现象。对前面所讲的三种动力学关系式（单一电极、均相腐蚀电极和复相腐蚀电池）来说，电极电位与电流的关系都较为复杂。如果不考虑电极电位随电流变化的细节，将阳极极化曲线和阴极极化曲线简化成一条直线，并画在同一张图上，以此分析影响金属腐蚀参数的影响，这种简化的极化图就称为伊文思（Evans）极化图。

在伊文思极化图上，阳极反应和阴极反应在作为孤立电极时，都有一个初始电位 E_{0a} 和 E_{0c}。这个初始电位可以是平衡电极电位，也可以是电极反应的开路电路。当它们接通进行相互极化时，由于作为阴极的电极电位高，必然产生电流的流动，造成两者电极电位的变化。阳极电位向正方向移动，阴极电位向负方向移动，如果忽略溶液的欧姆电阻，它们将极化到一个共同的混合电位。如果体系的欧姆电阻不能忽略，阳极和阴极都将极化到各自的电位，此时二者的电位不相等，其差值就是由欧姆电阻极化所引起的电极电位的变化，如图 3-20 所示。

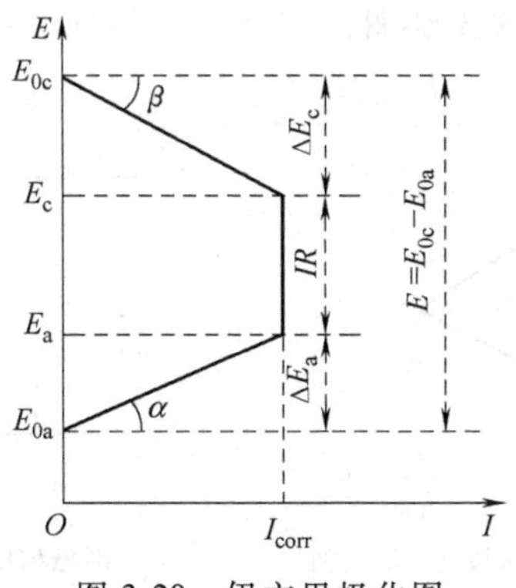

图 3-20　伊文思极化图

由图 3-20 可以看出，当腐蚀电流为 I_{corr} 时，阳极极化产生的电位降为

$$\Delta E_a=E_a-E_{0a}=I_{corr}\tan\alpha \tag{3-89}$$

$\tan\alpha=\frac{E_a-E_{0a}}{I_{corr}}$称为阳极极化率，记为 P_a。

阴极电位降为

$$\Delta E_c=E_c-E_{0c}=I_{corr}\tan\beta \tag{3-90}$$

$\tan\beta=\frac{E_c-E_{0c}}{I_{corr}}$称为阴极极化率，记为 P_c。

欧姆电位降为

$$\Delta E_R=(E_c-E_a)=RI_{corr} \tag{3-91}$$

根据式（3-89）~式（3-91），可以得到描述腐蚀电池工作的基本公式为

$$I_{corr}=\frac{E_{0c}-E_{0a}}{P_a+P_c+R} \tag{3-92}$$

其中，$(E_{0c}-E_{0a})$ 表示两个电极的初始电位差，为推动腐蚀反应的初始动力；P_a、P_c、R 分别代表了阳极极化率、阴极极化率和电阻极化性能，也就是腐蚀反应过程的阻力。这表明，腐蚀电池工作的腐蚀电流与总推动力成正比，与总阻力成反比。

3.6.2 伊文思极化图的应用

1. 用伊文思极化图表示腐蚀控制类型

根据不同的极化性能，可以将腐蚀控制类型分为四类，如图 3-21 所示。

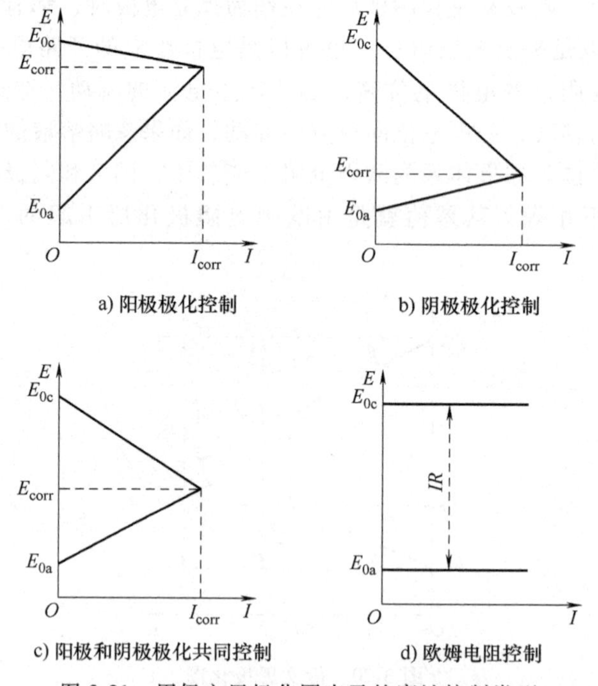

a) 阳极极化控制　b) 阴极极化控制　c) 阳极和阴极极化共同控制　d) 欧姆电阻控制

图 3-21　用伊文思极化图表示的腐蚀控制类型

1）阳极极化率很大，$P_a \gg P_c$，并且 $R=0$，腐蚀电位靠近阴极初始电位，属于阳极极化控制类型，如图 3-21a 所示。

2）阴极极化率很大，$P_c \gg P_a$，并且 $R=0$，腐蚀电位靠近阳极初始电位，属于阴极极化控制类型，如图 3-21b 所示。

3）$P_a \approx P_c$，并且 $R=0$，腐蚀电位处于阳极和阴极的初始电位中间，属于阴阳极极化共同控制类型，如图 3-21c 所示。

4）$R \gg P_a+P_c$，属于欧姆电阻控制类型，阴阳极极化性能对腐蚀电流的影响不大，如图 3-21d 所示。

2. 用伊文思极化图分析各项阻力对腐蚀电流的影响

对阳极极化控制类型的腐蚀体系，阳极极化率很大，即阳极极化曲线很陡而阴极极化曲线很平缓，混合电位更加接近阴极初始电位，阳极极化率的增大将显著影响腐蚀电流的大小，而任何促进阴极反应的因素都不会使腐蚀电流显著增加（图 3-22）。

对阴极极化控制类型，阴极极化率显著大于阳极极化率，阴极极化曲线很陡而阳极极化曲线比较平缓，这时凡是能够促进阴极反应的因素都会使腐蚀速度显著增加，而阳极极化率的变化对腐蚀速度影响很小，如图 3-23 所示。这在阴极属于浓差极化的控制类型中较为常见。

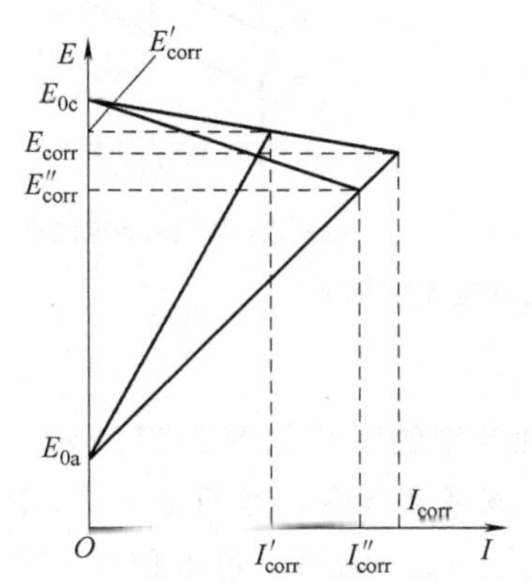

图 3-22　阳极极化控制类型极化性能对腐蚀速度的影响

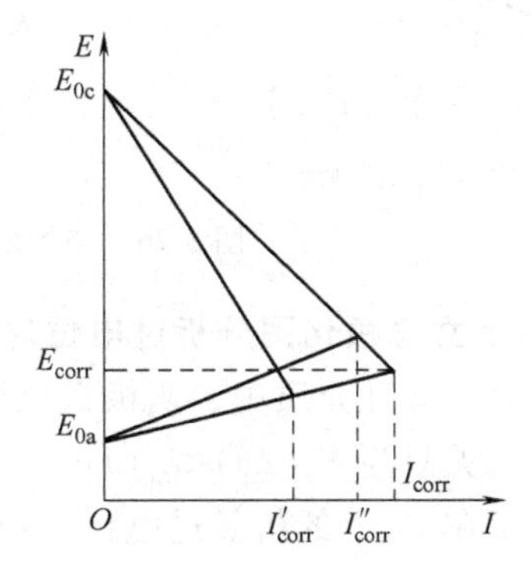

图 3-23　阴极极化控制类型极化性能对腐蚀速度的影响

对阴极、阳极极化共同控制的极化类型，$P_a \approx P_c$，并且 $R=0$，阴极极化率和阳极极化率的增加都会使腐蚀速度减小，当阴极、阳极极化率差不多且以相近比例增加时，腐蚀混合电位基本不发生变化，但腐蚀电流会显著减小，如图 3-24 所示。这也说明，腐蚀电位低并不代表腐蚀速度就小。

当溶液的电阻很大，或者当金属表面有一层电阻很大的隔离膜（如钝化膜）时，系统的欧姆电阻很大，阴极、阳极极化作用很弱，腐蚀电流主要由欧姆电阻决定，如图 3-25 所示。

3. 用伊文思极化图分析初始电位差对腐蚀的影响

初始电位差对腐蚀电位和腐蚀电流的影响如图 3-26 所示。在腐蚀体系没有欧姆电阻的情况下，无论阴极、阳极极化率如何，初始电位差的变小都将导致腐蚀电流的减小。如果阴极初始电位不变，而增加阳极的初始电位，会导致腐蚀电流增加，并且腐蚀电位会降低；反之，当阳极初始电位不变，而只增加阴极的初始电位，也会导致腐蚀电流增加，但腐蚀电位不会因此降低，反而会增加。如果阴极初始电位变小，而阳极初始电位变大，会导致两极间的初始电位变小，从而造成腐蚀电流减小。

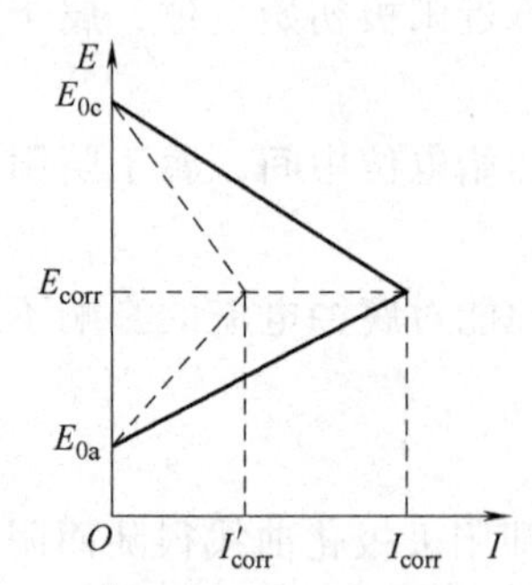

图 3-24　阴极极化和阳极极化共同控制时极化性能对腐蚀速度的影响

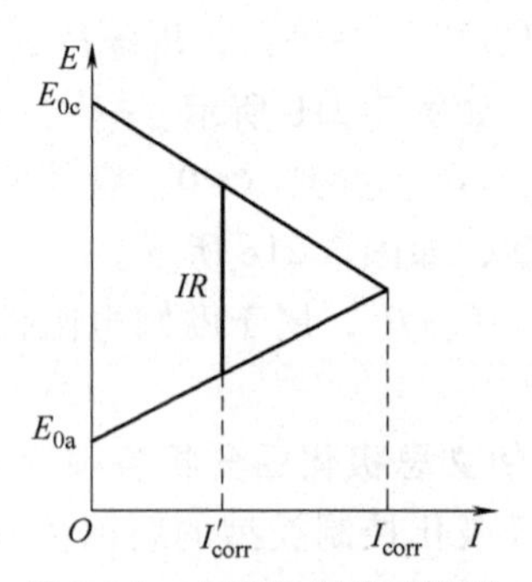

图 3-25　电阻控制类型极化性能对腐蚀速度的影响

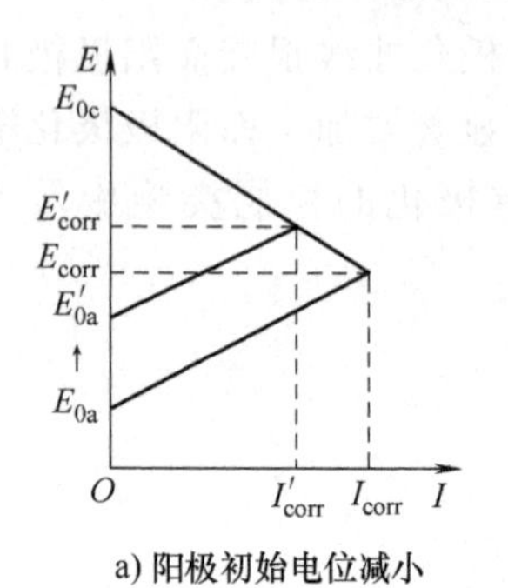

a) 阳极初始电位减小

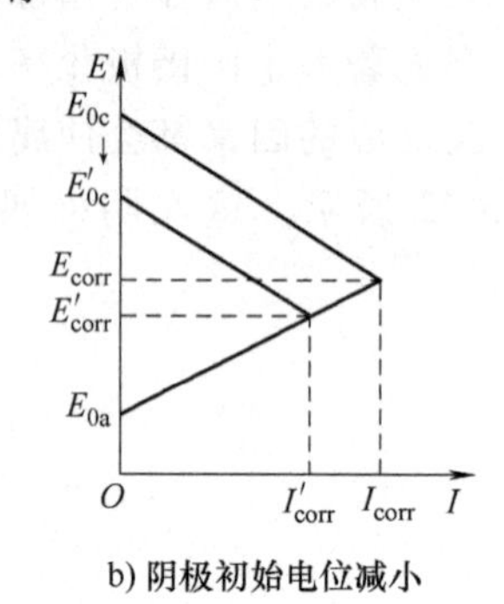

b) 阴极初始电位减小

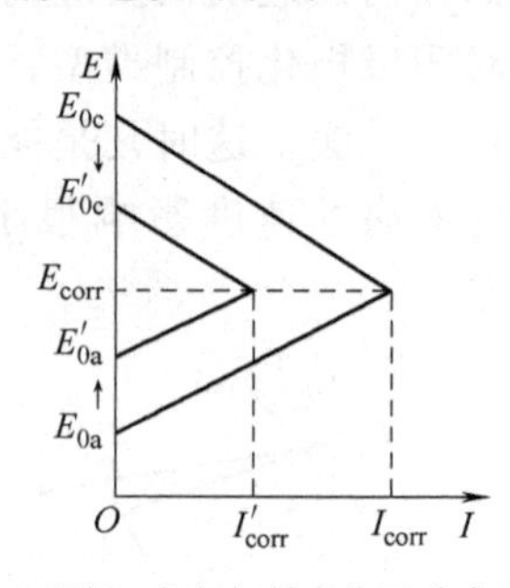

c) 阴极、阳极初始电位同时减小

图 3-26　初始电位差对腐蚀电位和腐蚀电流的影响

4. 用伊文思极化图分析过电位对腐蚀速度的影响

在还原性酸性介质中，阴极极化性能对 Zn、Fe 腐蚀速度的影响如图 3-27 所示。其平衡电极电位的关系为 $E_e(\mathrm{Zn})<E_e(\mathrm{Fe})$，理论上腐蚀趋势应该是 Zn>Fe。然而由于 Zn 上的析氢过电位大于在 Fe 上的析氢过电位，Zn 反而比 Fe 更加耐蚀（$I_{\mathrm{Zn}}<I_{\mathrm{Fe}}$）。过电位大，意味着电极过程阻力大，过电位越大，腐蚀电流就越小。这也说明，初始电位差大的腐蚀速度不一定就大，还应该考虑腐蚀动力学的因素。

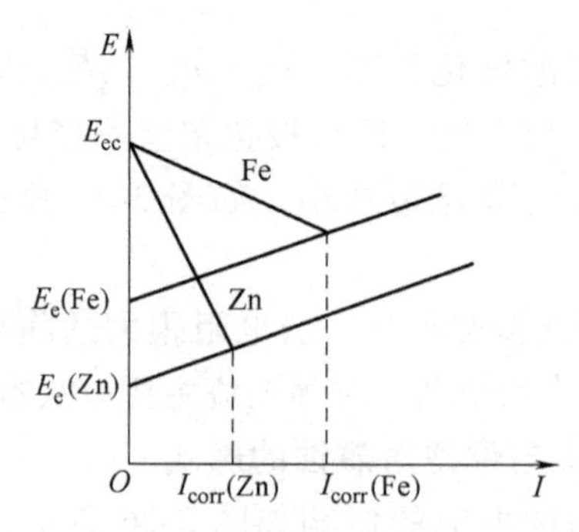

图 3-27　阴极极化性能对 Zn、Fe 腐蚀速度的影响

3.7　去极化

去极化就是极化的相反过程，其作用是减小电极反应的阻力，促进电极反应的进行。因

此，去极化会加速腐蚀反应的进行，发生去极化反应的物质称为去极化剂。显然，为了提高材料的耐蚀性，应该尽量减少去极化剂的使用。

3.7.1　阳极去极化

对腐蚀电池的阳极起去极化作用称为阳极去极化，分为去阳极活化极化和去阳极浓差极化。阳极钝化膜被破坏，实际上就是减小阳极反应的阻力，起到了活化阳极的作用，从而实现了去阳极活化极化。

如果阳极反应产生的金属离子加速离开金属溶液界面，或者溶液中存在一些能够与金属离子形成络合物的物质，都会使金属离子密度降低，金属离子加速离开电极表面，进一步加速了金属的溶解，从而起到阳极去浓差极化的作用。

3.7.2　阴极去极化

阴极极化主要来自于两方面。一方面是由阴极表面负电荷积累导致的电化学活化极化，如果积累的负电荷得到了充分释放，那么阴极表面所有能够获得电子的过程都能使阴极发生去极化，而得到电子的反应为还原反应，因此阴极表面的还原反应就是阴极去极化活化反应。阴极去极化的还原反应主要有以下三种。

（1）离子的还原

析氢还原：$2H^{+}+2e \longrightarrow H_2$

金属离子还原：$Fe^{3+}+e \longrightarrow Fe^{2+}$，$Cu^{2+}+2e \longrightarrow Cu$

无机阴离子的还原：如 $NO_3^{-}+2H^{+}+2e \longrightarrow NO_2^{-}+H_2O$

（2）中性分子的还原

例如：$Cl_2+2e \longrightarrow 2Cl^{-}$，$O_2+2H_2O+4e \rightarrow 4OH^{-}$

（3）不溶解膜（氧化物）的还原

例如：$Fe_3O_4+H_2O+2e \longrightarrow 3FeO+2OH^{-}$，$MnO_2+H_2O+2e \longrightarrow MnO+2OH^{-}$

另一方面，阴极极化是由溶液中发生阴极反应的物质向阴极表面扩散缓慢引起的，因此，使去极化剂容易到达阴极表面及阴极反应产物容易离开阴极的因素，如搅拌、加络合剂、加热等，都可以使阴极过程进行得很快，从而发生去阴极浓差极化。

在实际的金属腐蚀中，绝大多数的阴极去极化剂是氢离子和氧原子或者氧分子。如果电池的阴极过程为氢的去极化反应，称为析氢腐蚀；而阴极过程为氧的去极化反应，称为吸氧腐蚀。有关析氢腐蚀和吸氧腐蚀的详细内容，将在第 4 章讨论。

本章小结

1. 极化现象及其本质以及极化的类型

极化是腐蚀体系中由于有电流流动导致电极电位发生变化的现象。极化的本质是电极反应中存在某些较慢的步骤减缓了电极反应的进行，因此，极化反映的是电极反应的阻力。根据电极反应步骤，极化可以分为活化极化、浓差极化及电阻极化；根据极化发生的场所，又可以分为阳极极化和阴极极化，阳极极化一般没有浓差极化，主要是活化极化和电阻极化。

2. 过电位

一个电极反应的过电位就是这个电极反应电化学亲和势的反应，电化学亲和势可以通过测量电极反应的过电位和计算得到。一个电极反应的过电位的绝对值越大，电化学亲和势也就越大。过电位反映了驱使电极反应向阳极方向或者阴极方向进行反应的驱动力的大小。

3. 单一电极反应的动力学公式

（1）活化极化控制类型　对于受活化极化控制的单一电极反应，其电极反应的动力学关系式为：

$$i=i_0\left\{\exp\left[\frac{\alpha nF\eta}{RT}\right]-\exp\left[-\frac{(1-\alpha)nF\eta}{RT}\right]\right\}$$

（2）既有活化极化又有浓差极化的控制类型

浓差极化时的极限扩散电流密度为：$i_d=nFD\dfrac{c_b}{l}$

腐蚀电流为：
$$|i|=\frac{i_0\exp\left(-\dfrac{\eta}{\beta_c}\right)}{1+\dfrac{i_0}{i_d}\exp\left(-\dfrac{\eta}{\beta_c}\right)}$$

4. 活化极化控制电极反应和活化极化控制腐蚀体系的比较（表3-1）

表3-1　活化极化控制电极反应和活化极化控制腐蚀体系的比较

项目	活化极化控制电极反应（单电极）	活化极化控制腐蚀体系（均相电极）
未极化时的参数	平衡电极电位 E_e 交换电流密度 i_0	腐蚀电位 E_{corr} 腐蚀电流密度 i_{corr}
极化程度	过电位 $\eta=E-E_e$ $\eta>0$，阳极极化 $\eta<0$，阴极极化	极化值 $\Delta E=E-E_{corr}$ $\Delta E>0$，阳极极化 $\Delta E<0$，阴极极化
极化电流	阳极极化：$i_a=\vec{i}-\overleftarrow{i}$ 阴极极化：$i_c=\overleftarrow{i}-\vec{i}$	阳极极化：$i_+=i_a-\lvert i_c\rvert$ 阴极极化：$i_-=\lvert i_c\rvert-i_a$
动力学方程式	阳极极化： $i_a=i_0\left\{\exp\left[\frac{\alpha nF\eta}{RT}\right]-\exp\left[-\frac{(1-\alpha)nF\eta}{RT}\right]\right\}$ 阴极极化： $i_c=i_0\left\{\exp\left[-\frac{(1-\alpha)nF\eta}{RT}\right]-\exp\left[\frac{\alpha nF\eta}{RT}\right]\right\}$	阳极极化时的外加电流： $i_+=i_a-\lvert i_c\rvert=i_{corr}\left[\exp\left(\frac{\Delta E_+}{\beta_a}\right)-\exp\left(-\frac{\Delta E_-}{\beta_c}\right)\right]$ 阴极极化时的外加电流： $i_-=\lvert i_c\rvert-i_a=i_{corr}\left[\exp\left(-\frac{\Delta E_-}{\beta_c}\right)-\exp\left(\frac{\Delta E_+}{\beta_a}\right)\right]$
i_0 或 i_{corr}	强极化：塔菲尔直线外延到 E_e 线性极化：$R_F=\left(\frac{\partial\eta}{\partial i}\right)_{\eta=0}=\frac{1}{i_0}\cdot\frac{RT}{nF}$	强极化：塔菲尔直线外延到 E_{corr} 线性极化：$R_p=\left(\frac{dE}{di}\right)_{E=E_{corr}}=\frac{\beta_a\beta_c}{\beta_a+\beta_c}\cdot\frac{1}{i_{corr}}$

5. 复相电极反应动力学公式

1）复相电极上总的阳极电流等于总的阴极电流，不会造成电荷的积累，即 $I_a(M1)+I_a(M2)=\lvert I_c(M1)\rvert+\lvert I_c(M2)\rvert$。

2）阴极和阳极都受到活化极化控制时：

$$E_{\mathrm{g}}=\frac{\beta_{\mathrm{c2}}}{\beta_{\mathrm{a1}}+\beta_{\mathrm{c2}}}E_{\mathrm{corr1}}+\frac{\beta_{\mathrm{a1}}}{\beta_{\mathrm{a1}}+\beta_{\mathrm{c2}}}E_{\mathrm{corr2}}+\frac{\beta_{\mathrm{a1}}\beta_{\mathrm{c2}}}{\beta_{\mathrm{a1}}+\beta_{\mathrm{c2}}}\ln\left(\frac{A_2 i_{\mathrm{corr2}}}{A_1 i_{\mathrm{corr1}}}\right)$$

$$\ln i_{\mathrm{g}}=\frac{E_{\mathrm{corr2}}-E_{\mathrm{corr1}}}{\beta_{\mathrm{a1}}+\beta_{\mathrm{c2}}}+\frac{\beta_{\mathrm{a1}}}{\beta_{\mathrm{a1}}+\beta_{\mathrm{c2}}}\ln(A_1 i_{\mathrm{corr1}})+\frac{\beta_{\mathrm{c2}}}{\beta_{\mathrm{a1}}+\beta_{\mathrm{c2}}}\ln(A_2 i_{\mathrm{corr2}})$$

3）阳极受活化极化控制，阴极受浓差极化控制时，在阴极反应由扩散过程控制的条件下，接触腐蚀电偶中阳极的溶解速度正比于腐蚀电偶的阴极面积，即

$$i_{\mathrm{a1}}=i_{\mathrm{d}}\left(1+\frac{A_2}{A_1}\right)=i_{\mathrm{corr1}}\left(1+\frac{A_2}{A_1}\right)$$

在接触后的混合电位 E_{g}，阳极反应速度可以表示为

$$i_{\mathrm{a1}}=i_{\mathrm{corr1}}\exp\left(\frac{E_{\mathrm{g}}-E_{\mathrm{corr1}}}{\beta_{\mathrm{a1}}}\right)=i_{\mathrm{d}}\exp\left(\frac{E_{\mathrm{g}}-E_{\mathrm{corr1}}}{\beta_{\mathrm{a1}}}\right)$$

电位变化可以表示为

$$\Delta E=E_{\mathrm{g}}-E_{\mathrm{corr1}}=\beta_{\mathrm{a1}}\ln\left(1+\frac{A_2}{A_1}\right)$$

6. 伊文思极化图

将阳极极化曲线和阴极极化曲线简化成一条直线，并画在同一张图上，这种简化的极化图就称为伊文思极化图。利用伊文思极化图可以定性地分析腐蚀的影响因素及腐蚀控制的类型，并根据极化特征制定相应的防腐蚀控制方案。

7. 去极化

去极化是极化的相反过程，是消除电极反应阻力的步骤，因此，去极化一般会加速腐蚀。

拓展视频

五分钱上的海辽轮

课后习题及思考题

1. 什么是极化？极化有哪些类型？引起极化的原因是什么？

2. 简述极化的规律。发生极化时，阳极和阴极电位如何变化？原电池在极化过程中，电流如何变化？为什么？

3. 一个电极反应至少需要包括哪些步骤？什么是活化极化？什么是浓差极化？

4. 请解释极化、去极化、过电位，以及极化值的概念。

5. 一般而言，若一个电极体系没有净的化学反应发生，则此电极上将无净电流流过，反之是否成立？

6. 如何利用塔菲尔关系求腐蚀电位和腐蚀电流？

7. 活化极化控制腐蚀体系和浓差极化控制体系中决定腐蚀速度的主要因素分别是什么？

8. 什么是混合电位？混合电位与自然腐蚀电位有何区别与联系？

9. 什么是伊文思极化图，如何利用伊文思极化图分析电化学腐蚀的影响因素？

10. 请用伊文思极化图说明：铁和锌在同样的酸溶液中，虽然锌的平衡电位比铁的平衡电位更负，但由于析氢反应在锌上更难进行，因而锌的腐蚀电流比铁的腐蚀电流小。

11. 什么是交换电流密度？它与电极反应的极化性能有何关系？

12. 过电位和电极反应速度的关系是什么？微极化和强极化的公式分别是什么？其应用条件是什么？

13. 单电极、均相电极和复相电极的电极反应动力学的数学表达式及其适用条件分别是什么？

14. 一个阳极反应受活化极化控制、阴极反应受浓度极化控制的腐蚀体系，阴极反应的极限扩散电流密度为 i_d，腐蚀电位为 E_{corr}。由于搅拌使阴极反应的极限扩散电流密度上升到 i'_d，阳极反应参数不变，腐蚀电位正移到 E'_{corr}。

1）作腐蚀体系的极化曲线图。

2）用图解法求腐蚀电位变化 $\Delta E=E'_{corr}-E_{corr}$。

15. 一个活化极化控制的腐蚀体系，阴极反应和阳极反应的交换电流密度分别为 i_{0c}、i_{0a}；塔菲尔斜率分别为 b_c、b_a；腐蚀电位满足 $E_{ea} \ll E_{corr} \ll E_{ec}$。设加入阴极性缓蚀剂，使阴极反应受到抑制，阴极交换电流密度变为 i'_{0c}。假定其他参数都不变，此时腐蚀电位移到E'_{corr}，腐蚀电流下降到 i'_{corr}。

1）作加入缓蚀剂前后腐蚀体系的极化图。

2）用图解法求腐蚀电流密度的变化 $r=i'_{corr}/i_{corr}$ 和腐蚀电位的变化 $\Delta E=E'_{corr}-E_{corr}$。

16. 用伊文思极化图表示腐蚀的四种控制类型。

17. 铂电极在充氧的中性水溶液中进行阴极极化，电极表面发生氧去极化反应。利用氧去极化反应的动力学参数（$\beta=0.110\text{V}$，$i_0=1.198\times10^{-6}\text{mA/cm}^2$），计算当 $|i_c|=7\times10^{-2}\text{mA/cm}^2$ 时，阴极的极化过电位 η。其中浓差极化过电位和活化极化过电位各占多大比例？这一电极反应具有什么特点？（扩散层厚度取$\delta=10^{-2}\text{cm}$，水中溶解氧浓度为 3.2mg/L，扩散系数为 $D=1.9\times10^{-9}\text{m}^2/\text{s}$。）

18. 活化极化控制腐蚀体系的参数如下：

$E_{ec}-E_{ea}=0.5\text{V}$，$i_{0a}=10^{-4}\text{A/m}^2$，$i_{0c}=10^{-2}\text{A/m}^2$，$b_a=0.06\text{V}$，$b_c=0.12\text{V}$

（1）忽略溶液电阻，分别计算腐蚀电流密度 i_{corr}、阳极反应过电位 η_a，以及阴极反应过电位 η_c。

（2）设溶液电阻 $R=0.1\Omega$，分别计算腐蚀电流密度 i_{corr}、阳极过电位 η_a，以及阴极过电位 η_c。

19. Fe 试样在 0.5mol/L 的 H_2SO_4 溶液中发生析氢腐蚀，实验测出其腐蚀电位为-0.462V（vs SCE，相对于饱和甘汞电极）。已知阴极反应符合塔菲尔公式：

$$\eta_c=-0.7-0.12\lg|i_c|$$

其中，η_c 的单位为 V，i_c 的单位为 A/cm^2。当阳极极化 $\Delta E=30\text{mV}$ 时，测得极化电流 $i_+=0.14\text{A/cm}^2$。分别求自然腐蚀状态和极化状态下 Fe 试样的年腐蚀速度 v_p 以及阳极反应塔菲尔斜率。[Fe 的原子量为 55.8g/mol，密度为 7.8g/cm^3，饱和甘汞电极电位为 0.242V（SHE）]

20. 将铜片和锌片插在浓度为3%的 NaCl 溶液中，测得铜片和锌片未接通时的电位分别为+0.05V 和-0.83V。当用导线通过电流表把铜片和锌片接通，原电池开始工作，电流表指示的稳定电流为 0.15mA。已知电路的欧姆电阻为200Ω。

1）原电池工作后阳极和阴极的电位差 E_c-E_a 等于多少？

2）阳极极化值 ΔE_a 与阴极极化值 ΔE_c 的绝对值之和 $\Delta E_a+|\Delta E_c|$等于多少？

3）如果阳极和阴极都不极化，电流表指示应为多少？

4）如果使用零电阻电流表，且溶液电阻可以忽略不计，那么电流达到稳态后，阳极与阴极的电位差 E_c-E_a、阳极极化值与阴极极化值的绝对值之和 $\Delta E_a+|\Delta E_c|$分别等于多少？电流表的指示又为多少？

第4章

析氢腐蚀与吸氧腐蚀

4.1 析氢腐蚀

以氢离子作为去极化剂，在阴极上发生 $H^{+}+e \longrightarrow \frac{1}{2}H_2$ 的电极反应称为氢去极化反应。由氢去极化引起的金属腐蚀称为析氢腐蚀，析氢腐蚀是一种常见的非常重要的腐蚀形式。

4.1.1 析氢腐蚀的热力学条件

由于在析氢腐蚀中，氢去极化反应发生在阴极，所以，只有当阳极金属的电位比氢的平衡电位更负（低）时，两电极间存在着一定的电位差，才有可能发生氢去极化反应。这也就意味着氢的平衡电位越正、阳极电位越负，氢去极化腐蚀发生的可能性越高。

在 25℃，氢气压力为 1atm 时，由式（2-48）知，氢的平衡电位为 $E_{e(H_2/H^+)}=(-0.0591pH)V$。因此，酸性越强，pH 值越小，氢的平衡电位［$E_{e(H_2/H^+)}$］越高。当溶液的 pH 值为 7 时，$E_{e(H_2/H^+)}=-0.414V$，当金属阳极电位小于-0.414V 时，就有可能发生氢去极化腐蚀；而当溶液的 pH 值为 3 时，$E_{e(H_2/H^+)}=-0.177V$，当金属（阳极）电位小于-0.177V 时，便有可能发生氢去极化腐蚀。对照表 2-2，便可以在不同 pH 值条件下，大致判断金属是否具备发生析氢腐蚀的条件。

根据以上的热力学条件，通常情况下，以下体系较为容易发生析氢腐蚀：

1）元素周期表中Ⅰ～Ⅲ主族的金属元素，由于化学活性较高，较容易发生析氢腐蚀，如 Mg、Al、Na 等在中性甚至碱性溶液中都可以发生析氢腐蚀。

2）大多数工程实践中应用的金属，如 Fe、Zn 等，在酸性环境中较容易发生析氢腐蚀。

3）大多数正电性金属（如 Cu、Ag 等）不容易发生析氢腐蚀，但是如果溶液中存在能够络合金属离子的物质（如 NH_3、CN^-等）时，络合离子可以使金属发生腐蚀生成金属离子的电极电位显著降低，此时也将发生析氢腐蚀。

如果体系中含有氧化剂时，发生析氢腐蚀时可能还有这些氧化剂参与的还原反应，因此，析氢腐蚀主要发生在非氧化性酸或者弱氧化性酸中。

4.1.2 析氢腐蚀过程的析氢形式

析氢腐蚀过程中阴极反应的本质是 $H^+ + e \longrightarrow \frac{1}{2}H_2$，但是由于溶液性质的不同，可能具有不同的表现形式。

在酸性溶液中，H^+主要来源于水合氢离子，在阴极上放电生产氢气：

$$2H_3O^+ + 2e \rightleftharpoons 2H_2O + H_2 \tag{4-1}$$

在碱性溶液和中性溶液中，H^+主要来源于水分子，在阴极上放电生产氢气：

$$2H_2O + 2e \rightleftharpoons 2OH^- + H_2 \tag{4-2}$$

在碱性溶液中，金属（如 Zn）与氢氧根离子反应生成氢气：

$$Zn + 2OH^- \rightleftharpoons ZnO_2^{2-} + H_2 \tag{4-3}$$

在电流密度较高时，酸性溶液中的析氢反应也可能是水分子在阴极上放电生成氢气，反应式同式（4-2）。

在有些情况下，氢气也可以直接从酸中析出：

$$2HA + 2e \rightleftharpoons 2A^- + H_2 \tag{4-4}$$

例如，在碳酸溶液中，汞电极上发生的析氢反应就属于这种情况。

4.1.3 析氢反应的步骤与机理

虽然析氢腐蚀具体表现形式不同，但是它们的本质却大致相同，都是 H^+得到电子还原为氢气的过程。一般情况下，两个 H^+离子直接在电极表面同一位置上同时放电结合成 H_2 的概率很小，因此初始产物是 H 原子而不是 H_2 分子。这个过程的具体步骤如下：

1）氢离子（H^+）、水合氢离子（H_3O^+）、水分子（H_2O）向电极表面传输。

2）氢离子、水合氢离子、水分子在电极表面上得到电子，脱水生成氢原子并吸附在电极表面，反应过程为：

$$H^+ + e \longrightarrow H$$

$$H_3O^+ + e \longrightarrow H + H_2O$$

$$H_2O + e \longrightarrow OH^- + H \tag{4-5}$$

3）活性 H 原子与吸附在电极表面的 H 原子结合成 H_2 分子，反应过程为：

$$H(\text{吸}) + H[\text{活性}] \longrightarrow H_2(\text{吸附}) \tag{4-6}$$

4）氢分子形成气泡从表面逸出。

上述步骤中，某一步骤受阻进行得迟缓，整个析氢反应将会受到阻滞，此步骤即为全过程的速度控制步骤。考虑到 H^+的迁移率比其他所有离子的迁移率都高，可以忽略扩散作用，此时以电化学步骤控制为主。在碱性溶液中，虽然放电质点是水分子，但是它的浓度很高。因此，析氢反应的浓差极化一般较轻微，析氢过电位表现为电化学极化特征。研究表明，在整个过程中 H^+离子与电子结合放电的电化学步骤最缓慢，使电子在阴极上堆积，由此产生阴极活化极化，阴极电位向负方向移动。

4.1.4　氢去极化的阴极极化曲线

由于氢去极化反应在一般情况下都是电化学步骤控制的，因此氢去极化的阴极极化曲线表现为活化极化曲线的特征。图 4-1 所示是在没有任何其他氧化剂存在时的氢去极化（即溶液中只存在氢去极化反应的一种阴极反应形式）的阴极极化曲线。由图 4-1 可以看出，当阴极电流为零时，阴极反应达到平衡，此时氢的平衡电极电位为 E_{eH}。在此电位下，析氢与氢气的离子化速度相等，对外不表现出电流，也就没有析氢反应发生。当有阴极电流（$-i$）通过时，发生阴极极化，阴极电流值增加，其极化作用也随着增加，阴极电位向负方向移动使电位减小。当电位变到某一数值 E'_H时，即会有氢气逸出，这一电位（E'_H）称为析氢电位。析氢电位（E'_H）与氢的平衡电位（E_{eH}）的差值为氢的过电位（$\eta=E'_H-E_{eH}$）。过电位增加意味着在一定条件下，析氢电位降低，导致腐蚀原电池的电位差减小，腐蚀过程将会减缓。

在不同的金属电极上，氢的去极化曲线不同，如图 4-2 所示。有的金属具有很低的析氢电位和很高的过电位，如 Hg、Zn。有的金属极化很小，极化曲线较为平坦，过电位很小，电流很大，如 Pt。从图中还可以看出，对于 Hg、Zn，当电极电位较小时（>0.8V），阴极电流增加很慢，甚至接近于零；而当极化电位达到 b 点以后一定数值时，阴极电流才有所增加，如 bc 线。

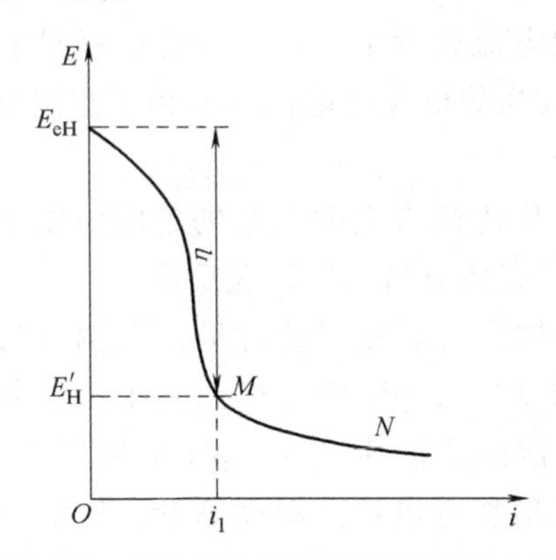

图 4-1　氢去极化过程的阴极极化曲线

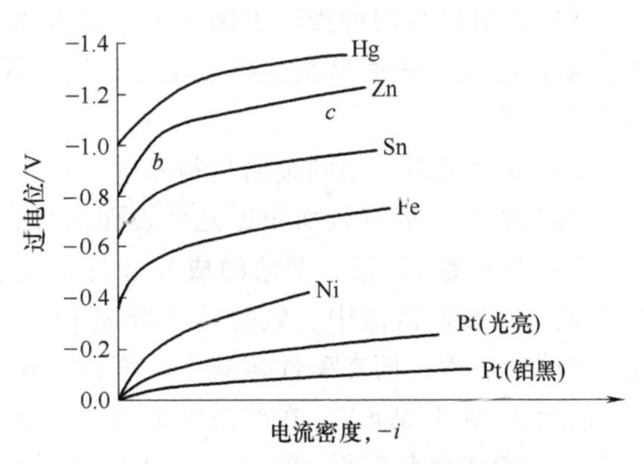

图 4-2　各种金属氢电极的极化曲线示意图

1905 年，塔菲尔在大量的实验中发现，在许多金属表面上的析氢过电位服从实验公式 $\eta=a+b\lg i$，也说明了许多金属电极上析氢反应的控制步骤是电化学反应。常数 a 与电极材料、溶液组成、表面状态、浓度及温度有关。它的物理意义是单位电流密度时的过电位。氢在不同材料的电极上析出时的过电位差别很大，这表明不同材料的电极表面对氢离子还原析出氢的反应有着不同的催化作用。常数 b 为对数塔菲尔斜率，与电极材料无关。对于许多金属，常数 $b\approx\dfrac{2RT}{n'F}\times2.3\approx\dfrac{4.6RT}{n'F}$，$n'$为在控制步骤中参加反应的电子数。当 $n'=1$，$t=25$℃时，$b\approx0.118$V。图 4-3 所示为不同金属电极上析氢反应过电位 η_H 与反应电流密度 i 之间的关系，η_H 与 i 的对数（$\lg i$）之间呈现直线关系，可以说明阴极上的氢去极化为活化极化控制的过程。

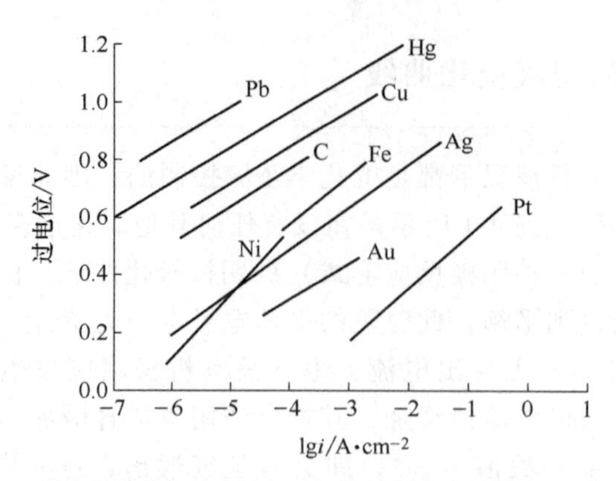

图 4-3 不同金属电极上析氢反应过电位与反应电流密度的关系

4.1.5 控制氢去极化腐蚀的措施

在相同的条件下，析氢过电位的绝对值越大，氢的析出电位越低，意味着氢去极化过程就越难进行，金属的腐蚀就越慢。析氢过电位对研究金属腐蚀具有很重要的意义，因此，可用提高析氢过电位 η_H，降低氢去极化过程，控制金属的腐蚀速度。具体来说，包括以下几个方面：

1）金属材料的种类。由图 4-3 可以看出，在相同电流密度下，铂、金等材料具有较低的析氢过电位，表面易发生析氢反应；铅、汞等具有较高的析氢过电位，有利于控制金属的析氢腐蚀速度。

2）表面状态。相同金属材料粗糙表面上氢的过电位比光滑表面上氢的过电位要小，这是因为粗糙表面的有效面积比光滑表面的大，因此粗糙表面更易发生析氢反应。

3）溶液的 pH 值、溶液的成分（特别是表面活性物质及氧化剂的含量）及温度等。一般来说，在酸性溶液中，氢的过电位随 pH 值的增加而增加，pH 值每增加 1 单位，氢的过电位增加 59mV；而在碱性溶液中，氢的过电位随 pH 值的增加而减小，pH 值增加 1 单位，氢的过电位减小 59mV。在溶液中加入缓蚀剂，也可以增加过电位。温度越低，析氢过电位越小，一般温度每降低 1℃，析氢过电位约增加 2mV。

4）金属材料的纯度。通常情况下，杂质会导致金属材料的析氢过电位降低，因此提高材料的纯度可以控制金属的析氢腐蚀。但是，在金属材料中加入过电位大的组分，可以提高材料的析氢过电位，例如，在金属锂中加入质量分数为 0.03%～1.2%的金属镁，可以提高材料的抗析氢腐蚀性能。

4.1.6 铁在酸中的析氢腐蚀

1. 铁在酸中的析氢腐蚀特点

铁在酸中的腐蚀是典型的析氢腐蚀类型，也是目前研究得较多且较为充分的腐蚀类型，具有以下特点：

1）如果酸溶液中不含有氧气也不含有其他氧化性的物质（氧化-还原电位高于氢离子的

去极化反应电位)，那么氢离子得到电子还原为氢气就成为唯一的阴极去极化反应。但是，在实际的工程实践中，氧气在酸溶液中总会有一定的溶解度。根据前面的电化学动力学，在标准状态下，氧气的还原电位始终比氢离子的还原电位高 1.229V，理论上仍有可能发生氧气的还原反应，但由于氧气的溶解度很低，因此，铁在酸中主要还是发生析氢腐蚀。如果溶液中存在能强烈抑制 H^+ 还原反应的缓蚀剂时，那么溶液中 O_2 的还原反应就不可忽略。

2）在大多数情况下，铁在酸中是均匀腐蚀，无法肉眼区分阳极区和阴极区，阴极、阳极反应都发生在铁的表面。另外，铁的酸腐蚀一般情况下也是发生在没有钝化膜的铁的表面。例如，铁在浓硝酸和浓硫酸中可以发生钝化，但是如果氧化性的酸浓度较低或者表面有钝化膜的铁表面浸没到氧化性很低的稀酸溶液中，表面钝化膜仍然可以发生快速溶解，其电化学反应仍然是活性区的腐蚀形式。

3）在氢离子活度小于 10^{-3}mol/L 时，H^+ 的扩散系数比 O_2 大得多，阴极上氢气泡的产生对电极附近溶液的搅拌作用可以使扩散层厚度减小，因此，H^+ 还原反应的极限扩散电流密度比较大。同时，由于 H^+ 带电，还原过程中除扩散外，其电迁移过程一般不可忽视，所以电极表面溶液层中的 H^+ 被还原后，能很快得到补充，这时，H^+ 还原的浓差极化可以忽略，主要以活化极化控制为主。

2. 铁在酸溶液中的腐蚀动力学

根据铁在酸中的腐蚀特点，铁在酸中的阴极、阳极反应都属于活化极化控制类型，因此可以看作均相腐蚀电极来处理，活化极化控制体系的腐蚀动力学关系式适用于铁在酸中的腐蚀动力学关系式，因此，铁在酸中的腐蚀可以看作以下两个电极反应的耦合反应：

阳极反应：　$Fe \longrightarrow Fe^{2+} + 2e$

阴极反应：　$2H^+ + 2e \longrightarrow H_2$

如果忽略溶液电阻，以上耦合反应会极化到一个共同电位 E_{corr}，此时阳极反应和阴极反应的电流相等，都为自然腐蚀电流，满足以下动力学公式：

$$i_{corr} = i_{0a}\exp\left(\frac{E_{corr}-E_{ea}}{\beta_a}\right) = i_{0c}\exp\left(-\frac{E_{corr}-E_{ec}}{\beta_c}\right)$$

进一步可以得到腐蚀电位为

$$E_{corr} = \frac{\beta_a\beta_c}{\beta_a+\beta_c}\ln\frac{i_{0c}}{i_{0a}} + \frac{\beta_a}{\beta_a+\beta_c}E_{ec} + \frac{\beta_c}{\beta_a+\beta_c}E_{ea}$$

4.2 吸氧腐蚀

吸氧腐蚀也称耗氧腐蚀或氧去极化腐蚀，是指阴极溶液中的中性氧分子（O_2）在阴极上进行还原反应引起的电化学腐蚀。

对比式（2-48）与式（2-51）可知，氧的平衡电极电位 $E_{e(OH^-/O_2)}$ 总是要比氢的平衡电极电位 $E_{e(H_2/H^+)}$ 为正，且高 1.229V。所以，从热力学角度分析，吸氧腐蚀往往比析氢腐蚀普遍且更加容易发生。

4.2.1 吸氧腐蚀体系

吸氧腐蚀是溶解于电解质溶液中的氧气发生还原反应使金属腐蚀的一种形式，阴极反应主要为氧气分子的还原反应。一般情况下，发生吸氧腐蚀时，阴极的电极电位要高于阳极的电极电位，因此，发生吸氧腐蚀主要有以下两类体系：

1）由于吸氧腐蚀通常比析氢腐蚀容易得多，因此，发生析氢腐蚀的体系基本都能发生吸氧腐蚀。在酸性溶液中，吸氧腐蚀的倾向性要显著大于析氢腐蚀的倾向性，但往往由于氧气的溶解度很低，吸氧腐蚀速度很小。在中性或者碱性环境中，氢离子浓度很小，此时金属腐蚀一般以吸氧腐蚀为主。

2）一些具有较高电位的正电性金属（如 Cu）在含溶解氧的酸性和中性溶液中都能发生吸氧腐蚀。

4.2.2 吸氧反应的步骤与机理

由于反应过程有不稳定的中间过程出现，实验表明，氧还原反应因溶液的性质而分为两类：第一类为酸性溶液中的氧还原反应，第二类为中性或碱性溶液中的氧还原反应。氧阴极的总反应如下。

在酸性溶液中

$$O_2+4H^++4e \longrightarrow 2H_2O \tag{4-7}$$

在中性或碱性溶液中

$$O_2+2H_2O+4e \longrightarrow 4OH^- \tag{4-8}$$

第一类的中间产物为过氧化氢和二氧化一氢离子，其基本步骤可以分解如下：

（1）形成半价氧离子

$$O_2+e \longrightarrow O_2^-$$

（2）形成二氧化一氢

$$O_2^-+H^+ \longrightarrow HO_2$$

（3）形成二氧化一氢离子

$$HO_2+e \longrightarrow HO_2^-$$

（4）形成过氧化氢

$$HO_2^-+H^+ \longrightarrow H_2O_2$$

（5）形成水

$$H_2O_2+2H^++2e \longrightarrow 2H_2O$$

$$\text{或}H_2O_2 \longrightarrow \frac{1}{2}O_2+H_2O$$

第二类的产物中间体为二氧化一氢离子，其反应基本步骤可以分解如下：

（1）形成半价氧离子

$$O_2+e \longrightarrow O_2^-$$

（2）形成二氧化一氢离子

$$O_2^- + H_2O + e \longrightarrow HO_2^- + OH^-$$

（3）形成氢氧根离子

$$HO_2^- + H_2O + 2e \longrightarrow 3OH^-$$

$$或HO_2^- \longrightarrow \frac{1}{2}O_2 + OH^-$$

在上述反应的基本步骤中，一般倾向于在第一类反应中步骤（1）是控制步骤，在第二类反应中步骤（2）是控制步骤。总之，控制步骤是一个接受电子的还原步骤。除此之外，在整个吸氧腐蚀中，氧向金属表面的输送过程在整个氧去极化中起主导作用，这是由作为去极化剂的氧分子本性决定的。

1）氧分子不带电荷，氧分子向电极表面的输送只能依靠对流和扩散。

2）由于氧的溶解度不大，所以氧在溶液中的浓度很小。

3）在氧去极化反应过程中，没有气体的析出，不存在附加搅拌，反应产物只能依靠扩散的方式离开金属表面。

在一定的温度和压力下，氧在各种溶液中有着相应的溶解度。腐蚀过程中，溶解氧不断地在金属表面还原，大气中的氧就不断地溶入溶液并向金属表面输送。而金属表面存在静止层（又称扩散层），其厚度为0.1~100μm。虽然扩散层的厚度不大，但由于氧只能以唯一的扩散方式通过它，所以一般情况下扩散步骤是最慢的步骤，导致氧向金属表面的输送速度低于氧在金属表面的还原速度，故此步骤成为整个阴极过程的控制步骤。

因此，在氧去极化的阴极过程中，浓差极化占主导地位。

4.2.3 氧去极化反应的阴极极化曲线

虽然氧去极化反应在很多情况下是浓差极化占有主要地位，且是扩散控制的电极反应类型，但是在氧去极化反应过程中很多时候也同时存在由电子得失产生的电化学极化过程，氧去极化的阴极过程的速度与氧的离子反应速度（$v_{反}$，主要由电化学步骤所控制），以及氧向金属表面的扩散速度（$v_{扩}$，主要以浓差极化为主）都有关系。所以，氧还原反应过程的阴极极化曲线较复杂，如图4-4所示，主要包括三个部分。

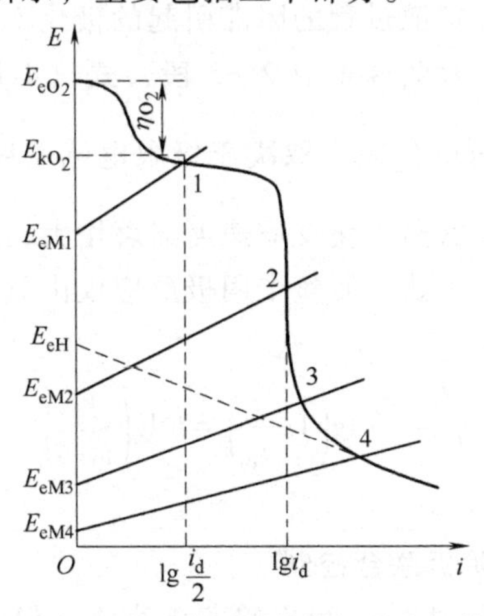

图4-4 氧还原反应过程的阴极反应极化曲线

1. 阴极过程由氧离子化反应的速度控制（$v_{反} \gg v_{扩}$）

如果阴极过程在不大的电流密度下进行，并且阴极表面氧供应充分，则阴极还原反应过程的速度由氧离子化过电位所控制，如图 4-4 中 E_{eO_2}—E_{kO_2}—1 段。在一定的阴极电流密度下，氧还原反应的实际电位与该溶液中氧电极平衡电位间的电位差，称为该电流密度下的氧离子化过电位，简称氧过电位，用 η_{O_2} 表示。

由于是活化极化，同氢的过电位一样，可用塔菲尔公式表达：

$$\eta_{O_2} = E_{eO_2} - E_{kO_2} = a_0' + b_0' \lg i \tag{4-9}$$

式中 E_{eO_2}——氧平衡电极电位；

a_0'——与电极材料及表面状态有关，在数值上等于单位电流密度（通常为 $1A/cm^2$）时的过电位；

b_0'——与电极材料无关，对于许多金属，因 $\alpha \approx 0.5$，所以 $b_0' = \dfrac{2.3RT}{an'F} = \dfrac{4.6RT}{n'F}$，其中 n'为控制步骤中参加反应的电子数，R 为摩尔气体常数 [8.314J/(mol·K)]，F 为法拉第常数（96485C/mol）。在 $n'=1$，$t=25℃$（$T=298K$）时，可以计算得到 $b_0'=0.118V$。

在电流密度较小时，氧过电位与电流密度呈直线关系，即

$$\eta = R_F i \tag{4-10}$$

2. 阴极过程受氧的离子化反应和氧的扩散的混合控制（$v_{反} \approx v_{扩}$）

当阴极极化电流较大时，一般为$\dfrac{i_d}{2} < |i| < i_d$ 时（i_d 为极限电流密度），由于 $v_{反} \approx v_{扩}$，使氧总的还原过程与氧的离子化反应和氧的扩散过程都有关系，即氧的阴极还原反应受氧的离子化反应和氧的扩散的混合控制，如图 4-4 中 1—2 段。根据浓差极化过电位 η_d [参见式(3-43)] 和活化极化过电位 η_{O_2}，可得出吸氧腐蚀的电位与电流的关系式：

$$E_k = E_{eO_2} - \eta_{O_2} - \eta_C = E_{eO_2} - (a' + b'\lg i) - b'\lg\left(1 - \frac{i}{i_d}\right) \tag{4-11}$$

3. 阴极过程由氧的扩散控制

随着电流密度的增大，由于扩散过程的阻滞引起的极化不断增加，使极化曲线更陡地上升。当 $i=i_d$ 时，极化曲线走向为图 4-4 中 2—3 段，式（4-11）中浓差极化项 $\eta_d = -b'\lg\left(1-\dfrac{i}{i_d}\right) \to \infty$，即氧的还原反应过电位完全取决于极限电流密度 i_d 而与电极材料无关。吸氧阴极还原反应过电位的增加，使氧离子化反应速度显著增大，此时，氧得到电子的电化学步骤与氧的扩散相比已不再是缓慢步骤，而整个阴极反应仅由氧的扩散过程控制，其过电位与电流的关系式为

$$\eta_d = -b'\lg\left(1 - \frac{i}{i_d}\right) = b'\lg\left(\frac{i_d}{i_d - i}\right) \tag{4-12}$$

当 $i \to i_d$ 时，$\eta_d \to \infty$。

4. 阴极过程由氧阴极与氢阴极联合控制

在完全浓差极化下，即 $i=i_d$ 时，η_C 可以趋于无穷大。但实际上，当阴极电位负移到一

定程度时，在电极上除氧的还原反应外，有可能开始进行某种新的电极反应过程。在水溶液中，当氧还原反应电位负移到低于析氢反应平衡电位 E_{eH} 一定值时，在发生吸氧还原反应的同时，还可能出现析氢反应。这时总的阴极电流密 i 由氧还原反应电流密度 i_{O_2} 和氢离子还原反应电流密度 i_{H_2} 共同组成，即

$$i_k = i_{O_2} + i_{H_2} \tag{4-13}$$

4.2.4 氧去极化腐蚀的一般规律

1）如果金属在溶液中的平衡电位较正，则阳极反应的极化曲线与氧的阴极还原反应的极化曲线在氧的离子化过电位控制区相交（如图 4-4 中的交点 1），这时的腐蚀电流密度小于氧的极限扩散电流密度的 1/2。如果阴极极化率不大，氧离子化反应是腐蚀过程的控制步骤，金属腐蚀速度主要取决于金属表面上氧的离子化过程。

2）如果金属在溶液中的电位较负，并处于活性溶解状态，而氧向金属表面扩散与氧在该金属表面上的离子化反应相比是最慢的步骤，则阳极极化曲线与阴极极化曲线相交于氧的扩散控制区，此时腐蚀过程由氧的扩散过程控制，金属腐蚀电流密度等于氧的极限扩散电流密度（如图 4-4 中的交点 2 和交点 3），即

$$i_d = nFDC/\delta$$

在一定范围内，许多金属及其合金浸入静止的或轻微搅拌的中性盐水溶液或海水中时，一般是按这种历程进行腐蚀的。

在氧的扩散控制腐蚀条件下，金属腐蚀速度主要受溶解氧传质速度的影响，电极材料及阴极性杂质对腐蚀速度影响很小。这可以从下面的事实得到印证：不同成分的钢在海水中的腐蚀速度相同，低合金钢在海水中的全浸腐蚀与低合金钢的成分（一定范围）、冷热加工和热处理状态无关。

3）如果金属在溶液中的电位很负，如 Mg、Mn 等，则金属阳极溶解极化曲线与去极化剂的阴极极化曲线有可能相交于吸氧反应和析氢反应同时起作用的电位范围（如图 4-4 中的交点 4）。此时，电极上总的阴极电流密度由氧去极化作用的电流密度与氢去极化作用的电流密度共同组成，即金属的腐蚀速度既受溶液 pH 值、溶解氧浓度的影响，也与金属材料本身的性质有关。

4.2.5 影响吸氧腐蚀的因素与控制措施

1. 溶解氧的影响

溶解氧的浓度增大时，氧的极限扩散电流密度将增大，因为 $i_d = nFDC/\delta$，当金属处于扩散控制的活性溶解条件下，则吸氧腐蚀速度随扩散电流密度增加而增加。

加入某些阴极性缓蚀剂（氧的吸收剂），其作用是减小溶液中的氧含量，从而降低吸氧腐蚀速度。例如，在封闭的腐蚀体系中加入 Na_2SO_3，由于 Na_2SO_3 能与溶解氧发生反应生成 Na_2SO_4 从而降低溶解氧浓度，起到缓蚀的作用。

某些高价的可变价离子，起到氧的输送作用，而加速金属的腐蚀。例如，在酸性溶液中加入 $FeCl_3$，Fe^{3+}很容易在金属表面得到电子还原生成 Fe^{2+}（$Fe^{3+} + e \longrightarrow Fe^{2+}$），而 Fe^{2+}在溶

液中能直接与溶解氧发生氧化反应生成 Fe^{3+} （$4Fe^{2+}+O_2+4H^+ \longrightarrow 4Fe^{3+}+2H_2O$），其最终结果相当于 Fe^{3+} 将溶解氧输送到金属表面，使金属发生吸氧腐蚀，而溶液中的 Fe^{3+} 浓度几乎没变。

2. 溶液流速的影响

在氧浓度一定的条件下，极限扩散电流密度与扩散层厚度成反比，溶液流速越大，扩散层厚度越小，氧的极限电流密度也就越大，腐蚀速度越大。在层流区，极限扩散电流密度的大小总是随溶液流速的增加而上升（图 4-5），当流速变化为 $v_1>v_2>v_3$ 时，极限电流密度变化为 $i_{d1}>i_{d2}>i_{d3}$。溶液流速对金属腐蚀速度的影响还与材料自身的阳极极化性能有关。当金属阳极极化曲线为 1 时，随着溶液流速的增加，其腐蚀速度变化为 $i_{d1}>i_{d2}>i_{d3}$。如果金属阳极极化曲线为 2，则当溶液流速由 v_3 增加到 v_2 时，金属腐蚀已由氧扩散控制转化为氧放电步骤控制，此时腐蚀速度变化甚微。如果进一步增大溶液流速到 v_1 时，由于腐蚀控制条件已发生变化，溶液流速的变化对腐蚀速度几乎没有影响。

3. 盐浓度的影响

随着盐浓度的增大，溶液导电性增强，腐蚀速度增大；同时，随着含盐量的增加，氧在溶液中的所谓溶解度降低，从而降低腐蚀速度。含盐量的这种双重作用导致金属腐蚀速度在某个盐浓度时出现极大值（图 4-6）。在盐浓度很低时，氧的溶解度比较大，供氧充分，此时随着盐浓度的增大，由于电导率增大，吸氧腐蚀速度增大。当盐浓度进一步增大，会使氧的溶解度显著降低，从而吸氧腐蚀速度也降低。

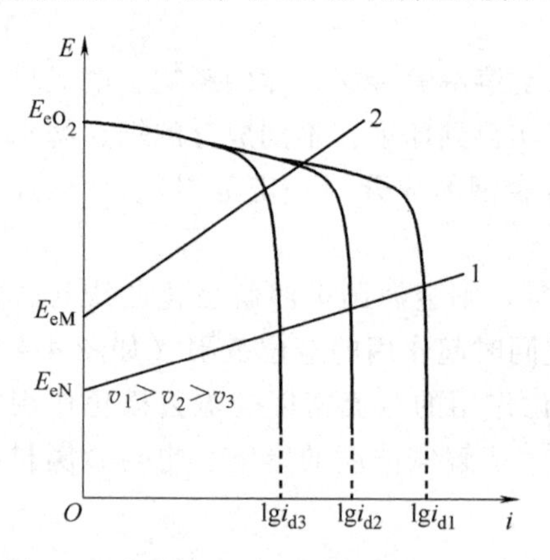

图 4-5 溶液流速对吸氧腐蚀速度的影响

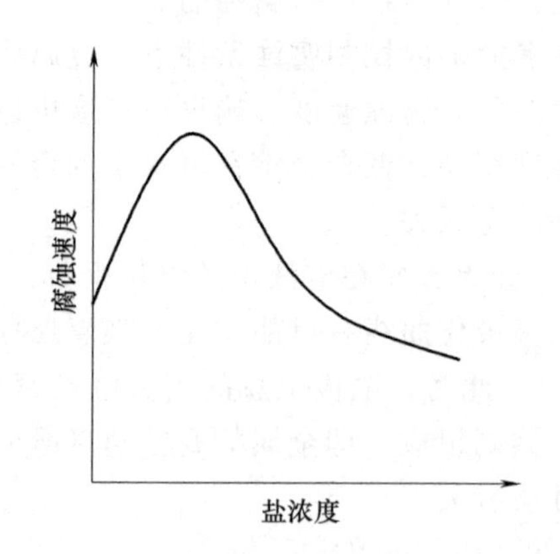

图 4-6 盐浓度对吸氧腐蚀速度的影响

4. 温度的影响

溶液温度升高将使氧的扩散过程和电极反应速度加快，因此在一定的温度范围内，腐蚀速度将随温度的升高而加快，如图 4-7 所示。但温度升高又使溶解氧的浓度降低，使吸氧腐蚀速度降低。在敞开系统中（如图 4-7 中的 1 线），在低温区，随着温度升高，电极反应的基本过程加强，腐蚀速度增大。当进一步升高温度时，溶解氧浓度降低导致吸氧阴极反应速度降低，从而引起腐蚀速度的降低。对于封闭系统（如图 4-7 中的 2 线），随着体系温度的升高，气相中氧的分压增加，从而加强了气相中的氧气向溶液中溶解，从而抵消了温度升高对溶解氧浓度的影响，所以腐蚀速度将一直随温度的升高而增大。

以上主要从溶液的角度出发，讨论了以氧的扩散为控制步骤的腐蚀过程中的几项主要因

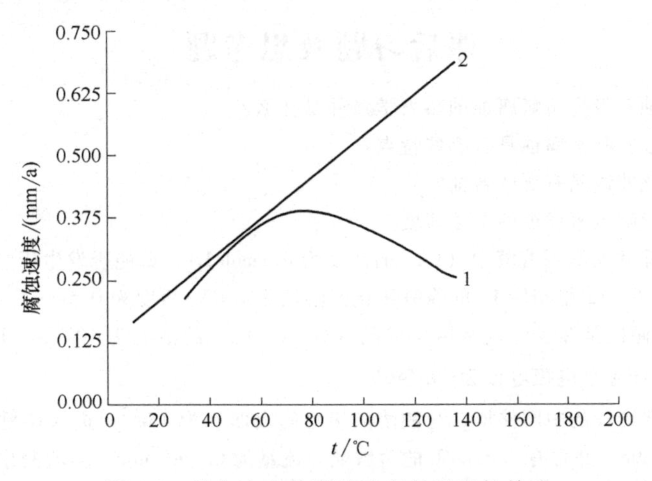

图 4-7　铁在水中的腐蚀速度与温度的关系

1—敞开系统　2—封闭系统

素。氧去极化腐蚀大多数属于氧扩散控制的腐蚀过程，但也有一部分属于氧离子化反应控制或阳极钝化控制的腐蚀过程。对于阳极控制的过程，还必须考虑金属材料本身及其表面状态的影响。

本章小结

析氢腐蚀和吸氧腐蚀是电化学腐蚀中阴极去极化的两种重要形式，也是最为常见的两种形式，两者对比见表 4-1。

表 4-1　析氢腐蚀与吸氧腐蚀的比较

项目	析氢腐蚀	吸氧腐蚀
阴极电极反应	$H^+ + e \longrightarrow \frac{1}{2}H_2$	在酸性溶液中 $O_2 + 4H^+ + 4e \longrightarrow 2H_2O$ 在中性或碱性溶液中 $O_2 + 2H_2O + 4e \longrightarrow 4OH^-$
热力学倾向性	吸氧腐蚀比析氢腐蚀普遍且更加容易发生	
标准状态下的平衡电极电位	$E_e = (-0.0591\text{pH})\,V$	$E_e = (1.229 - 0.0591\text{pH})\,V$
极化性能	活化极化为主	浓差极化为主
影响因素	材料性质、pH 值、极化性能	溶解氧、溶液流速、盐浓度、温度

拓展视频

清川江大桥上的铁钩

课后习题及思考题

1. 什么是析氢腐蚀？发生析氢腐蚀的热力学条件是什么？

2. 什么是吸氧腐蚀？吸氧腐蚀具有哪些特点？

3. 吸氧腐蚀的极化曲线具有哪些特征？

4. 介质因素如何影响吸氧腐蚀的腐蚀速度？

5. ①在 pH=0 的除氧硫酸铜溶液中（Cu^{2+}的活度为 0.1mol/L），铜能否发生析氢腐蚀生成 Cu^{2+}？如果能发生，腐蚀倾向是多少？②在 pH=10 的除氧氰化钾溶液中（CN^-活度为 0.5mol/L），铜能否发生析氢腐蚀？如果能发生，腐蚀倾向是多少？设腐蚀生成的 $[Cu(CN)_2]^-$ 的活度为 10^{-4}mol/L，已知电极反应 $Cu+2CN^-=[Cu(CN)_2]^-+e$ 的标准电极电位为-0.446V。

6. 钢制容器用作酸溶液的中间储槽，与酸溶液接触的表面积为 $15m^2$。进入储槽的酸溶液的工艺条件为：pH=2.5，25℃，1atm，并含有 4.5mg/L 的溶解氧，流量为 $0.1m^3$/min。实验测出容器表面的腐蚀电位为-0.54V（vs SCE）。试求：

1）钢容器的腐蚀速度。

2）流出的酸溶液中的氧含量（扩散层厚度为 50μm）。

第5章

金属的钝化

电化学腐蚀动力学的一般规律表明，当金属按照“正常”的阳极反应历程溶解时，则阴极、阳极电位差越大，金属的溶解速度就越大。镍和铁在盐酸中进行阳极极化时即如此。但有时金属表面状态变化会引起金属电化学行为的改变，使它具有贵金属的某些特征（低的腐蚀速度、正的电极电势），这种腐蚀速度明显降低的现象称为钝化现象。

5.1 钝化现象与钝化状态

金属的钝化是在某些金属或合金腐蚀时观察到的一种特殊现象。最初的观察来自法拉第的纯铁在硝酸中的腐蚀实验，在室温下，将一块纯铁浸泡在70%（这里统一指质量分数）的浓硝酸中，铁没有发生腐蚀，仍然具有金属光泽，如图5-1a所示。向容器中缓慢加水，使硝酸溶液稀释到约35%时，仍无腐蚀发生，如图5-1b所示，铁块表现出贵金属一样的惰性。但取纯铁块，直接放入35%的稀硝酸溶液中，立即发生剧烈反应，如图5-1c、d所示。

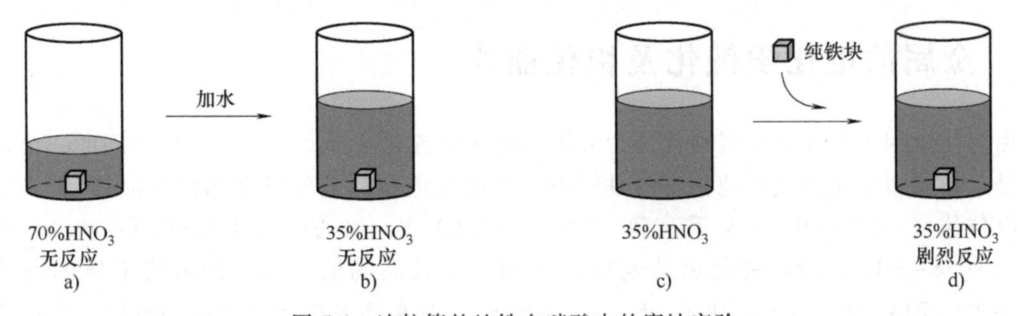

图5-1 法拉第的纯铁在硝酸中的腐蚀实验

用失重的方法研究硝酸浓度对纯铁腐蚀速度的影响，把一块铁片放在硝酸溶液中，观察其溶解速度与硝酸浓度的关系，如图5-2所示。发现铁片的溶解速度随硝酸浓度的增加而增大，但当硝酸的质量分数达到30%~40%时，溶解度达到最大值。当硝酸质量分数大于40%时，铁的溶解速度随硝酸浓度增加而迅速下降。继续增加硝酸浓度，其溶解速度达到最小，这时把铁转移到稀的硝酸中，铁不再发生溶解。此时铁具有金属光泽，它的行为如同贵金属一样。勋巴恩（Schnbein）称铁在浓硝酸中获得的耐蚀状态为钝态。金属或合金像铁那样在某种条件下，由活化态转为钝态的过程称为钝化，金属（合金）钝化后

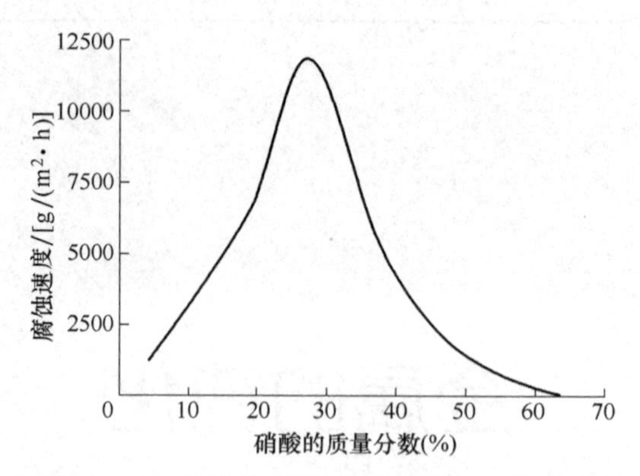

图 5-2　硝酸质量分数对纯铁腐蚀速度的影响

所具有的耐蚀性称为钝性。

经浓硝酸处理过的纯铁，再放入稀硝酸溶液中（30%），其腐蚀速度远低于未处理的铁块，或者将处理过的铁块再浸入 $CuSO_4$ 溶液中，铁也不会将铜离子置换出来。

除铁具有上述现象外，后来的研究发现，许多金属都有不同程度的上述现象，最明显的金属有铬、铅、钛、镍、铁、钽和铌等。除硝酸外，一些强氧化剂，如氯酸钾、重铬酸钾、高锰酸钾等都能使金属的腐蚀速度降低。

钝化现象具有重要的实际意义。因为处于钝态的金属具有很低的溶解速度，因此可以用它来达到减缓金属腐蚀的目的。如一般钢铁经常采用浓硝酸、亚硝酸钠、重铬酸钾等溶液进行钝化处理，在铁中加入某些易钝化的金属组分（如 Cr、Ni、Mo、Ti 等）冶炼成的各种不锈钢在强氧化性酸中极易钝化，因此可用这类合金钢代替贵金属制造与强氧化性介质相接触的化工设备。另外，在有些情况下又希望避免钝化现象的出现，如电镀时阳极的钝化常带来有害的后果，它使电极活性降低，从而降低了电镀效率等。

5.2　金属的电化学钝化及极化曲线

由电化学因素引起的金属钝化称为金属的电化学钝化。金属电化学钝化出现的一个普遍规律是，金属由活化态变成钝化态的过程中，其电极电位总是朝贵金属的方向移动。例如，铁的电位从（-0.5~+0.2）V 升高到（+0.5~+1.0）V，铬的电位从（-0.6~-0.4）V 升高到（+0.8~+1.0）V。钝化后的电位正移到一个较高的值，几乎接近贵金属的电位值（$E_{eCu}=+0.521V$，$E_{eAg}=+0.799V$，$E_{eAu}=+1.68V$）。如果能够维持已提高的电位，即可实现钝化，提高金属或合金的耐蚀性。

具有电化学钝化性能的金属具有独特的阳极极化曲线，不同的金属或合金的钝化体系将表现出各自不同的特征。按活化-钝化过渡区、钝化区和过钝化区等特征，可把钝化体系的阳极极化曲线的主要特征归纳为图 5-3 所示的几种情况。

（1）活化-钝化过渡区　有三种可能出现的曲线特征。其中最简单的情况只出现单一电流峰，例如，Fe-稀硫酸体系就属于这类情况。第三种形式极化曲线中有多个电流峰出现。

随着电位升高，阳极电流密度增大，金属发生活性溶解；随着电位进一步升高，电流密度迅速降低，金属发生钝化。

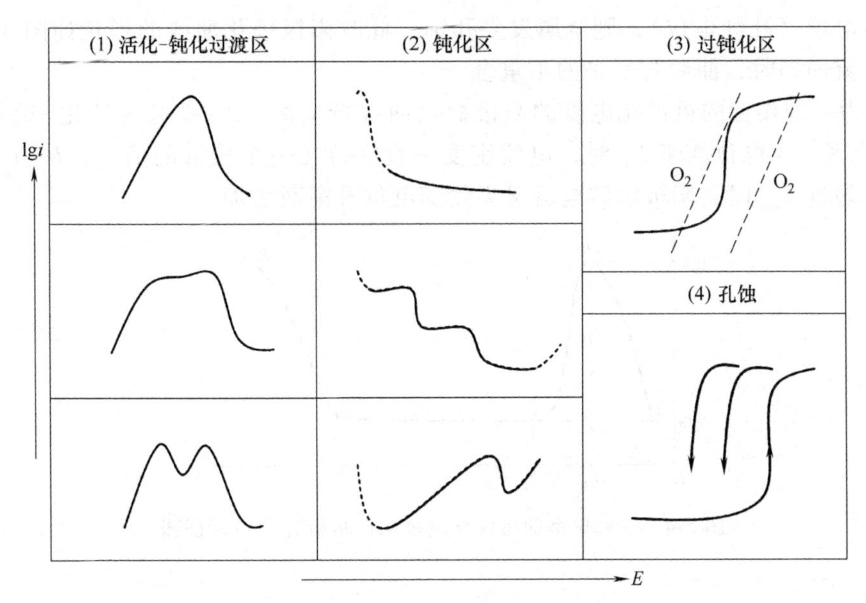

图 5-3 不同金属钝化体系的阳极极化曲线的主要特征

（2）钝化区 对于多数钝化金属来说，在钝化区，稳态阳极电流是不随电位而变化的（第一种情况）。而对某些金属，如 Co，则表现出逐级钝化的情况，即不同电位区间，其钝化程度也不相同（第二种情况）。另外，少数金属，如 Ni，在钝化区内，它的钝态电流密度是随电位增加而增加的（第三种情况）。

当电位达到钝化电位（E_p）时，阳极电流降至很低（$10^{-6}\sim10^{-4}$ A），并在电位升高的情况下维持在很低的电流密度值。这是因为金属表面生成了致密的、难以溶解的薄膜，致使阳极电流显著下降，金属被认为处于钝化状态。

在含氧酸中，阳极极化保持了高的氧化电位，溶液中的阴离子容易失去电子，即阴离子容易被氧化，反应过程如下：

$$2OH^- \longrightarrow O+H_2O+2e$$

$$SO_4^{2-} \longrightarrow O+SO_3+2e$$

$$O+e(Me) \longrightarrow O^-(\text{吸附})$$

$$O^-+e \longrightarrow O^{2-}(\text{化合物})$$

在阳极上也可以发生如下的反应：

$$2OH^-+Me \longrightarrow MeO+H_2O+2e$$

$$2OH^-+Me \longrightarrow Me(OH)_2+2e$$

其中，Me 指金属。

这些氧化物或氢氧化物，成为离子迁移和扩展的阻力层，导致金属钝化。

（3）过钝化区 过钝化区的特征是，电位达到或超过钝化电位（E_{op}）时，阳极溶解电流又突然随电位升高而增加，金属表面经受全面腐蚀［图 5-3 中（3）］，当电位进一步升高，过钝化电流达到某一极限值时，过钝化电流对金属表面具有抛光作用。有两种过钝化模式：一种如金属铬所表现的那样，过钝化溶解产物是高价离子形式；另一种如铁，它的过钝化溶解和钝化区溶解的离子一样。当溶液中存在对钝化膜有破坏作用的阴离子时，且电位达到某一临界电位（孔蚀电位），则金属发生孔蚀。此时阳极极化曲线的形状如图 5-3 中（4）所示。当电流回扫时，曲线与原来的不重合。

图 5-4 为一种典型的可钝化电极的阳极极化曲线特征图。$A \sim C$ 区为活化-钝化过渡区；$C \sim D$ 为钝化区，当电位高于 E_p 时，电流密度一直维持在一个较低的值 i_p；$D \sim E$ 为过钝化区，当电位超过 E_{op} 时，阳极溶解电流又突然随电位升高而增加。

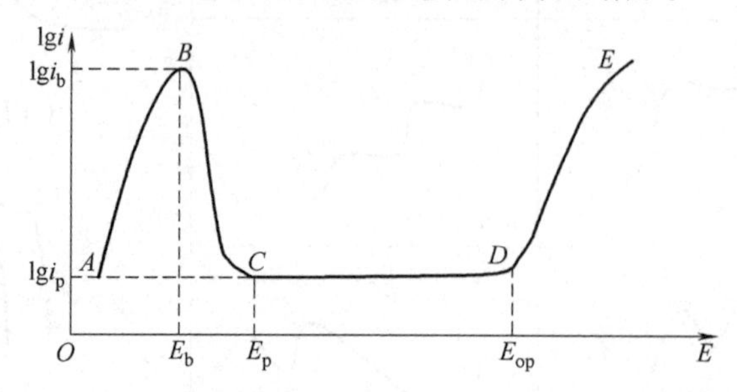

图 5-4　一种典型的可钝化电极的阳极极化曲线特征图

5.3　金属的自钝化

金属在酸性溶液中的阳极钝化，是由于外加电流使金属由活化态进入钝化态的电化学钝化。但是在腐蚀过程中，在没有任何外加极化的情况下，也可能由于腐蚀介质中氧化剂（去极化剂）引起钝化，如硝酸、硝酸银、氯酸钾、重铬酸钾、高锰酸钾及氧等，这种钝化称为自钝化，又因其是由纯化学因素引起的钝化，也称为化学钝化。

例如，硝酸的氧化作用很强，不仅使溶解出来的 Fe^{2+} 离子和置换出来的 H 原子发生氧化，甚至能使氧和铁的表面直接发生作用。在氧的化学势与中等浓度硝酸相当的强腐蚀液中，随着上述的氧化作用，将同时发生氧向铁表面的化学吸附的反应。

$$HNO_3 \longrightarrow O + HNO_2$$

$$HNO_3 \longrightarrow O + NO_2^- + H^+$$

$$O + e \longrightarrow e(Me) \leftrightarrow O^-(\text{吸附})$$

在化学吸附中，氧对电子亲和力很大，可以从金属中夺取电子形成 O^{2-} 离子，进一步形成氧化物，在表面形成一层致密的氧化物膜，成为离子迁移和扩散的阻力层，导致金属钝化。

5.4　钝化理论

5.4.1　钝化成因

金属由活化态进入钝态是一个较复杂的过程。由于金属形成钝化膜的环境及机制不同，不可能有统一的理论。能为多数人接受的钝化理论主要有两种。

1. 成相膜理论

该理论认为钝化金属的表面存在一层非常薄、致密且覆盖性能良好的三维固态产物膜。

该膜形成的独立相（成相膜）的厚度一般为 1 ~ 10nm，它可用光学法测出。这些固相产物大多数是金属氧化物。此外，磷酸盐、铬酸盐、硅酸盐，以及难溶的硫酸盐、卤化物等在一定的条件下也可构成钝化膜。

正是这层成相膜的作用使金属处于钝化状态，它将金属和溶液隔离开。这种减缓金属离子扩散速度是引起反应速度大大下降的根本原因。所以，成相膜理论强调的是，膜对金属的保护是基于其对反应粒子扩散到反应区的阻挡作用。

最直接的实验证据是曾经在某些钝化的金属上观察到成相膜的存在，且可测定其厚度和组成。例如，选用适当溶剂可单独溶去基体金属而分离出钝化膜。使用 I_2-KI 溶液作为溶剂便可以分离出铁的钝化膜。使用比较灵敏的光学方法（椭圆偏振仪），可以不必把膜从金属表面取下来也能测其厚度。例如，曾经用光学方法测定过，在浓硝酸中钝化了的铁表面上有着厚度为 2.5~3nm 的钝化膜。对于在同一条件下钝化的碳钢，其钝化膜要厚一些（9~11nm）；对于不锈钢而言，它的膜要薄一些（0.9~1nm）。利用电子衍射法对钝化膜进行相分析的结果表明，大多数的钝化膜系由金属的氧化物组成。例如，铁的钝化膜为 γ-Fe_2O_3，铝的钝化膜为无孔的 γ-Al_2O_3，覆盖在它上面的是多孔的 β-Al_2O_3 等。在一定条件下的铬酸盐、磷酸盐、硅酸盐及难溶的硫酸盐和氯化物也可构成钝化膜。

阿基莫夫曾经在溶液中清刷正处在钝化的金属表面时发现，金属的电极电位朝负值方向剧烈移动。若停止清刷，则电位朝正值方向移动。这就证明，金属的钝化是由于在电极表面上形成成相膜的结果。此外，若将钝化的金属表面用通过阴极电流的方法进行活化，则得到如图 5-5 所示的阴极充电曲线（即活化曲线）。在曲线上往往出现电极电位变化缓慢的平台，表示钝化膜进行还原过程需要消耗一定的电量。从平台停留的时间可以知道钝化膜还原所需之电量，并根据它来计算膜的厚度。活化过程中出现平台的电位称为活化电位，即弗拉德（Flade）电位。在一些金属电极（如 Cd、Ag、Pb 等）上出现的平台电位与临界钝化电位很相近，表示钝化膜的生成和消失是在近乎可逆的条件下进行的。这些电位又往往和已知化合物的热力学平衡电位相近，并且电位随溶液 pH 值的变化规律与氧化物电极的平衡电位公式基本相符。根据热力学计算，大多数金属电极上金属氧化物的生成电位都比氧的析出电位要负得多。这就说明，在阳极上形成钝化膜的过程比气体氧析出过程较易进行。所以金属钝化时，其金属氧化膜可不通过分子氧的作用直接生成。以上这些实验事实都有力地支持了成相膜的理论。

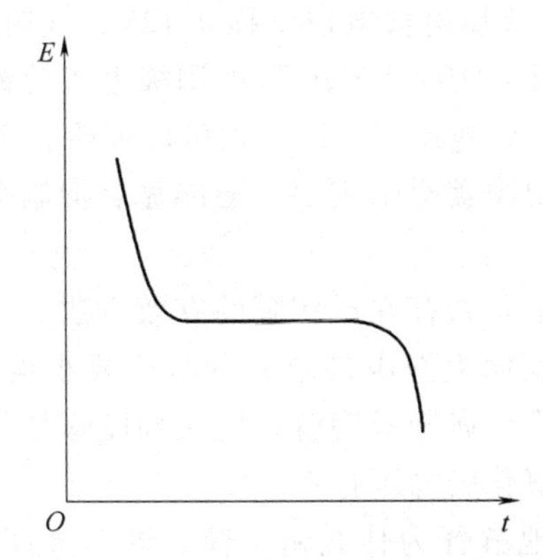

图 5-5　在钝态金属上测得的阴极充电曲线

弗拉德发现，在很快达到活化电位之前，金属所达到的电极电位越正，钝态被破坏时溶液的酸性将越强。这个特征电位值称为弗拉德电位（E_F）。佛朗克（Franck）发现，溶液pH值与弗拉德电位之间存在线性关系，这一结果与其他研究结果一致。在0.5mol/L的H_2SO_4中，当温度为25℃时，钝态Fe、Cr、Ni电极的E_F与pH值的关系分别如下：

$$E_F(Fe)=(0.63-0.059pH)V$$

$$E_F(Cr)=(-0.22-2\times0.059pH)V$$

$$E_F(Ni)=(0.22-0.059pH)V$$

E_F越正，钝化膜的活化倾向越大；E_F越负，钝化膜的稳定性越强。显然，Cr钝化膜的稳定性比Ni、Fe钝化膜的稳定性高。

虽然生成成相膜的先决条件是电极反应中有固态产物生成，但并不是所有的固态产物都能形成钝化膜。那种多孔、疏松的沉积层并不能直接导致金属钝化，但它可能成为钝化的先导，当电位提高时，它可在强电场的作用下转变为高价的具有保护特征的氧化膜，促使金属钝化的发生。

2. 吸附理论

吸附理论认为，金属钝化并不需要生成固态产物膜。只要在金属表面或部分表面上形成氧或含氧粒子的吸附层就够了。这种吸附层只有单分子层厚，它可以是原子氧或分子氧，也可以是OH^-或O^-。吸附层对反应活性的阻滞作用有如下几种说法：

1）吸附氧饱和了表面金属的化学亲和力，使金属原子不再从晶格上移出，使金属钝化。

2）含氧吸附层粒子占据了金属表面的反应活性点，如边缘、棱角等处，因而阻滞了金属表面的溶解。

3）吸附改变了金属/电解质的界面双电层结构，使金属阳极反应的活化能显著升高，因而降低了金属的活性。

可见，吸附理论强调吸附引起的钝化不是吸附粒子的阻挡作用，而是通过含氧粒子的吸附改变了反应的机制，减缓了反应速度。与成相膜理论不同，吸附理论认为，金属钝化是由于吸附膜的存在使金属表面的反应能力降低了，而不是由于膜的隔离作用。

在某些情况下为了使金属钝化，只需要在每平方厘米电极表面上通过十分之几毫库仑的电量，而这些电量甚至不足以生成氧的单分子吸附层。例如，金属铂在盐酸溶液中，吸附层仅覆盖6%的金属表面，就能使金属电极电位正移0.12V，同时使溶解速度降低90%。又如，在0.05mol/L NaOH溶液中，用$1\times10^{-5}A\cdot cm^{-2}$的阳极电流使铁电极极化，只需要通过相当于$0.3mC/cm^{-2}$的电量就能使电极钝化了。以上均可以证明，金属表面所吸附的单分子层甚至可以是不连续的，不一定需要覆盖全部表面，便能显著抑制金属阳极溶解过程，从而使金属钝化。

测量界面电容是揭示界面上是否存在成相膜的有效方法。若界面上生成了哪怕是很薄的膜，其界面电容值也应比自由表面上双电层电容的数值要小得多。在镍和18-8型不锈钢表面上的测量结果表明，在相应于金属阳极溶解速度大幅度降低的那一段电位范围内界面电容值的改变是不大的，表示成相氧化膜并不存在。

从吸附理论出发可以较好地解释为什么铬、镍、铁等金属及由它们所组成的合金表面上，当继续增大阳极极化电位时会出现钝态金属溶解速度再次增大的现象——过钝化现象。

若根据成相膜理论，钝态金属的溶解速度是取决于膜的化学溶解。然而，根据吸附理论，增大阳极电极电位可能造成两种不同后果：一方面造成含氧粒子表面吸附作用的增大，因而加强了阻滞阳极溶解的进行；另一方面由于电位变正还能增加界面电场对阳极反应的活化作用。这两个相对立的作用可以在一定的电位范围内基本上互相抵消，从而使钝态金属的溶解速度几乎不随电位的改变而变化。但在过钝化区的电位范围内，则主要是后一因素起作用。如果电极电位达到可能生成可溶性的高价含氧离子（如 CrO_4^{2+}），则氧的吸附不但不阻滞电极反应，反而能促使高价离子的形成。因此，出现了金属溶解速度再次增大的现象。

在吸附理论中到底是哪一种含氧粒子的吸附引起金属的钝化，以及含氧粒子的吸附如何改变金属表面的反应能力的作用机理等问题至今仍然不是很清楚。有人认为是因为金属表面原子的不饱和价键在吸附了氧原子后便被饱和了，因而使金属表面原子失去其原有的活性，通过氧在金属表面二维的结合状态，逐步发展为三维的普通氧化物。这种氧化物所具有的微小溶解度，可表示为钝态的维持电流。当金属处于稳态溶解过程中时，在金属的界面上会重新生成二维结合状态，以此来保持金属的钝态。

5.4.2　两种理论的比较

综上所述，成相膜理论和吸附理论都能较好地解释相当一部分的实验事实，但至今它们还不能各自圆满地解释已有的全部实验事实，各有成功和不足之处。下面介绍所存在的一些矛盾问题。

实验表明，在碱性溶液中已钝化了的锌电极表面上确实观察到有成相氧化膜存在，但是这种膜的还原电位比锌的钝化电位更正，因而这种膜只可能是钝态金属上的反应产物，而不是导致锌电极钝化的原因。

前面曾提到过，在某些金属表面上不一定要形成完整的单分子氧层就可以使金属钝化。但是很难证明极化前电极表面上确实完全不存在氧化膜，因此也就难以判断所通过的电量究竟是用来“建立”氧化膜还是“修补”氧化膜的。显然，后一过程所需的电量要少得多。还必须注意，这类较低的电量值几乎总是在稀碱溶液或中性溶液中采用较大的恒电流密度极化时测出的。在这种条件下，被研究金属电极的交换电流密度值本来就很小，因而在用较大电流极化时，只要电极表面的反应能力稍有降低即可能引起电位突跃。

界面电容的测量结果是有利于吸附理论的，但是对于具有一定离子导电性和电子导电性的薄膜，在强电场的作用下应具有怎样的等效阻抗值，现在也还不清楚。

以下再对比两种理论的差别。首先成相膜与吸附膜在厚度方面虽有显著差别，但都表明它们可以降低金属的溶解速度。因此，两种理论的区别似乎不在于膜是否对金属的阳极溶解具有阻滞作用，而在于为了引起所谓钝化现象到底在金属表面上应出现怎样的变化。用不同的研究方法和对不同的电极体系的测量结果表明，不见得一切钝化现象都是由于基本相同的表面变化所引起的。例如，钝化区金属具有不同的电极电位，其表面状态显然是不相同的，对于交换电流小的电极体系，采用同样的电流密度极化时就很容易出现钝化现象。

再从所形成键的性质方面来讨论。若是生成了成相的氧化膜，则金属原子与氧原子之间的键应与氧化物分子中的化学键没有区别，若仅存在氧吸附，那么金属原子与氧原子间的结合强度要比化学键弱些，然而化学吸附键与化学键之间并无质的差别。当阴离子在带有正电的电极表面吸附时更是如此。在电极电位足够正时，吸附氧层与氧化物层之间的区别不会很大。

由此可见，成相膜理论与吸附理论之间的差别并不完全是对钝化现象的实质有着不同的看法，还涉及钝化现象的定义及吸附膜和成相膜的定义等问题。有人提出这样的看法：由于吸附于金属表面的含氧粒子参加电化学反应而直接形成“第一层氧层”后，金属的溶解速度即已大幅度下降，然后在这种氧层基础上继续生长形成的成相氧化物层进一步阻滞了金属的溶解过程。这是企图将两种理论联系起来的一种尝试，但尚缺乏直接的实验数据。

5.4.3 钝化膜的破坏

1. 化学、电化学因素引起钝化膜的破坏

溶液中存在的活性阴离子或向溶液中添加活性阴离子（如 Cl^-、SCN^-和 OH^-），这些活性阴离子从膜结构有缺陷的地方（如位错区、晶界区）渗进去改变了氧化膜的结构，破坏了钝化膜。其中，Cl^-对钝化膜的破坏作用最为突出，这应归因于氯化物溶解度特别大和 Cl^-半径很小。

当 Cl^-与其他阴离子共存时，Cl^-在许多阴离子竞相吸附过程中能被优先吸附，使组成膜的氧化物变成可溶性盐，反应式如下：

$$Me(O^{2-},2H^+)_m + xCl^- \longrightarrow MeCl_x + mH_2O$$

同时，Cl^-进入晶格中代替膜中水分子、OH^-或 O^{2-}，并占据了它们的位置，降低电极反应的活化能，加速了金属的阳极溶解。

Cl^-对膜的破坏是从点蚀开始的。钝化电流 i_p 在足够高的电位下，首先击穿表面膜有缺陷的部位（如杂质、位错、贫 Cr 区等），露出的金属便是活化原电池的阳极。由于活化区小，而钝化区大，构成一个大阴极、小阳极的活化-钝化电池，促成小孔腐蚀。钝化膜穿孔发生溶解所需要的最低电位值称为击穿电位，或者称为点蚀临界电位。击穿电位是阴离子浓度的函数，阴离子浓度增加，临界击穿电位减小。

2. 机械因素引起钝化膜的破坏

机械碰撞电极表面，可以导致钝化膜的破坏。膜厚度增加，使膜的内应力增大，也可导致膜的破坏。

膜的介电性质也可引起钝化膜的破坏。一般钝化膜厚度不过几纳米，膜两侧的电位差为十分之几到几伏。因此膜具有 $10^6 \sim 10^9 V/cm$ 的极高电场强度，这种高场强诱发产生的电致伸缩作用是相当可观的，可达 $1000N/cm^2$，而金属氧化物或氢氧化物的临界击穿压应力在 $1000 \sim 10000N/cm^2$ 数量级内，所以 10^6 量级的场强已足以产生破坏钝化膜的压应力。

本章小结

1. 钝化现象

钝化现象是指金属表面状态变化引起金属电化学行为改变，使它具有贵金属的某些特征（低的腐蚀速度、正的电极电势），而使其腐蚀速度明显降低的现象。

2. 典型钝化曲线的特征

随着电压升高，钝化金属分别表现出活化-钝化过渡区、钝化区和过钝化区等特征。在活化-钝化过渡区，随着电位升高，阳极电流密度增大，金属发生活性溶解；随着电位进一步升高，电流密度迅速降低，金属发生钝化；在钝化区，当电位达到钝化电位（E_p）时，阳极电流密度降至很低；在过钝化区，电位达到或超过钝化电位（E_{op}）时，阳极溶解电流又突然随电位升高而增加，金属表面经受全面腐蚀。

3. 化学钝化

金属除会发生电化学钝化外，也可能由于腐蚀介质中氧化剂（去极化剂）引起钝化，如硝酸、硝酸银、氯酸钾、重铬酸钾、高锰酸钾及氧等，这种钝化称为自钝化，又因其是由纯化学因素引起的钝化，也称为化学钝化。

4. 钝化理论

金属由活化态进入钝态是一个较复杂的过程。由于金属形成钝化膜的环境及机制不同，不可能有统一的理论，目前比较被认可的是成相膜理论和吸附理论。

5. 钝化膜的破坏

溶液中存在的活性阴离子或向溶液中添加活性阴离子（如 Cl^-、SCN^-和 OH^-），会从膜结构有缺陷的地方（如位错区、晶界区）渗进去，改变氧化膜的结构，破坏钝化膜。机械碰撞电极表面，也可以导致钝化膜的破坏。

拓展视频

中国第一座 30 吨氧气顶吹转炉

课后习题及思考题

1. 什么是钝化现象？发生钝化的金属的阳极极化曲线有什么特征？
2. 什么是自钝化？其机理是什么？
3. 试总结解释钝化的成相膜理论和吸附理论。
4. 引起钝化膜破坏的因素有哪些？
5. 为什么锅炉用水除氧和尿素合成塔通氧都是腐蚀控制措施？
6. 下列情况是否属于钝化？

1）中性溶液中除氧，使铁的腐蚀速度降低。

2）冷却水中加入铬酸盐，使碳钢水冷器腐蚀速度降低。

3）锌中加入汞，使锌在酸溶液中的腐蚀速度降低。

4）减小酸的浓度，使铁的析氢腐蚀速度降低。

5）尿素合成塔通氧，使不锈钢衬里的腐蚀速度降低。

6）减小海水流速，使输送海水的碳钢管道的腐蚀速度降低。

第6章

金属腐蚀的影响因素

金属的实际腐蚀过程十分复杂，影响因素较多，但这些因素不外乎来自三个方面：一是金属材料自身性质，二是金属材料所处状态，三是金属材料所处的外部环境。金属的腐蚀通常不会只受某一因素的影响，而是多因素共同作用的结果。

6.1 材料性质

在一定的腐蚀介质条件下，金属的耐蚀性主要取决于金属材料的特性（如标准电极电位、过电位的大小、钝性及腐蚀产物的性质等）和合金元素等。下面分别予以讨论。

6.1.1 金属材料的本质

1. 金属的电极电位

金属的电极电位反映了金属热力学稳定性的大小，因此，可以判断金属的腐蚀能否发生。一般情况下，电位越正的金属越稳定，耐蚀性越好。电位越负的金属越不稳定，有发生腐蚀的趋势。例如，从表2-2中可以看到，在25℃时Mg的标准电极电位为-2.370V，Pt的标准电极电位为+1.190V（标准氢电极作为参比电极），因此，在同样的腐蚀条件下，Pt比Mg具有更好的耐蚀性。

在电偶腐蚀过程中，电位较正的金属充当阴极而受到保护，电位较负的金属充当阳极而受到腐蚀。电位的相对高低决定了它在电化学过程中的地位。

除电偶腐蚀外，自然界中所发生的大多数电化学腐蚀为吸氧腐蚀或析氢腐蚀，即氧电极或氢电极充当阴极，促使金属腐蚀。其驱动力主要取决于金属电位与氧电极或氢电极的电位差。第2章已经给出氧电极和氢电极在25℃和1atm条件下平衡电极电位与pH值的关系如下：

$$E_{e(H_2/H^+)}=(-0.0591pH)V$$
$$E_{e(OH^-/O_2)}=(1.229-0.0591pH)V$$

由此式可以得出：在中性（pH=7）介质溶液中，氢和氧的平衡电极电位分别是-0.414V和+0.815V；在酸性（PH=0）介质溶液中，氢电极的平衡电位为0V，氧电极的平衡电位为+1.229V；在碱性（pH=14）溶液中，氢电极的平衡电位为-0.827V，氧电极的平衡电位为+0.402V。这些电位数据是判断金属在具体介质中的热力学稳定性的基准和依据。

电极电位比-0.827V还负的金属稳定性差，可以在任何pH值范围内发生析氢腐蚀。由于碱性溶液介质容易使金属产生钝化，所以电极电位比-0.827V小的金属，在中性介质中能自发地进行析氢或吸氧腐蚀（如碱金属、碱土金属及过渡族金属钛、锰、铁、钴等）。这些金属被称为不稳定金属或活性金属。

电极电位在-0.827～-0.414V的金属，在中性介质中，可以发生析氢腐蚀，也可以发生吸氧腐蚀（如镍、钴、钼等），这类金属被称为次稳定金属。

电极电位在-0.414～+0.815V之间的金属，在中性介质中，只可以发生吸氧腐蚀，而难以发生析氢腐蚀（如铜、汞、锑等），这类金属被称为较稳定金属。

电极电位大于+0.815V的金属，既难以发生析氢腐蚀，也难以发生吸氧腐蚀，非常稳定（如铂、金、钯等），这些金属被称为贵金属。但贵金属也不是绝对不腐蚀，在强氧化剂和含氧的酸性介质中也会发生腐蚀。

2. 过电位

从动力学角度，可以用过电位来分析金属腐蚀的速度。过电位也称超电压，是电化学亲和势的反映，过电位越大，电化学亲和势也越大。下面以析氢腐蚀为例，分析铜、铁、锌在pH值为5.5的酸性溶液中的腐蚀速度，如图6-1所示。其主要反应如下：

1）$Cu \longrightarrow Cu^{2+}+2e$。铜的标准电极电位为+0.337V，其极化曲线用$A_1$表示。

2）$Fe \longrightarrow Fe^{2+}+2e$。铁的标准电极电位为-0.441V，其极化曲线用$A_2$表示。

3）$Zn \longrightarrow Zn^{2+}+2e$。锌的标准电极电位为-0.762V，其极化曲线用$A_3$表示。

4）阴极反应：$2H^{+}+2e \longrightarrow H_2$。氢的平衡电极电位（$E_{eH}$）为-0.325 V，其极化曲线用$C$表示。铜的标准电极电位比氢的标准电极电位正，不会发生铜的析氢腐蚀（即A_1线与C线没有交点）；锌的标准电极电位（A_3）比铁的标准电极电位（A_2）负，从热力学上分析，锌离子化倾向性本应比铁大，然而由于氢在铁上的过电位［$\eta_{C_{Fe}}=E_{eH}-E_{corr(Fe)}$］比其在锌上的过电位［$\eta_{C_{Zn}}=E_{eH}-E_{corr(Zn)}$］小，即$\eta_{C_{Fe}}<\eta_{C_{Zn}}$，说明氢离子与电子在锌上的交换比在铁上的交换难（即锌极上交换电流密度i_o小），故铁比锌的腐蚀速度大［$i_{corr(Fe)}>i_{corr(Zn)}$］。这就是人们常利用锌作为钢铁材料保护层的原因。

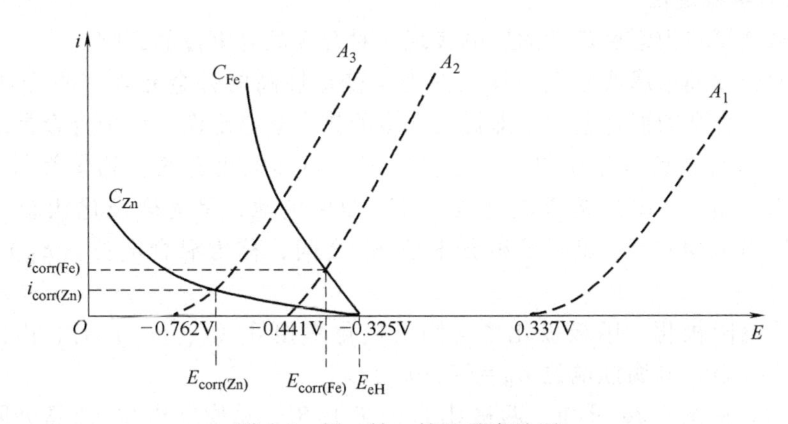

图6-1　铜、铁、锌的酸腐蚀图

所以，可以利用动力学因素——过电位来判断金属腐蚀速度的大小。

3. 金属的钝性

具有钝性的金属，往往它们的电极电位较负，从热力学上看是极不稳定的，应属于腐蚀性金属。但由于它们具有很强的钝化能力，因而成为耐腐蚀的稳定材料（如铬、铝等）。从钝性角度可将金属分为有钝性的金属和无钝性的活性金属两类。

金属的钝性大小是用钝化系数来描述的，钝化系数定义式为

$$K=\frac{\Delta E_a}{\Delta E_c}$$

其中，

$$\Delta E_a=E_{corr}-E_a$$

$$\Delta E_c=E_c-E_{corr}$$

例如，在0.5mol/L氯化钠水溶液中，按钝化系数大小的顺序可将有钝性的金属进行排列，见表6-1。钝性金属处于稳定钝化状态，具有良好的耐蚀性，这点非常重要。

表6-1 几种金属的钝化系数（0.5mol/L氯化钠水溶液）

金属	Ti	Al	Cr	Be	Mo	Mg	Ni	Co	Fe	Mn	Cu
钝化系数	2.44	0.82	0.74	0.73	0.49	0.47	0.37	0.20	0.18	0.13	0

4. 腐蚀产物的性质

如果腐蚀产物是不可溶解的致密固体膜，如铅在硫酸溶液中生成的硫酸铅膜，铁在浓硝酸溶液中生成的氧化膜，以及钼在盐酸溶液中生成的致密的钼盐膜，均具有增加电极反应阻力的作用。

6.1.2 合金元素

合金的耐蚀性不仅取决于合金的成分、组织等内因，也取决于介质的种类、浓度、温度等外因。由于合金应用环境不同，合金元素对金属腐蚀性能的影响途径也不相同，一般有提高热力学稳定性、阻滞阴极过程、阻滞阳极过程，以及使合金表面生成高耐蚀的腐蚀产物膜四种途径。

1. 提高热力学稳定性

合金元素对金属热力学稳定性的影响表现为对合金混合电位的影响。

向本来不耐蚀的纯金属或合金中加入热力学稳定性高的合金元素（贵金属）使之成为固溶体，可以提高合金的混合电位，即提高合金的热力学稳定性。无论合金是以单相固溶体状态还是以多相或共晶状态存在的二元合金，都将因其电化学的不均匀性（杂质的存在、成分的偏析、第二相的析出）构成微电池，且为短路电池，呈完全极化状态。合金电极电位必定处于阳极组分电位 E_a 和阴极组分电位 E_c 之间，称为混合电位（E_R）或腐蚀电位（E_{corr}）。

当忽略体系电阻极化，阳极极化率与阴极极化率相等（$P_c=P_a$）时，由图6-2a可知，两极化曲线交于 B 点，其腐蚀电位 $E_R=(E_c-E_a)/2$。

当 $P_a>P_c$ 时，由图6-2b可知，两极化曲线交于 B'，总腐蚀电位 E'_R 靠近阴极电位 E_c，即混合电位正移。

当 $P_a<P_c$ 时，两极化曲线交于 B''，总腐蚀电位 E''_R 向阳极电位方向移动，即混合电位变

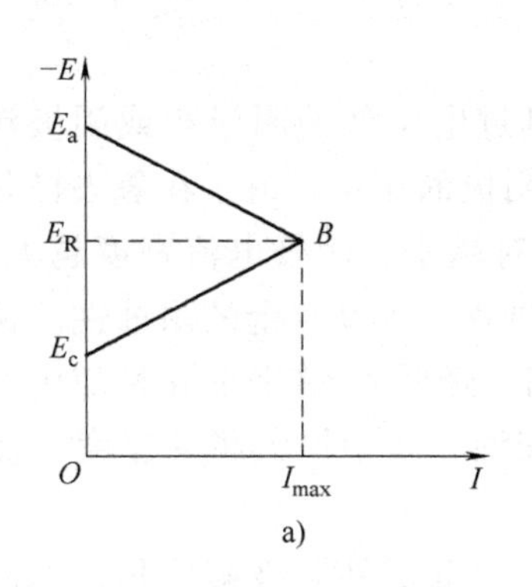

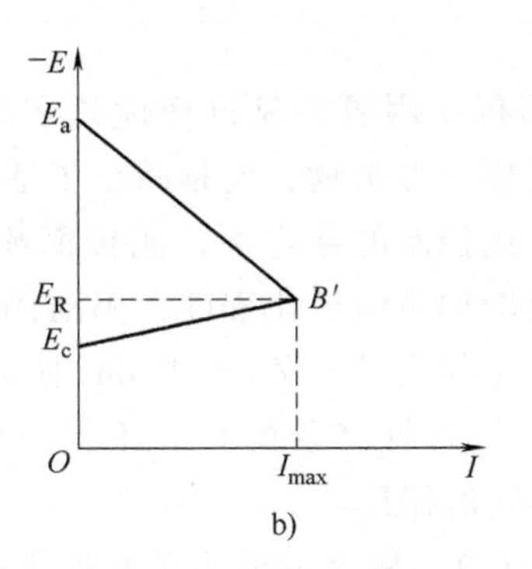

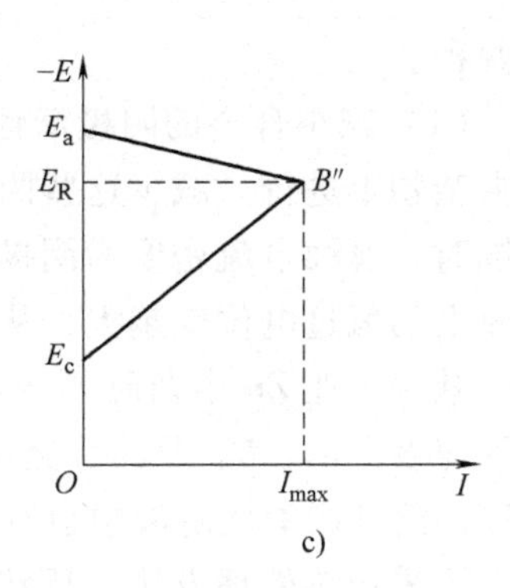

图 6-2　合金的混合电位

负，如图 6-2c 所示。

当二元合金以固溶体状态存在且阴极、阳极组分的极化率相同时，合金混合电位与合金成分（组元）变化呈线性关系。合金混合电位随着贵金属组分的增加而增加。一般加入贵金属组分的原子分数大小服从塔曼（Tamman）定律，即有许多合金随着贵金属组元含量（原子分数）的变化，合金的腐蚀速度呈台阶形有规律地变化，合金稳定性的台阶变化出现于合金成分为 $n/8$ 处。表 6-2 列举了各合金的实验结果，证实了此规律。例如，在 Cu-Au 合金中，金原子的原子分数在 1/8、2/8、4/8 时，Cu-Au 合金的腐蚀速度会发生大幅度降低。

表 6-2　各种合金中存在的 $n/8$ 规律实例

合金系	耐蚀组分的原子分数					
	$n=1$	$n=2$	$n=3$	$n=4$	$n=5$	$n=6$
Cu-Au	1/8	2/8		4/8		
Ag-Au		2/8		4/8		
Zn-Au				4/8		
Mn-Ag						6/8
Zn-Ag		2/8				
Ag-Pb				4/8		
Cu-Pb		2/8		4/8		
Ni-Pb		2/8				
Mg-Pb		2/8				
Fe-Si		2/8		4/8		
Fe-Cr	1/8	2/8		4/8		
Cu-Ni		2/8				

塔曼规律只出现在部分二元合金中。其理论解释为：固溶体开始溶解时，表面不稳定组分的原子被溶解，最后在合金表面包覆聚集一层稳定组元的原子，形成一个屏蔽层，使介质与不稳定原子的接触受阻，因而使其耐蚀性提高。

2. 阻滞阴极过程

这种途径适用于不产生钝化的活化体系，且主要由阴极控制的腐蚀过程，具体途径有以下两种。

（1）减小合金的阴极活性面积　阴极析氢过程优先在析氢过电位低的阴极相或阴极活性夹杂物上进行。减少这些阴极相或夹杂物，就是减小了活性阴极的面积。由于在氢去极化腐蚀时，腐蚀电流密度为阴极极化控制的条件下，阴极面积相对越小，阴极电流密度越大，阴极上的氢过电位就越大，从而增加阴极极化程度，阻滞阴极过程，提高合金的耐蚀性。例如，减少工业 Zn 中杂质 Fe 的含量就会减少 Zn 中 $FeZn_7$ 阴极相，降低 Zn 在非氧化性酸中的腐蚀速度。Al、Mg 及其合金中的阴极性夹杂物 Fe，不但会在酸性介质中增大腐蚀速度（图 6-3），而且在中性溶液中也有同样的作用。

可采用热处理方法（固溶处理），使合金成为单相固溶体，消除活性阴极第二相，提高合金的耐蚀性。相反，退火或时效处理将降低其耐蚀性。

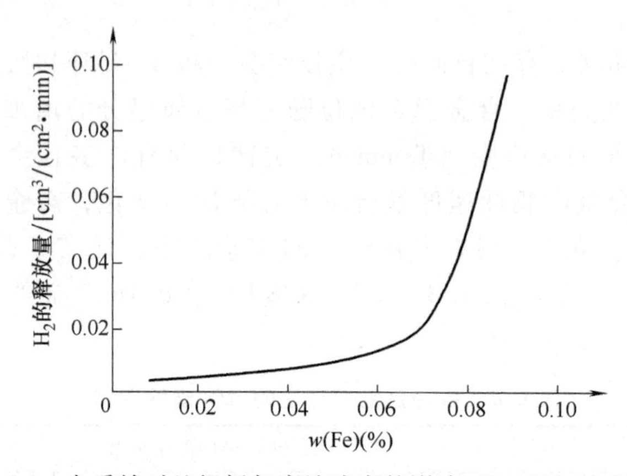

图 6-3　杂质铁对纯铝析氢腐蚀速度的影响（2mol/L 的 HCl）

（2）加入析氢过电位高的合金元素　合金中加入析氢过电位高的合金元素，可以提高合金的阴极析氢过电位，降低合金在非氧化性或氧化性不强的酸中的活性溶解速度。例如，在含有铁或铜等杂质的工业纯锌中加入析氢过电位高的 Cd、Hg 时可显著降低工业纯锌在酸中的溶解速度；在含有较多杂质铁的工业镁中，添加质量分数为 0.5%～1%的 Mn 可大大降低其在氯化物水溶液中的腐蚀速度。碳钢和铸铁中加入析氢过电位高的 Sb、As、Bi 或 Sn，可显著降低其在非氧化性酸中的腐蚀速度。

3. 阻滞阳极过程

这种途径是合金提高金属耐蚀性措施中最有效、应用最广的方法之一。其对金属耐蚀性的提升一般可由以下三个途径来实现。

（1）减小合金的阳极面积　合金的第二相相对基体是阳极相，在腐蚀过程中减少这些微阳极相的数量，可增加阳极极化电流密度，提高阳极极化程度，阻滞阳极过程的进行，提高合金耐蚀性。

例如，Al-Mg 合金中的第二相 Al_2Mg_3 是阳极相。腐蚀过程中 Al_2Mg_3 相逐渐被腐蚀掉，使合金表面微阳极总面积减小，腐蚀速度降低。所以 Al-Mg 合金耐海水腐蚀性能就比第二相为阴极的硬铝（Al-Cu）合金好。但是，实际合金中，第二相是阳极相的情况较少见，绝大多数合金中的第二相都是阴极相，所以靠减小阳极面积来降低腐蚀速度的方法受到一定限制。

利用晶界细化或钝化来减小合金表面的阳极面积也是可行的。例如，通过提高金属和合金的纯度或进行适当的热处理使晶界变薄变纯净，可提高其耐蚀性。但对于具有晶间腐蚀倾向的合金仅减小晶界阳极区面积，而不消除阳极区的做法，反而不利，如大晶粒的高铬不锈钢的晶间腐蚀会更严重。

（2）加入易钝化的合金元素　研究表明，在合金中加入易钝化的合金元素，提高合金的钝化能力，是增强合金耐蚀性最重要的方法。加入的易钝化合金元素的效果与合金使用条件，以及合金元素加入量有关。一般要与一定氧化能力的介质条件相配合，才能达到耐蚀效果。

工业上用作合金基体的铁、铝、镍等元素，都是在某种条件下能够钝化的元素。如向基体金属中加入易钝化的元素，可提高合金整体的钝化性能。例如，Fe 中加入 Cr 制成不锈钢，Cr 量按 $n/8$ 定律加入，才能收到良好效果。Ni 中加入一定 Cr 制成因科乃尔（Inconel）合金，Ti 中加入 Mo 的 Ti-Mo 合金，其耐蚀性都有极大的提高。

（3）加入阴极性合金元素促进阳极钝化　这种途径常发生于可能钝化的金属体系（合金与腐蚀环境）。金属或合金中加入阴极性合金元素，可促使合金进入钝化状态，从而形成耐蚀合金。加入阴极性合金元素促进阳极钝化是有条件的。首先，腐蚀体系可钝化，否则，加入阴极性元素只会加速腐蚀。其次，加入阴极性元素的种类、数量要同基体合金、环境相适应，加入的阴极性元素要适量，否则会加速腐蚀。

因此，为了促使体系由活化态转变为钝态，必须提高阴极效率，使合金的腐蚀电位移到稳定钝化区（即图 5-4 中的 E_p 和 E_{op} 之间），体系的阴极电流密度 i_c 必须超过致钝电流密度 i_b。

4. 使合金表面生成高耐蚀的腐蚀产物膜

合金中的一些合金元素能够促使合金表面生成致密、高耐蚀的保护膜，从而提高合金的耐蚀性。如在钢中加入 Cu、P 等合金元素，能使低合金钢表面在一定条件下生成一种耐大气腐蚀的非晶态保护膜。

6.2　材料状态

6.2.1　热处理工艺

通过热处理可以改善合金中的应力状态、晶粒大小，控制第二相的形状、大小及分布，使相中组元发生再分配等，所有这些都能影响合金的电化学行为。

18-8 型不锈钢经固溶处理后，在 400～850℃之间加热（敏化处理）或退火处理时，由于 $Cr_{23}C_6$ 或 Cr_7C_3 碳化物相沿晶界析出，致使晶界附近形成贫 Cr 区，并产生应力场。碳化物为阴极相，贫 Cr 区为阳极相，呈现沿晶界的溶解腐蚀，使晶界加宽加深，称为晶界腐蚀。

合金焊接时，焊缝附近区域各部位加热和冷却的条件不同，导致电位差异，常引起焊缝腐蚀。经过退火处理后，电位差消除，可提高焊缝的耐蚀性。

合金晶粒尺寸及其均匀程度也会影响其耐蚀性。均匀的细晶粒可将杂质弥散分布，点缺陷和线缺陷也分散分布，从而防止不均匀腐蚀。理想的合金状态是无晶界的非晶态，其电化学均匀性是一致的，这是理想的耐蚀材料。

6.2.2 变形与应力

机械加工、冷加工、铸造或焊接后的热应力、热处理过程中形成的热应力和组织应力等，将在金属内部产生晶格扭曲和位错等缺陷，引起电化学性质的变化。塑性变形的应变会显著引起阳极溶解加速，同时也会破坏保护膜的保护作用。图 6-4 所示为经冷加工后的低碳钢和纯铁的腐蚀速度随热处理温度的变化，热处理可以大大减小金属的内应力。结合图 6-4 及现有知识，有以下几个结论：

1）冷加工引起的金属的内应力经过热处理后消除。因此，低碳钢在较高的温度下进行处理后的腐蚀速度显著降低。

2）冷加工中形成了内应力，导致冷加工后低碳钢的腐蚀电位比纯铁的电位更负，其腐蚀速度远比纯铁快。

3）热处理能改善冷加工后低碳钢的耐蚀性，而对纯铁的耐蚀性却几乎没有影响。低碳钢在冷加工中会存在碳元素分布的不均匀性，从而导致内部有较大的内应力，热处理可以减小这种内应力，从而提升腐蚀电位，提高其耐蚀性。

4）冷加工塑性变形会造成晶格的缺陷。晶格缺陷的存在以及缺陷处杂质的富集，自然会造成合金微观尺度上的电化学不均匀性，从而加剧合金的腐蚀。

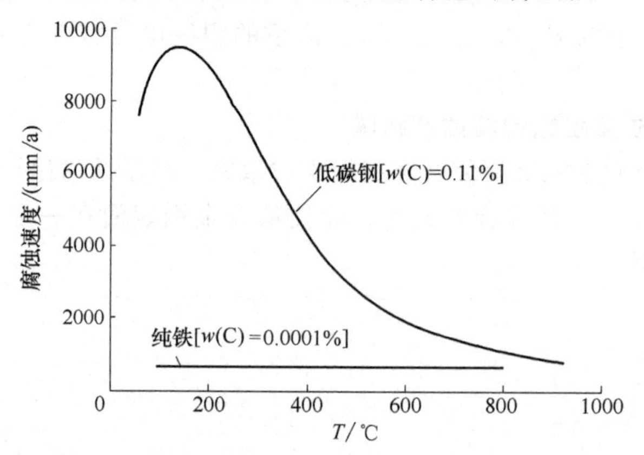

图 6-4 冷加工后的低碳钢和纯铁在 0.1mol/L NH_4Cl 水溶液中的腐蚀速度与热处理温度（保温 2h）的关系

6.2.3 材料的表面状态

合金表面的表面粗糙度直接关系到腐蚀速度，一般粗加工比精加工的表面易腐蚀，其原因如下：

1）粗加工表面面积比精加工表面面积大，与腐蚀介质的接触面积大，因此腐蚀速度更快。

2）由于粗加工表面较粗糙，坑洼部分氧进入较困难，且面积大，极化性能小；而凸起部分接触氧的机会多，因而可形成浓差电池，从而可能加速腐蚀。

3）在粗加工表面上形成保护膜时易产生内应力的不一致，膜也不易致密，因此粗加工的表面容易腐蚀。

6.3　外部环境

1. 介质的 pH 值

在腐蚀反应中，酸度的重要性反映在 E-pH 图中。介质的 pH 值发生变化，对腐蚀速度的影响是多方面的。如对于阴极过程为氢离子的还原过程的腐蚀体系，pH 值降低（即氢离子浓度增加）时，一般来说有利于还原过程的进行，从而加速了金属的腐蚀。另外，pH 值的变化又会影响到金属表面膜的溶解度和保护膜的生成，因而也会影响金属的腐蚀速度。

介质的 pH 值对金属腐蚀速度的影响大致分三类，如图 6-5 所示。

第一类为电极电位较正，化学稳定性高的金属（如 Au、Pt 等），不受 pH 值的影响，其腐蚀速度保持恒定，如图 6-5a 所示。

第二类为两性金属（如 Al、Pb、Zn 等），因为它们表面上的氧化物或腐蚀产物在酸性和碱性溶液中都可溶解，所以不能生成保护膜，腐蚀速度也较大。只有在中性溶液（pH = 7.0）中，才具有较小的腐蚀速度，如图 6-5b 所示。

第三类为具有钝性的金属（如 Fe、Ni、Cd、Mg 等），这些金属表面上生成了碱性保护膜，溶于酸而不溶于碱，如图 6-5c 所示。

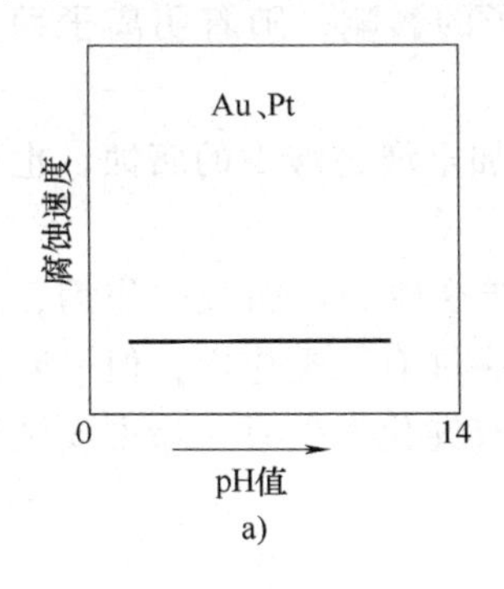

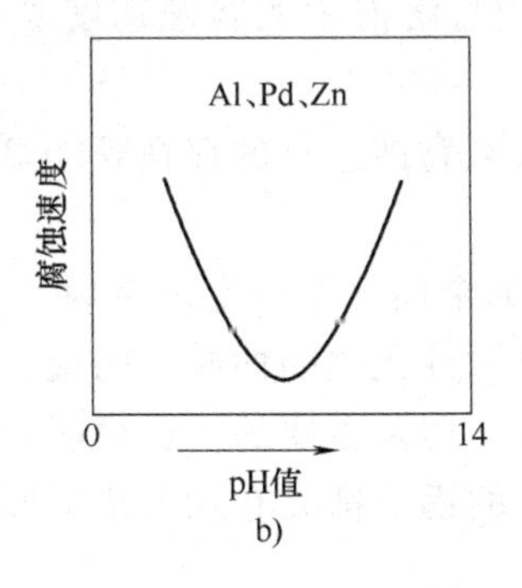

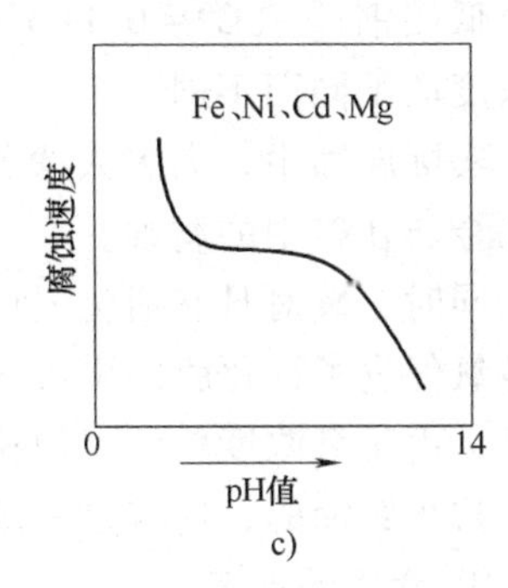

图 6-5　腐蚀速度与介质 pH 值的关系图

2. 介质的成分与浓度

大多数金属在非氧化性酸（如盐酸）中，随着酸浓度的增加，腐蚀速度也增大。而在氧化性酸（如硝酸、浓硫酸）中，则随着溶液浓度的增加，腐蚀速度有一个最大值。当浓度增加到一定数值以后，如果再增加溶液的浓度，在金属表面就会形成保护膜，从而使腐蚀速度下降。

金属铁在稀的碱溶液中，腐蚀产物为金属的氢氧化物，它们是不易溶解的，对金属有保护作用，使腐蚀速度减小。如果碱溶液的浓度增加，则氢氧化物溶解，金属的腐蚀速度增大。

对于中性的盐溶液（如氯化钠），随着浓度的增加，腐蚀速度也存在一个极大值。在中性盐溶液中，大多数金属腐蚀的阴极过程是氧分子的还原过程，因此，腐蚀速度与溶解的氧有关。开始时，由于盐浓度增加，溶液导电性增加，加速了电极反应，腐蚀速度也增大；但当盐浓度增大到一定数值后，随着盐浓度增加，氧在其中的溶解量减少，又使腐蚀速度减小，如图 6-6 所示。

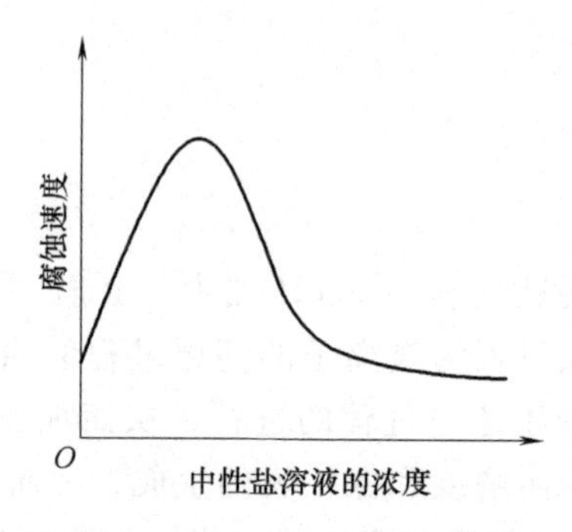

图 6-6　盐浓度对腐蚀速度的影响

非氧化性酸性盐类，如氯化镁水解时能生成相应的无机酸，引起金属的强烈腐蚀。中性及碱性盐类的腐蚀性要比酸性盐小得多，这类盐（如重铬酸钾）对金属的腐蚀主要是靠氧的去极化腐蚀，具有钝化作用，常被称为缓蚀剂。

金属的腐蚀速度往往与介质中的阴离子种类有关，在增加金属的腐蚀溶解速度方面，阴离子的作用顺序如下：$NO_3^- < CH_3COO^- < Cl^- < SO_4^{2-} < ClO_4^-$。

铁在卤化物中的腐蚀速度依次为：$I^- < Br^- < Cl^- < F^-$。

低碳钢［$w(C)=0.11\%$］在钠盐溶液中的腐蚀速度受阴离子的影响，随着阴离子种类和浓度的不同而不同。

实际腐蚀中，大多数情况是吸氧腐蚀。氧的存在既能显著增加金属在酸中的腐蚀，也能增加金属在碱中的腐蚀。

同时，氧对具有活化-钝化性的金属，在一定浓度时，有阻滞这些金属腐蚀的作用，原因是氧促进了钝化膜的生成和改善了钝化膜的性质。因此，氧对腐蚀有双重作用，但一般情况下，由于氧浓度较低，加速腐蚀作用是主要的。这说明，在没有钝化发生时，除去氧是有利于防止腐蚀的，这就是一般工厂的锅炉都装有除氧槽的原因。

3. 介质的温度

温度升高，通常腐蚀速度加快，因为温度升高增大了电化学反应速度，也增加了溶液的对流、扩散，减小了电解质溶液的电阻，从而加速了阳极过程和阴极过程，腐蚀也加快，温度对铁在盐酸中腐蚀速度的影响如图 6-7 所示。

对于有氧去极化腐蚀参加的腐蚀过程，腐蚀速度与温度的关系要复杂一些。因为随着温度的升高，氧分子的扩散速度也增大，但溶解度却下降了。这样对应的腐蚀速度也出现极大值。图 6-8 所示为锌在水中的腐蚀速度与温度的关系。开始时，温度升高，促进了电极过程，腐蚀速度增大，70℃左右达到最大值。进一步升高温度，因氧浓度下降，腐蚀速度也下降了。

4. 介质的压力

对于吸氧腐蚀，一般情况下，介质的压力增加，腐蚀速度增大。这是由于压力增加，使参加反应的气体的溶解度增大，从而加速了阴极过程的缘故。如在高压锅炉中，水中只要存在少量的氧，就可引起剧烈的腐蚀。

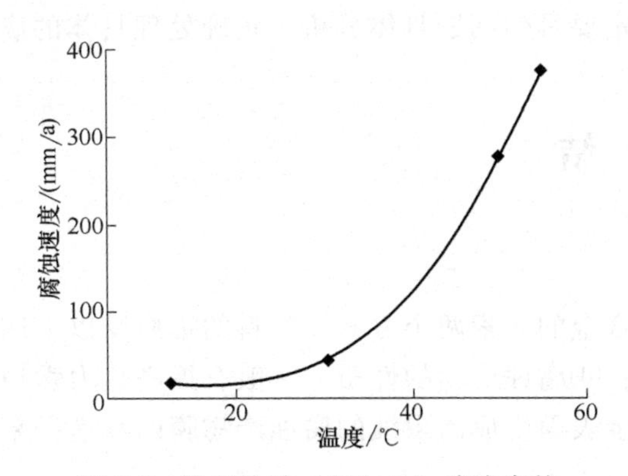

图 6-7　铁在盐酸（180g/L）溶液中的腐蚀速度与温度的关系

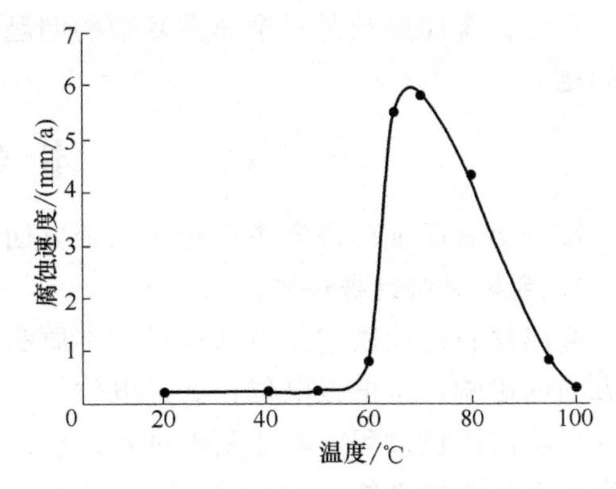

图 6-8　锌在水中的腐蚀速度与温度的关系

5. 介质的流速

腐蚀速度与介质的运动速度有关，这种关系很复杂，主要取决于金属与介质的特性。图 6-9 给出了几种典型的腐蚀速度与介质流速的关系。对于受活化极化控制的腐蚀过程，流速对腐蚀速度没有影响。如图 6-9 中曲线 B，铁在稀盐酸中、18-8 型不锈钢在硫酸中就属于这种情况。

当阴极过程受扩散控制时，流速使腐蚀速度增大，见图 6-9 中曲线 A 中的 1 区，含有少量氧化剂（如酸或水中含有溶解氧）、铁在水中加氧、铜在水中加氧就属于这种情况。如果过程受扩散控制而金属又容易钝化，那么，可以观察到相应于曲线 A 的 1 区和 2 区，这时，流速增大时，金属将由活性转变为钝性。

有些金属，在一定的介质中，由于生成了保护膜，使其具有良好的耐蚀性，但当介质流速非常高时，保护膜遭到破坏，结果引起腐蚀的加速，见图 6-9 中曲线 C。如铅在稀盐酸中和钢在浓硫酸中的腐蚀就属于此类。

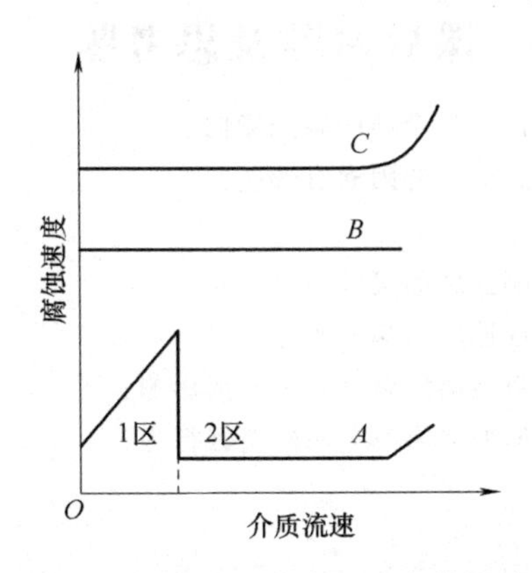

图 6-9　介质流速对腐蚀速度的影响

6. 其他因素

除上述因素外，还有许多其他因素，如接触电偶效应、微量氯离子、微量氧及微量高价金属离子等，这些往往易被忽视的因素会造成严重的后果。另外，生产实际过程中，环境是不断变化的，因此，在考虑腐蚀的影响因素时，应特别注意和掌握各种变化。

总之，金属腐蚀是一个非常复杂的问题，一定要具体问题具体分析，正确处理具体的腐蚀问题。

本章小结

影响金属腐蚀的因素主要包括三个方面。

1. 金属材料自身性质

金属材料的性质主要包括材料的本质和形成合金的元素两个方面。材料的本质受以下四个方面的影响：①电极电位；②过电位；③钝性；④腐蚀产物的性质。一般有提高热力学稳定性、阻滞阴极过程、阻滞阳极过程，以及使合金表面生成高耐蚀的腐蚀产物膜四种途径来提高合金的耐蚀性能。

2. 金属材料所处状态

材料的状态包括热处理工艺、变形与应力、材料的表面状态等。

3. 环境

主要的影响因素包括：介质的 pH 值、介质成分与浓度、介质的温度、介质的压力、介质的流速。

此外，还有许多其他因素，如接触电偶效应、微量氯离子、微量氧及微量高价金属离子等。

拓展视频

见证有色金属元素攻坚战的稀土

课后习题及思考题

1. 举例说明金属的电极电位如何影响金属的腐蚀倾向。
2. 什么是金属的过电位？影响过电位的因素有哪些？
3. 如何表征金属的钝性？
4. 合金元素和腐蚀产物如何影响金属的腐蚀行为？
5. 简述合金元素对钢铁材料腐蚀速度影响的规律。
6. 材料的应力状态与表面状态对金属的腐蚀行为有何影响？
7. 腐蚀介质的温度、压力及流速如何影响金属的腐蚀行为？

第7章

全面腐蚀与局部腐蚀

金属材料的腐蚀，按照形态一般可分为全面腐蚀（均匀腐蚀）和局部腐蚀两大类。腐蚀分布于整个材料表面的，称为全面腐蚀或均匀腐蚀。若材料表面上各部分的腐蚀程度存在明显差异，称为局部腐蚀。发生局部腐蚀的材料表面，其腐蚀区域的腐蚀速度和腐蚀深度远远大于整个表面的平均值。据统计，腐蚀事故中 80%以上是由局部腐蚀造成的。由于局部腐蚀的腐蚀速度很难直接检测，因此局部腐蚀的危害性非常大。

7.1 全面腐蚀和局部腐蚀的基本概念

全面腐蚀，又称为均匀腐蚀，是常见的腐蚀形态之一。在全部暴露或者大部分暴露的金属材料表面上进行的腐蚀，材料均匀地逐渐变薄并在表面生成腐蚀产物的现象，称为全面腐蚀。这种腐蚀程度均匀，不易造成穿孔，腐蚀产物可以在整个材料表面形成，在一定情况下具有保护作用，但也可能形成严重的污垢。如钢、铁材料的生锈现象、铝的自然氧化、镍的发雾现象、铜的发绿现象等，均属于全面腐蚀。

引起全面腐蚀的原因通常包括两个方面：化学腐蚀和电化学腐蚀。金属材料在高温下发生的氧化现象就是化学腐蚀导致的。而金属在电解质溶液中的自溶解过程就是电化学腐蚀导致的。从腐蚀电池角度分析，全面腐蚀的电化学特点是腐蚀原电池的阴、阳两极面积非常小，甚至用微观方法也无法辨认，而且微阳极和微阴极的位置随机变化。整个金属表面在电解液中处于活化状态，只是各点随时间或区域有能量起伏，能量高的呈阳极，能量低的呈阴极，从而使整个材料表面遭受腐蚀。全面腐蚀通常可采用均匀腐蚀速度（重量法或电流法）表示腐蚀的速度（见第 1 章绪论的相关部分）。

局部腐蚀的阳极区和阴极区一般是分开的，其位置可用肉眼或微观检查方法加以区分和辨别。阳极区的面积一般较小，阴极区的面积相对较大。因此材料表面的大部分区域处于钝性状态，腐蚀速度很小；但在局部受腐蚀的区域，腐蚀速度很高，两者的腐蚀速度有时可相差几十万倍。局部腐蚀可分为电偶腐蚀、小孔腐蚀、缝隙腐蚀、晶间腐蚀、应力腐蚀、磨损腐蚀等。就腐蚀程度而言，金属发生局部腐蚀的腐蚀量往往比全面腐蚀小很多，但局部腐蚀对材料强度和零部件整体结构完整性的破坏程度却比全面腐蚀大得多。因此，全面腐蚀可以预防，危害性较小，一般不会造成突发事故。但局部腐蚀预防困难，腐蚀破坏事故通常是无预兆下突然发生的，对材料的结构破坏很大。

表 7-1 所列为全面腐蚀与局部腐蚀的比较。

表 7-1　全面腐蚀与局部腐蚀的比较

项目	全面腐蚀	局部腐蚀
腐蚀形貌	分布于整个表面	主要集中在一定区域,其他区域不腐蚀或者腐蚀很微小
腐蚀电池	无法辨别,表面阴、阳极随机变化	阴、阳极可分辨
电极面积	阴极、阳极面积相当	阴极面积一般远大于阳极面积
电位	阴极电位=阳极电位=腐蚀电位	阴极电位>阳极电位
腐蚀产物	一定条件下具有保护作用	无保护作用

7.2　局部腐蚀的电化学条件

最常见、危害最大的金属腐蚀形式是局部腐蚀。发生局部腐蚀的总体条件是形成腐蚀电池。引起局部腐蚀的腐蚀电池是多种多样的，可由异种金属相接触形成腐蚀电池，也可由同种金属不同浓度的腐蚀介质形成腐蚀电池，还可由表面膜不完整形成活化-钝化电池等。具体条件包括：

1）存在腐蚀介质，形成电解液。腐蚀介质是局部发生电化学腐蚀的先决条件。存在腐蚀介质，才会使得局部的电化学反应发生，从而引起局部腐蚀。

2）存在电位差。在电解液中，金属表面有成分或组织相的不同或应力分布不均匀，呈现出电位差。

局部腐蚀不同于全面腐蚀（均匀腐蚀），全面腐蚀是阳极和阴极共轭反应在金属表面上相同的位置发生，阴极和阳极没有空间和时间上的区别。因此，金属在全面腐蚀时整个表面呈现一个电位，即自然腐蚀电位，在此电位下金属溶解在整个电极表面上均匀进行。但实际上，金属表面存在电化学不均匀性，腐蚀介质也因浓度等差别产生局部不均一性。因此，大部分情况下腐蚀金属在介质中构成局部腐蚀电池，其阴、阳极可宏观地辨认出来，甚至在微观上都可以区分开。此时引起金属腐蚀的阳极反应和共轭阴极反应出现了分离，可以用腐蚀极化图来原则区分局部腐蚀和全面腐蚀。如图 7-1a 所示，阴、阳极均有各自的电位，且电

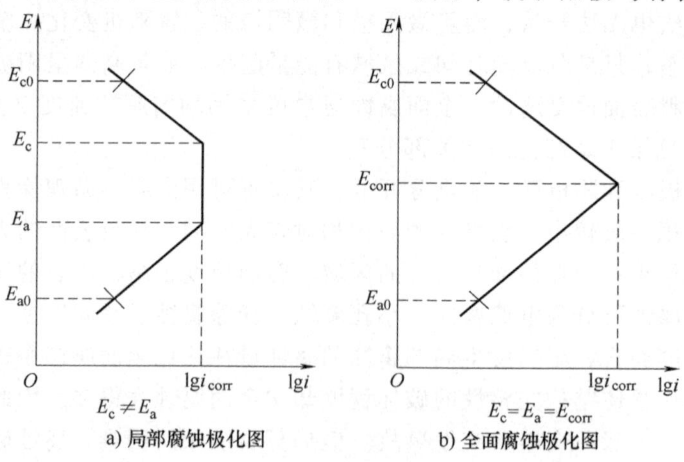

a) 局部腐蚀极化图　　b) 全面腐蚀极化图

图 7-1　腐蚀极化图

位值明显不同，属于局部腐蚀。而图 7-1b 中，阴、阳极极化曲线相交于一点，从而得到相应的腐蚀电位，属于全面腐蚀。由于阳极反应往往在极小的局部范围内发生，而总的阳极电流必须等于总的阴极电流。

7.3　电偶腐蚀

7.3.1　电偶腐蚀的概念和特点

电偶腐蚀，也称接触腐蚀或异种材料腐蚀。在电解质溶液中，具有不同电位的两种或两种以上材料相互接触时，由于腐蚀电位不同，异种材料之间电偶电流发生流动，各自的腐蚀速度将发生很大的变化。通常，电位较负的材料的腐蚀溶解速度增大，造成接触处的局部腐蚀，而电位较正的材料的腐蚀溶解速度减小，受到保护，这种现象就称为电偶腐蚀。电偶腐蚀实质上是由两种或两种以上不同电极构成的宏观原电池腐蚀。

电偶腐蚀是一种普遍的局部腐蚀类型，存在于轮船、汽车、飞机等交通工具中，也存在于电子和微电子装备中，还存在于众多的化工设备等工业装置和工程结构中。例如：汽车轻量化发展过程中使用的铝合金、镁合金和结构钢焊接后，形成异种金属的电偶腐蚀；海洋环境中碳钢与钛合金及黄铜在海水中的电偶腐蚀现象等。

电偶腐蚀不仅出现于金属与金属材料之间，也可能出现在金属与非金属材料之间。图 7-2 所示为采用搅拌摩擦焊的方法实现 AZ31 镁合金和碳纤维增强塑料（CFRP）的铆钉结构连接。接头放入海洋环境中暴露 6 个月，发现镁合金/CFRP 接头大部分的镁合金发生强烈的均匀腐蚀，但缝隙深处未发现明显的腐蚀现象。长时间暴露在海洋环境下，镁合金表面生成腐蚀产物，检测后证实腐蚀产物为碳酸镁水合物，且腐蚀产物较为均匀，与镁直接接触的铆钉部分形成了阴极保护。

图 7-2　镁合金/CFRP 接头的电偶腐蚀

7.3.2　电偶腐蚀的机理

下面以两种金属（M1、M2）为例，简要地讨论电偶腐蚀的机理。

假设有两块表面积相等的金属 M1、M2，把它们分别放入酸性介质中，这两块金属均发生析氢腐蚀，而金属失去两个电子变为二价金属离子，此时两种金属都有相应的共轭反应。

金属 M1 表面发生的共轭反应为

$$M1 \rightleftharpoons M1^{2+} + 2e$$
$$2H^{+} + 2e \rightleftharpoons H_2$$

金属 M2 表面发生的共轭反应为

$$M2 \rightleftharpoons M2^{2+} + 2e$$
$$2H^{+} + 2e \rightleftharpoons H_2$$

金属 M1 的腐蚀电位是 E_{corr1}，M2 的腐蚀电位是 E_{corr2}，设 $E_{corr1}<E_{corr2}$，其对应的电流分别为 i_{c1} 和 i_{c2}，反应处于活化极化控制，即服从塔菲尔关系。把 M1 与 M2 在电解质溶液中直接接触，便构成了宏观电偶腐蚀电池，M1 电位较低为电池的阳极，M2 为电池的阴极。假定这个宏观电池两极间溶液的电阻引发的电位降（IR）可以忽略，由于有电偶电流从 M2 流向 M1，两个电极便向相反方向极化。M1 发生阳极极化，M2 发生阴极极化，当极化达到稳态时，两条极化曲线的交点所对应的电位是电偶对的混合电位，对应的电流是电偶对的电流。M1 的腐蚀速度从 i_{c1} 增加到 i'_{c1}，而 M2 的腐蚀速度从 i_{c2} 降低至 i'_{c2}。也就是说，组成电偶腐蚀的两金属由于电偶效应的结果，使电位较正的阴极性金属因阴极极化使其腐蚀速度减小而被保护；而电位较负的阳极性金属因阳极极化增大了腐蚀速度，这就是电偶腐蚀机理，如图 7-3 所示。根据这一机理，可利用电位较负的金属来保护电位较正的金属，这种方法称为牺牲阳极的阴极保护法。

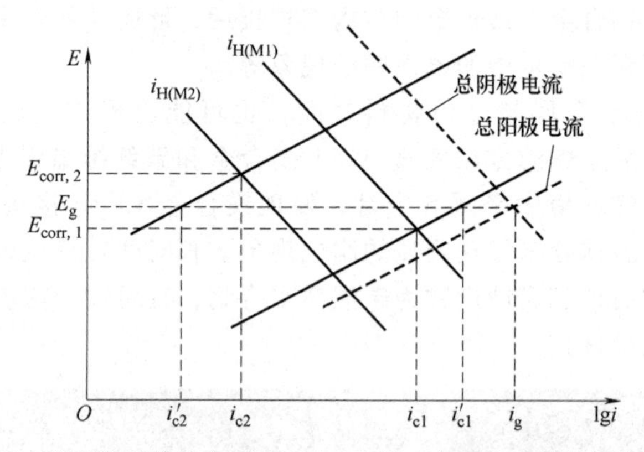

图 7-3　表面积相等的金属 M1 和 M2 组成电偶电池后的极化曲线

异种金属在同一介质中相接触，哪种金属为阳极，哪种金属为阴极，阳极金属的电偶腐蚀倾向有多大，这些原则上都可以用热力学理论进行判断。具体而言，可查用金属（或合金）的电偶序来做出热力学上的初步判断。所谓电偶序就是根据金属在一定条件下测得的稳态电位大小进行排列的表。

表 7-2　某些材料在土壤中的电偶序

金属	电位(近似值)/V	金属	电位(近似值)/V
镁	-1.3	铸铁	-0.2
锌	-0.8	低碳钢	+0.1
铝	-0.5	高硅铸铁	+0.1
干净的低碳钢	-0.5~-0.2	铜、黄铜、青铜	+0.1
铅	-0.2	生锈的低碳钢	+0.1~+0.2

表 7-3 一些材料在海水中的电偶序（常温）

材料	
铂	
金	
石墨	
钛	
银	
哈氏合金（Hastelloy C，62Ni17Cr15Mo）	
18-8 型不锈钢（钝态）	
12Cr13 不锈钢（钝态）	
因科乃尔镍合金（Inconel 80Ni13Cr7Fe）（钝态） 镍（钝态）	↑ 钝性金属
蒙乃尔合金（Monel，70Ni30Cu）（钝态） 铜镍合金（60~90Cu，40~10Ni） 青铜、铜、黄铜	
哈氏合金（Hastelloy B，60Ni30Mo6Fe1Mn）	
因科镍合金（Inconel）（活化态） 镍（活化态）	活性金属 ↓
锡	
铅	
18-8 型不锈钢（活化态）	
高镍铸铁	
铁铬合金（活化态）	
铸铁、低碳钢	
杜拉铝（硬铝、飞机合金等）	
镉	
铝	
锌	
镁和镁合金	

注：由于海洋环境条件变化大，试验方法又不同，所以很难提供具体的腐蚀电位数值，而是比较它们的腐蚀倾向，表中电位由高到低。

一般而言，金属材料在电偶序中的位置与它们的主要组成元素在电动序中的位置是一致的，但是自钝化金属例外。自钝化金属通常有两个电位，一个是活化态电位，另一个是钝化态电位，两者的数值可相差 1V 以上。在电偶序中靠近的金属连成电偶或相互接触不会引起严重的电偶腐蚀。两种金属材料在电偶序中距离越远，产生的电偶效应越大。表 7-2 和表 7-3 所列的电偶序数据也可作为其他环境中研究电偶效应的参考依据，但为了更好地考虑一些实际破坏事故，最好是实际测量某些金属在该特定环境介质中的稳定电位（即腐蚀电位）和进行必要的电偶试验，以获得可靠的结果。

7.3.3 电偶腐蚀的影响因素

1. 电化学因素

（1）电位差　两种金属在电偶序中的起始电位差越大，电偶腐蚀倾向就越大。电偶序表中的上下关系可以定性地比较出金属电偶腐蚀的倾向。表中上下位置相隔较远的两种金属，在海水中组成偶对时，阳极受到的腐蚀较严重，因为从热力学上讲，二者的开路电位差较大，腐蚀推动力较大；反之，上下位置相隔较近的两种金属偶合时，阳极受到的腐蚀较轻。

必须指出的是，凭借腐蚀电偶序仅能估计体系发生电偶腐蚀趋势的大小，而电偶腐蚀的速度，不仅取决于电偶在所在介质中电位差的大小，还取决于这一腐蚀电偶回路的电阻值、组成电偶的两个电极极化所达到的程度，以及阴、阳极材料的面积比、腐蚀产物的性质等因素。只有把热力学因素和动力学因素结合起来研究才能得出全面的结论。

（2）电极面积　电偶中阴、阳极面积的相对大小对电偶腐蚀速度的影响很大。一般来说，电偶电池阳极面积减小、阴极面积增大，将导致阳极金属腐蚀加剧。在氢去极化腐蚀时，腐蚀电流密度为阴极极化控制的条件下，阴极面积相对越大，阴极电流密度越小，阴极上的氢过电位就越小，氢去极化速度也越大，结果是阳极的溶解速度增大。在氧去极化腐蚀时，其腐蚀电流密度为氧扩散控制的条件下，若阴极面积相对增大，则溶解氧可更大量地抵达阴极表面进行还原反应，因而扩散电流增大，导致阳极加速溶解。在海水中，用钢制铆钉固定铜板和用铜铆钉连接钢板效果截然不同。前者是“大阴极-小阳极”，铆钉腐蚀严重，这种结构相当危险；而后者是“大阳极-小阴极”，这种结构相对安全。显然，在实际工作中，要避免出现“小阳极-大阴极”的不利组合，尽量减小阴极面积，如，当进行涂料涂装时应涂在阴极性材料上。

（3）极化作用　极化是影响腐蚀速度的重要因素，无论是阳极极化还是阴极极化，当极化率减小时，电偶腐蚀都会加强。

1）阴极极化率的影响：在海水中，对于不锈钢/铝组成的电偶对及铜/铝组成的电偶对，二者电位差相近且阴极反应都是氧的还原。不锈钢/铝组成的电偶对的腐蚀倾向远小于铜/铝组成的电偶对，这是因为阴极反应是能在膜的薄弱处及电子可以穿过的区域进行的，不锈钢有良好的钝化膜，导致阴极极化率高，阴极反应难以进行。而铜/铝电偶对的铜表面氧化物被阴极还原，导致阴极反应容易进行、极化率小，电偶腐蚀严重。

2）阳极极化率的影响：在海水中，低合金钢与碳钢的自腐蚀电流相差不大，而低合金钢的自腐蚀电位比碳钢高，阴极反应都是受氧的扩散控制。两种金属偶接后，低合金钢的阳极极化率比低碳钢高，所以碳钢为阳极，腐蚀电流增大。

2. 介质条件

金属的稳定性因介质条件（成分、浓度、pH 值、温度等）的不同而异，因此当介质条件发生变化时，金属的电偶腐蚀行为有时会因出现电位逆转而发生变化。

（1）溶液电阻的影响　通常阳极金属腐蚀电流分布是不均匀的，距离结合部位越远，电流传导的电阻越大，腐蚀电流就越小，因此溶液电阻会影响电偶腐蚀作用的有效距离，电阻越大，有效距离越小。在蒸馏水中，腐蚀电流的有效距离只有几厘米，使阳极金属在结合部位附近形成较深的沟槽；而在海水中，电流的有效距离可达到几十厘米，甚至更远，因而阳极电流的分布较宽，腐蚀也比较均匀。

（2）介质电导率的影响　介质电导率的高低直接影响阳极区腐蚀电流分布的不均匀性。这是因为在电通路内，电流总是趋向于沿电阻最小的路径流动。事实上，观察到的电偶腐蚀破坏也表明，阳极金属破坏最严重的区域是在金属接触的区域附近。距离接触区域越远，腐蚀电流就越小，腐蚀越轻微。如在电导率较高的海水介质中，两极间溶液的电阻降低，电偶电流可以分布在距离接触区域较远的阳极表面，使得阳极受到较为均匀的腐蚀。而在溶液电导率较低的软水或普通大气环境中，两极间引起介质间电阻增大，腐蚀电流能达到的有效距离很小，使得腐蚀区域集中在接触区域附近的阳极表面，形成很深的沟槽。

7.3.4　电偶腐蚀的防护措施

1）金属之间的电位差是电偶腐蚀的推动力，这是产生电偶腐蚀的必要条件。因此在设计时尽可能使接触金属间的电位差降到最低。在不同的金属部件之间采用绝缘件也可有效地防止电偶腐蚀。

2）充分使用金属涂层和非金属涂层可以防止或减轻电偶腐蚀。但要注意的是，涂层主要涂覆在阴极性材料表面，以减小阴极面积，从而避免“大阴极-小阳极”的结构。

3）可采用外加电源对整个设备进行阴极保护，也可安装一块电位比两种金属都更负的第三种金属，使它们都变为阴极。

4）减小较正电极电位金属的面积（减小阴极面积），尽量使电极电位较负的金属表面积增大（增大阳极面积）。选择防护方法时应考虑面积因素的影响及腐蚀产物的影响。

7.4　小孔腐蚀

7.4.1　小孔腐蚀的概念和特点

小孔腐蚀又称为点蚀。金属材料在某些环境介质中经过一定时间后，大部分表面不发生腐蚀或腐蚀很轻微，但在表面上个别地方或微小区域内出现腐蚀孔或麻点，随着时间的推移，腐蚀孔不断向纵深方向发展，形成小孔腐蚀坑，这种腐蚀称为小孔腐蚀。图7-4显示青铜甗发生了小孔腐蚀形成孔洞。

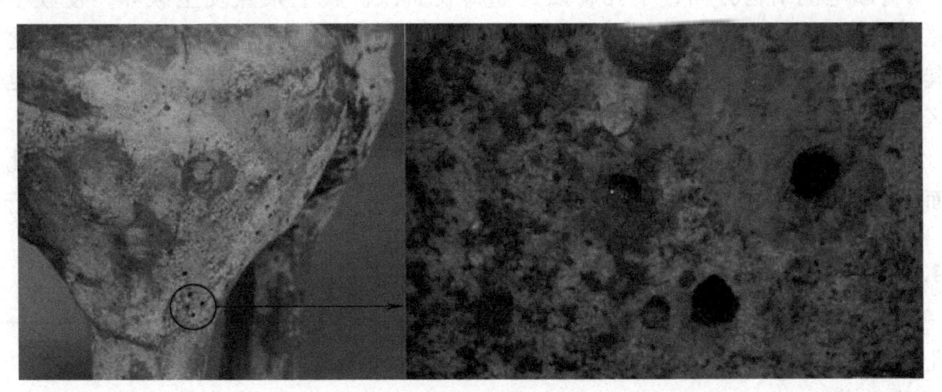

图7-4　青铜甗的锈蚀孔洞

小孔腐蚀是破坏性和隐患性最大的腐蚀形态之一。小孔腐蚀导致金属的失重非常小，但由于阳极面积很小，腐蚀很快，常常使零件或设备穿孔，从而导致突发事故。对小孔腐蚀的检查比较困难，小孔尺寸很小，而且经常被腐蚀产物所覆盖，因而定量测量和定性判定腐蚀的程度也很困难。

小孔腐蚀的产生与临界电位有关，只有金属表面局部的电极电位达到并高于临界电位时，才能产生小孔腐蚀，该电位称为小孔腐蚀电位或击穿电位（E_b），此电位通常位于钝性金属的维钝电位区间。

小孔腐蚀多发生在可钝性金属（不锈钢、铝等）表面，同时在腐蚀介质中存在侵蚀性的阴离子及氧化剂，因此，小孔腐蚀对可钝性金属比较敏感。如不锈钢、铝合金等在含卤素离子的腐蚀性介质中容易发生小孔腐蚀。可钝金属表面的钝化膜并不是非常均匀的，若可钝性金属的组织中含有非金属夹杂物，则金属表面在夹杂处的钝化膜比较薄弱，或者钝化膜被外力划伤，在活性阴离子的作用下，腐蚀小孔就优先在这些局部表面形成。

若金属基体上镀有一些阴极性镀层（如钢上镀 Cr、Ni、Cu 等），在镀层的孔隙处或缺陷处也容易发生小孔腐蚀。这是因为镀层缺陷处的金属与镀层完好处的金属形成电偶腐蚀电池，镀层缺陷处为阳极，镀层完好处为阴极，由于阴极面积远大于阳极面积，使小孔腐蚀向深处发生，形成腐蚀小孔。

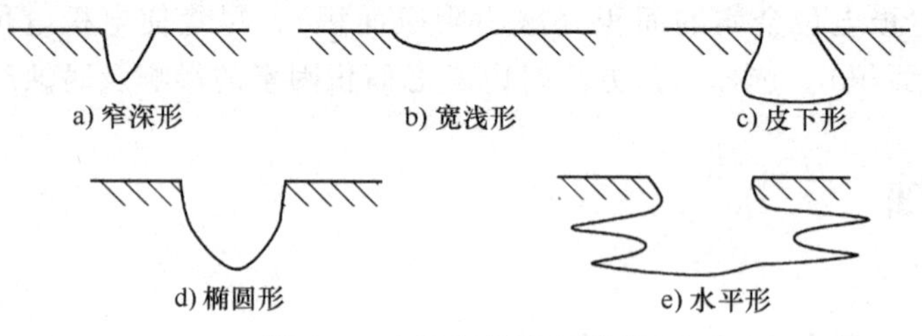

图 7-5　小孔腐蚀常见形貌

小孔腐蚀通常具有以下几个特征：

1）腐蚀形貌上，蚀孔小而深，孔径一般小于 2mm，孔深常大于孔径，甚至发生穿透，也有的孔为碟形浅孔。蚀孔分散或密集分布在金属表面上，孔口多数被腐蚀产物所覆盖，少数呈开放式（表面无腐蚀产物）。小孔腐蚀的常见形貌如图 7-5 所示。

2）在腐蚀电池结构方面，小孔腐蚀是金属表面保护膜上某点发生破坏，使膜下金属基体呈活化状态，而保护膜仍呈钝化状态，形成活化-钝化腐蚀电池的腐蚀形式。钝化表面为阴极，其表面积比活化区大得多。因此，小孔腐蚀是一种“大阴极-小阳极”腐蚀电池引起的阳极区高度集中的局部腐蚀形式。

3）小孔腐蚀通常沿着重力方向或横向发展。如一块平放在介质中的金属，蚀孔多在朝上的表面出现，很少在朝下的表面出现；蚀孔一旦形成，腐蚀即向深处自动加速进行。

7.4.2　小孔腐蚀的机理

小孔腐蚀的发生可以分为两个阶段，蚀孔的萌生和蚀孔的发展。

1. 蚀孔的萌生

可钝性金属发生小孔腐蚀的重要条件是在溶液中存在活性阴离子（如 Cl^- 等卤素离子）以及溶解氧或氧化剂。活性阴离子在可钝性金属表面上发生选择吸附，这种吸附不是活性阴离子均匀地吸附在整个表面，而是在很小的区域（如缺陷位置）优先吸附。吸附的活性阴离子改变了吸附钝化膜的成分和性质，使该处钝化膜的溶解速度远大于没有活性阴离子吸附的表面，从而形成小孔腐蚀活性点。

氧化剂的作用主要是使金属的腐蚀电位升高，达到或超过临界电位或击穿电位（E_b）。当 $E<E_b$ 时，点蚀不可能发生，只有当 $E>E_b$ 时，点蚀才能发生。此时，溶液中的 Cl^- 就很容易吸附在钝化膜的缺陷处，并和钝化膜中的阳离子结合成可溶性氯化物，这样就在钝化膜上形成了活性的溶解点，该点称为点蚀核。钝化膜上形成的点蚀核在外观上与钝化膜颜色存在明显差异，形成腐蚀斑，但还远没有形成真正的腐蚀孔，阳极电流密度也没有明显的增加。点蚀核生长到20~30μm，就会形成宏观可见的小孔，称为蚀孔。

除氧化剂外，使用外加的阳极极化方式也可以使电位达到或超过临界电位，导致小孔腐蚀的发生。采用动电位法测量极化曲线时，在极化电流密度达到某个设定值后，立即自动回归，可得到环形阳极极化曲线，这时正、反阳极极化曲线相交于一点 P，又达到钝态电流密度所对应的电位 E_P，E_P 称为再钝化电位或保护电位，如图 7-6 所示。

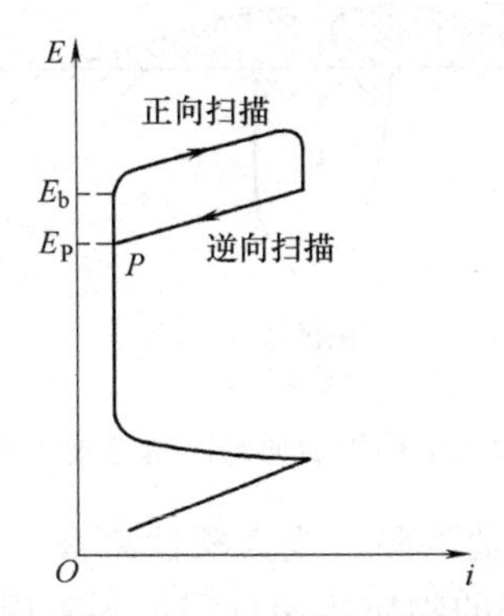

图 7-6　不锈钢在 NaCl 溶液中的环形阳极极化曲线

一般认为，在原先无小孔腐蚀的表面上，只有金属表面局部区域电位高于 E_b 时，小孔腐蚀才能萌生和发展；当电位处于 E_P 和 E_b 之间，不会萌生新的蚀孔，但原先的蚀孔将继续发展，此电位区间称为不完全钝化区；当电位低于 E_P 时，既不会萌生新的蚀孔，原先的蚀孔也停止发展，此电位区间称为完全钝化区。因此，E_b 值越高，表征材料耐小孔腐蚀性能越好，E_b 与 E_P 越接近，说明钝化膜修复能力越强。

当金属表面局部区域的电位高于临界电位时，须经过一段时间后阳极电流才急剧上升，这段时间称为小孔腐蚀的诱导期或孕育期，用 τ 表示。诱导期长短不一，有的需要几个月，有的需要一两年，τ 值取决于金属电位及活性阴离子浓度。在诱导期内，金属表面从宏观上还看不出腐蚀孔的生成，但在金属的一些局部表面已有 Cl^- 吸附斑。因此，小孔腐蚀的发生与腐蚀介质中活性阴离子（尤其是 Cl^-）的存在密切相关。诱导期随溶液中的 Cl^- 浓度增加和电极电位的升高而缩短。低碳钢发生小孔腐蚀的诱导期 τ 值的倒数与 Cl^- 浓度呈线性关系，即

$$\frac{1}{\tau}=kc_{[Cl^-]}$$

式中，k 为常数。当 $c_{[Cl^-]}$ 在一定临界值以下时，不发生小孔腐蚀。

2. 蚀孔的发展

可钝性金属表面点蚀诱导期形成点蚀核，若不能再钝化消失，小孔腐蚀将进入发展阶段。点蚀核继续生长，最后发展为宏观可见的腐蚀孔。腐蚀孔一旦形成，蚀孔内金属表面处于活性溶解状态，蚀孔外金属处于钝性状态，蚀孔内外构成了活化-钝化局部腐蚀电池，这样的腐蚀电池具有“小阳极-大阴极”的特点。同时，孔内的溶液发生很大的变化，孔内溶液的 pH 值降低、活性阴离子富集。

以不锈钢的小孔腐蚀为例，如图 7-7 所示，不锈钢上形成小孔后，小孔内介质中的溶解氧因得不到及时补充很快被耗尽，使孔内的金属表面上只发生铁的阳极溶解，阳极产物经水解，在小孔口处的壁上及四周生成铁锈，孔内发生如下反应：

$$Fe \longrightarrow Fe^{2+}+2e$$

$$Fe^{2+}+2H_2O \longrightarrow Fe(OH)_2\downarrow +2H^+$$

$$4Fe^{2+}+O_2+10H_2O \longrightarrow 4Fe(OH)_3\downarrow +8H^+$$

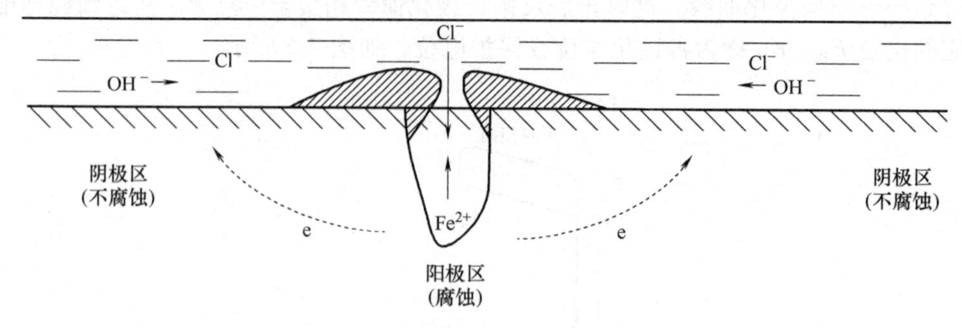

图 7-7　不锈钢表面的闭塞电池示意图

这些反应可使孔内介质的 pH 值下降，成为酸性溶液。同时，生成的腐蚀产物聚集在孔口处，使溶液处于滞留状态，内外的物质传递过程受到阻碍，因而构成了氧浓差腐蚀电池和活化-钝化腐蚀电池，这样的腐蚀电池称为闭塞腐蚀电池。

为维持闭塞电池内溶液的电中性，闭塞电池外部本体溶液中的阴离子就要向小孔内迁移。当溶液中的阴离子为 Cl^- 时，Cl^- 扩散至闭塞电池内部，造成孔内部溶液的化学及电化学状态与外部本体溶液的巨大差异。

小孔内溶液 pH 值的降低和活性阴离子浓度的增加导致蚀孔内金属腐蚀速度进一步增大，生成更多的金属离子，然后再发生水解，使小孔内的酸度明显增加。表 7-4 列出了铁和某些钢的闭塞蚀孔内的电位和 pH 值。这种闭塞电池引起蚀孔内溶液酸化，从而加剧金属腐蚀的作用称为自催化作用，也称为自动加速作用。随着小孔腐蚀反应的继续进行，溶解的金属离子不断增加，相应的水解作用也将继续，直到溶液中这种金属的一种溶解度较小的盐达到饱和为止。由于酸化自催化作用，再加上受到向下重力的影响，蚀孔不断沿着重力方向发展。

表 7-4　铁和某些钢的闭塞蚀孔内的电位和 pH 值

材料	蚀孔类型	电位/V	pH 值
Fe	模拟小孔或缝隙	-0.35～-0.45	2.7～4.7
Fe	模拟 OCC(模拟闭塞电池)	-0.322	3.8
Fe,钢	应力腐蚀裂纹	-0.32～-0.39	3.5～4.0
Fe-Cr(Cr 的质量分数为 1%～100%)	缝隙		1.8～4.7
Fe	小孔		4.71
304L,316L,18Cr16Ni5Mo	小孔	0.07～-0.01	-0.3～0.80
AISI 304	缝隙		1.2～2.0
18Cr12Ni2MoTi	小孔		≤1.3

7.4.3　小孔腐蚀的影响因素

小孔腐蚀与金属的成分、组织、表面状态，介质的成分、性质、pH 值、温度和流速，以及热处理温度等因素有关。

（1）合金元素的影响　不锈钢中 Cr 是最有效提高金属耐小孔腐蚀性能的元素。随着 Cr 含量的增加，临界电位向正方向移动。Cr 的质量分数为 12%的 Cr-Fe 合金的 $E_b=+0.20V$，而 Cr 的质量分数为 30%的 Cr-Fe 合金的 E_b 值升高到+0.62V。在 Cr 含量一定的情况下增加 Ni 含量，也能起到减轻小孔腐蚀的作用，而加入质量分数为 2%~5%的 Mo 可以显著提高不锈钢的耐蚀性。研究表明，Cr、Ni、Mo、N 元素都能提高不锈钢耐小孔腐蚀的能力，而 S、C 等元素会降低其耐蚀性。

（2）溶液组成及浓度的影响　一般而言，在含有卤素阴离子的溶液中，金属容易发生小孔腐蚀。卤素离子能优先吸附在钝化膜上，把氧原子排挤掉，然后和钝化膜中的阳离子结合生成可溶性的卤化物，产生小孔，导致膜的不均匀破坏。其作用强度顺序是 $Cl^->Br^->I^-$。F^- 只能加速金属表面的均匀溶解而不会引起小孔腐蚀。因此，Cl^- 又被称为小孔腐蚀的激发剂。随着介质中 Cl^- 浓度的增加，临界电位下降，使小孔腐蚀容易发生，而后又加速小孔腐蚀的进行。

氯化物中，含氧化性金属阳离子的氯化物，如 $FeCl_3$、$CuCl_2$、$HgCl_2$ 等属于强烈的小孔腐蚀激发剂。由于 Fe^{3+}、Cu^{2+}、Hg^{2+} 的还原电位较高，即使在缺氧条件下也能在阴极上进行还原，从而加速小孔腐蚀金属的溶解。但是，一些含氧的非侵蚀性阴离子，如 OH^-、NO^{3-}、$CrO_4{}^{2-}$、$SO_4{}^{2-}$、ClO_4^- 等，添加到含 Cl^- 的溶液中，使得小孔腐蚀电位正移，延长诱导期，可起到抑制小孔腐蚀的作用。如对于 18-8 型不锈钢，缓蚀效果按下列顺序递减：$OH^->NO^{3-}>SO_4^{2-}>ClO_4^-$。

（3）溶液温度的影响　随着溶液温度的升高，Cl 反应能力增大，同时膜的溶解速度也提高，因而使膜中的弱点增多。所以，温度升高促使临界电位向负方向移动，从而使小孔腐蚀加剧。

（4）表面状态的影响　一般而言，随着金属表面粗糙度值的减小，其耐小孔腐蚀能力增强，而冷加工使金属表面产生冷作硬化时，会导致耐小孔腐蚀能力下降。若不锈钢预先在添加 $K_2Cr_2O_7$ 的 HNO_3 溶液中进行表面钝化处理，可提高耐小孔腐蚀能力。

（5）溶液流速的影响　静止的溶液，不利于阴极、阳极间的溶液交换，易形成小孔腐蚀。若增大流速则使小孔腐蚀速度减小，这是因为介质的流速对小孔腐蚀的减缓起双重作用。加大流速，一方面有利于溶解氧向金属表面的输送，使钝化膜容易形成；另一方面可以减少金属表面的沉淀物，消除闭塞电池的自催化作用。

（6）热处理温度的影响　对于不锈钢和铝合金来说，在某些温度下进行回火或退火等处理，能够生成沉淀相，从而增加小孔腐蚀倾向，不锈钢焊缝处溶液发生小孔腐蚀与此有关。但是奥氏体不锈钢，经固溶处理后具有最佳的耐小孔腐蚀性。冷加工对临界腐蚀电位影响不大，但发现蚀孔的数量增多，尺寸减小。

7.4.4　小孔腐蚀的防护措施

防止小孔腐蚀的措施可从两方面考虑：一是从材料本身的角度考虑，即选择耐小孔腐蚀的材料；二是改善材料的服役环境或采用电化学保护等，如向腐蚀介质中加入合适的缓蚀剂。

（1）合理选择材料　避免在Cl^-浓度超过拟选用的合金临界Cl^-浓度值的环境条件下使用这种合金材料。在海水环境中，不宜使用18-8型Cr-Ni不锈钢制造的管道、泵和阀等。如原设计寿命要求达10年以上的大型海水泵，由于选用了这类Cr-Ni不锈钢制造的泵轴，结果仅用了半年就断裂报废，这是由于海水中Cl^-浓度已超过了这种材料不发生小孔腐蚀的临界Cl^-浓度值，这类Cr-Ni不锈钢在海水中极易诱发小孔腐蚀，最后导致材料的早期腐蚀断裂。

（2）添加耐小孔腐蚀的合金元素　加入合适的合金元素，降低有害杂质。如添加耐小孔腐蚀的合金元素Cr、Mo、Ni和N等，降低有害杂质元素C、S等，会明显提高不锈钢在Cl^-溶液中的耐小孔腐蚀性能。目前耐小孔腐蚀较好的材料有铁素体-奥氏体双相不锈钢（00Cr25Ni7Mo3N）。海洋工程中，双相不锈钢作为耐小孔腐蚀，以及由此引起的应力腐蚀开裂和腐蚀疲劳、耐海水腐蚀材料得到了广泛的应用。

（3）添加合适的缓蚀剂　耐小孔腐蚀的缓蚀剂有无机缓蚀剂和有机缓蚀剂。早期使用的无机缓蚀剂有铬酸盐、重铬酸盐、硝酸盐等。目前多使用钼酸盐、钨酸盐和硼酸盐等作为小孔腐蚀的缓蚀剂，不仅对碳钢和低合金钢有效，与有机磷复配时，对不锈钢的作用也很明显。有机缓蚀剂包括有机胺、有机磷酸及其盐、脂肪族与芳香族的羧酸盐等。若缓蚀剂用量不足，反而会加速小孔腐蚀。

（4）电化学保护　使用外加的阴极电流将金属阴极极化，使电极电位控制在小孔保护电位E_p以下，也可以有效地控制小孔腐蚀蚀孔的萌生和发展。

7.5　缝隙腐蚀

7.5.1　缝隙腐蚀的概念和特点

金属结构件采用铆、焊、螺栓等方法连接成形，在相接的地方就会形成缝隙。图7-8显示了两种缝隙腐蚀的情形。腐蚀介质在缝隙内滞留而引起缝隙处金属发生强烈的选择性腐蚀破坏，这种破坏形式称为缝隙腐蚀。金属与非金属的连接处也会形成缝隙腐蚀，如：金属与塑料、橡胶、石墨等构成的缝隙；金属表面的沉淀物、附着物，如灰尘、沙粒、腐蚀产物、细菌菌落或海洋生物等与金属表面形成的狭小缝隙等。

缝隙腐蚀具有以下特征：

1）缝隙腐蚀可发生在所有的金属和合金上，特别容易发生在易钝化的金属表面。从正电性的Au、Ag到负电性的Al、Ti，从普通的不锈钢到特种不锈钢都会产生缝隙腐蚀。但它们对缝隙腐蚀的敏感性不同，具有自钝化能力的金属或合金对缝隙腐蚀的敏感性较高，不具有自钝化能力的金属和合金，如碳钢，对缝隙腐蚀的敏感性较低。

2）几乎所有的腐蚀介质都可能引起金属的缝隙腐蚀。酸性、中性或者碱性的介质都可以引起腐蚀，含活性阴离子（如Cl^-）的中性介质最容易引起缝隙腐蚀。

3）与小孔腐蚀相比，同一种材料更容易发生缝隙腐蚀。当$E_P<E<E_b$时，原有的蚀孔

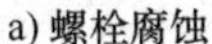

a) 螺栓腐蚀

b) 钛管板内侧的缝隙腐蚀

图 7-8　缝隙腐蚀

可以发展，但不会产生新的蚀孔，但缝隙腐蚀在该电位区间内既能发生又能发展。缝隙腐蚀的临界电位比小孔腐蚀的临界电位低。

4）遭受缝隙腐蚀的金属，在缝隙内呈现深浅不一的蚀坑。缝隙口常有腐蚀产物覆盖，形成闭塞电池。缝隙腐蚀具有一定的隐蔽性，容易造成金属结构的突然失效，具有相当大的危害。

7.5.2　缝隙腐蚀的机理

缝隙腐蚀可以分为初期阶段和后期阶段。金属的缝隙腐蚀可以看作是先后形成氧浓差电池和闭塞电池作用的结果。

缝隙腐蚀的敏感间隙宽度一般为 0.025～0.1mm。缝隙腐蚀刚开始时，氧去极化腐蚀在缝隙内、外的整个金属表面上同时进行。

阳极溶解反应：$M \longrightarrow M^{x+}+xe$

阴极还原反应：$O+2H_2O+4e \longrightarrow 4OH^-$

经过较短时间的阴、阳极反应，缝隙内的 O_2 逐渐消耗殆尽，形成缝隙内、外的氧浓差电池。缺氧的区域（缝隙内）电位较低，为阳极区；氧易于到达的区域（缝隙外）电位较高，为阴极区。腐蚀电池具有小阳极-大阴极的特点，腐蚀电流较大，结果缝隙内金属溶解，金属阳离子 M^{x+} 不断增多。同时二次腐蚀产物 $M(OH)_x$ 在缝隙口形成，使缝隙外的氧扩散到缝隙内非常困难，从而终止了缝隙内氧的阴极还原反应，缝隙内、外金属表面之间形成宏观腐蚀电池，即闭塞电池，如图 7-9 所示。

闭塞电池一旦形成，就标志着缝隙腐蚀进入了后期阶段。此时缝隙内介质处于滞留状态，金属阳离子难以向外扩散，并逐渐积累，造成缝隙内正电荷过剩，促使缝隙外 Cl^- 向缝隙内迁移以促进电荷平衡，并在缝隙内形成金属氧化物。缝隙内金属离子发生水解反应：

$$MCl_x+xH_2O \longrightarrow M(OH)_x\downarrow+xHCl$$

水解反应使缝隙内的介质酸化，介质的 pH 值可降低至 2～3。此时，缝隙内 Cl^- 的富集和生成的高浓度 H^+ 的协同作用加速了缝隙内金属的进一步腐蚀。由于缝隙内金属溶解速度的增大又促使缝隙内金属离子进一步过剩，Cl^- 继续向缝隙内迁移。形成的金属盐类进一步

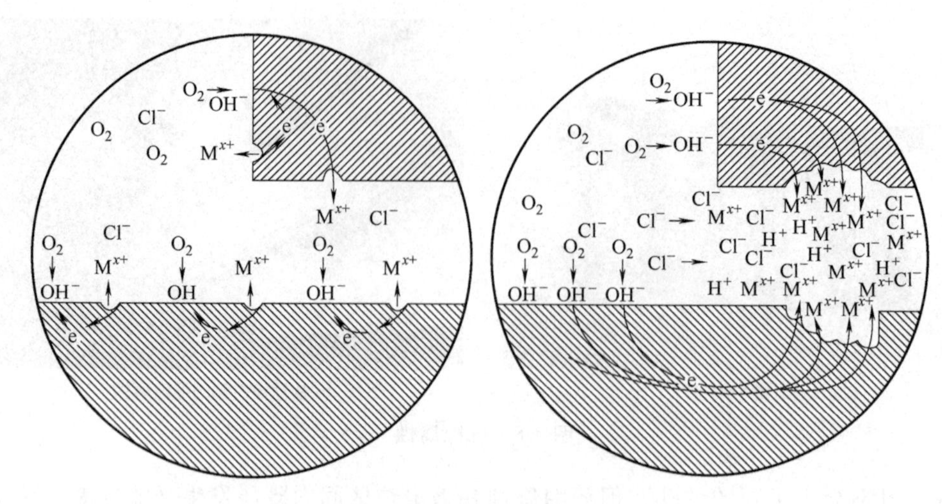

图 7-9　缝隙腐蚀机理示意图

水解、酸化……如此循环，构成了缝隙腐蚀的自催化效应。

综上所述，氧浓差电池的形成对缝隙腐蚀的初期起促进作用。但蚀坑的深化和扩展是从形成闭塞电池开始的，因此闭塞电池的自催化作用是造成缝隙腐蚀加速进行的根本原因。

7.5.3　缝隙腐蚀与小孔腐蚀的区别

（1）腐蚀形态　缝隙腐蚀的蚀坑相对广而浅，而小孔腐蚀的蚀孔窄而深。

（2）腐蚀发生条件　缝隙腐蚀起源于金属表面的狭小缝隙，小孔腐蚀起源于金属表面的蚀核。小孔腐蚀只有在含活性阴离子的介质中才会发生，而缝隙腐蚀即使在不含阴离子的介质中也能发生。

（3）腐蚀发展过程　缝隙腐蚀由于先有缝隙，腐蚀刚开始便形成了闭塞电池而加速腐蚀；小孔腐蚀是逐渐形成闭塞电池，然后才加速腐蚀。缝隙腐蚀的闭塞程度较低，而小孔腐蚀的闭塞程度较高。

（4）腐蚀电位　在同一实验条件下，缝隙腐蚀的临界击穿电位 E_b 值低于小孔腐蚀，这表明缝隙腐蚀比小孔腐蚀更容易发生。在 $E_b \sim E_P$ 之间，缝隙腐蚀既可形成新的蚀坑，已有的蚀坑也可继续发展；小孔腐蚀原有的蚀孔可以发展，但不会形成新的蚀孔。

7.5.4　缝隙腐蚀的影响因素

（1）材料因素　耐缝隙腐蚀的能力因材料而异。Cr、Ni、Mo、Cu、Si、N 等元素能有效提高不锈钢的耐缝隙腐蚀能力。如 Inconel 625 镍基合金在海水中具有很强的耐缝隙腐蚀性能，304 不锈钢耐缝隙腐蚀能力较差。金属 Ti 在高温和 Cl^-、Br^-、I^- 及 SO_4^{2-} 等离子含量较高的溶液中，易发生缝隙腐蚀。若在 Ti 中加入 Pb 进行合金化，则该合金具有极强的耐缝隙腐蚀性能。

（2）几何因素　影响缝隙腐蚀的重要几何因素包括缝隙宽度和深度，以及缝隙内、外面积之比等。一般发生缝隙腐蚀的缝宽为 0.025～0.1mm，最敏感的缝宽为 0.05～0.1mm，超过0.1mm则不会发生缝隙腐蚀，而是更倾向于发生均匀腐蚀。在一定限度内缝隙越窄，腐蚀速度越大。由于缝隙内为阳极区，缝隙外为阴极区，所以缝隙外部面积越大，缝隙内腐蚀速度越大。

（3）环境因素　环境中溶解氧的浓度、Cl^-浓度、温度、pH值、介质的流速等都会影响缝隙腐蚀。

氧浓度增加，缝隙外阴极还原反应更容易进行，缝隙腐蚀加剧。Cl^-浓度增加，电位负移，缝隙腐蚀加速。温度升高则会加速阳极反应，发生缝隙腐蚀的概率增大，缝隙腐蚀更趋于严重。pH值降低，缝隙腐蚀量增加。腐蚀介质的流速有正、反两个方面的作用。流速增加时，增大了缝隙外溶液的氧含量，缝隙腐蚀严重；但对于沉积物引起的缝隙腐蚀，流速增大，有可能冲掉沉积物，缝隙腐蚀减轻。

7.5.5　缝隙腐蚀的防护措施

1）合理选材。采用高Mo、Cr、Ni不锈钢，如18Cr12Ni3MoTi、18Cr19Ni3MoTi、Cr28Mo4等合金可有效地防止缝隙腐蚀。Ti-Pd合金具有极强的耐缝隙腐蚀性能，但价格昂贵。Ti0.3Mo0.8Ni合金具有优良的耐缝隙腐蚀性能且价格低廉，在化工、石油，尤其是盐业上代替了Ti-Pd合金及不锈钢。

2）设计上，应尽量避免存在缝隙和死角区。能采用焊接尽量采用焊接，而不采用铆接和螺钉连接。

3）结构上，无法采用无缝方案时，要考虑缝隙处的妥善排流，以便在出现沉淀物时能及时清除，或用固体填料把缝隙填实。例如，在海水介质中使用的不锈钢设备，可采用铅锡合金作为填料，既填实了缝隙，又起到了牺牲阳极的作用。

4）垫圈不宜采用石棉、纸质等吸湿性材料，而应采用非吸湿性材料，如采用聚氯乙烯塑料和聚四氟乙烯塑料做垫圈。

5）采用电化学保护的方法，如阳极保护法，将保护电位控制在E_P以上及缝隙腐蚀电位以下。

7.6　晶间腐蚀

7.6.1　晶间腐蚀的概念和特点

晶间腐蚀是金属材料在特定的腐蚀介质中沿着材料的晶粒边界（晶界）发生的一种局部选择性腐蚀现象。金属材料通常为多晶结构，其表面存在大量的晶界，晶界的原子排列比较疏松而紊乱，因此晶界具有较大的活性，这与晶粒本体不同。在电解质溶液中，晶界常常比晶粒本体腐蚀快得多。在特定的介质中，形成的微电池会引起局部破坏，这种腐蚀破坏从金属表面开始，沿着晶界向内部发展，腐蚀形貌是沿着晶界形成许多不规则的多边形腐蚀裂纹。如图7-10所示7A20铝合金的晶间腐蚀，在表面还看不出破坏时，内部晶粒之间的结合力已大大削弱，严重时整个金属强度几乎完全丧失，只要轻轻敲打就会破碎呈细粒，甚至碎成粉状。晶间腐蚀是一种危害性很大的局部腐蚀，金属材料固有的强度与塑性会突然消失，造成设备突发性破坏事故。晶间腐蚀也会转变为沿晶应力腐蚀开裂，成为应力腐蚀裂纹的起源，如黄铜在含微量氨的潮湿大气中的季裂、碳钢在硝酸盐溶液中的脆断等。

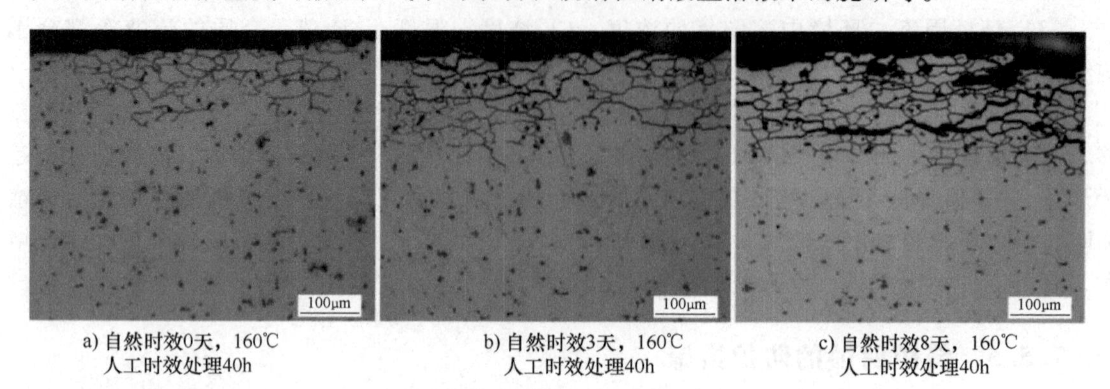

a) 自然时效0天，160℃ 人工时效处理40h　b) 自然时效3天，160℃ 人工时效处理40h　c) 自然时效8天，160℃ 人工时效处理40h

图 7-10　不同热处理条件下 7A20 铝合金的晶间腐蚀照片

综上所述，晶间腐蚀的产生必须具备以下两个条件：

1）晶界物质的物理化学状态与晶粒本身不同；晶界处的原子排列混乱，存在缺陷和应力集中。位错和空位等在晶界处积累，导致溶质、杂质等在晶界处吸附和偏析，甚至析出沉淀相，从而导致晶界与晶粒内部的化学成分差异，产生了形成腐蚀微电池的物质条件。

2）特定的环境因素，如潮湿的大气、电解质溶液、过热水蒸气、高温水或熔融金属等。在特定的腐蚀介质下，晶界和晶粒本体会显现出不同的电化学特性。一般地，晶界处的电位较低、钝性差，所以在晶界和晶粒构成的腐蚀原电池中，晶界为阳极，晶粒为阴极。由于晶界的面积很小，从而构成了“小阳极-大阴极”的结构，使得晶界溶解的电流密度远远高于晶粒溶解的电流密度。

7.6.2　晶间腐蚀的机理

在探索晶间腐蚀起因、发展和分布时，已经出现了不同的依据和解释，形成了许多不同的晶间腐蚀理论，如贫化理论、晶界吸附理论、阳极相理论、应力论等，但目前被广泛接受的理论主要是贫化理论。

贫化理论认为，晶界腐蚀的原因是晶间析出新相，造成晶界某一成分的贫乏化。对于奥氏体不锈钢，其晶间腐蚀普遍认为是由晶间贫 Cr 引起的。Ni-Cr 奥氏体不锈钢通常都是经过固溶处理（1050℃保温 2h）后使用的。当碳的质量分数大于 0.03%的奥氏体不锈钢经过固溶处理且在 427~816℃的温度区间内保温或受热缓冷后（称为敏化处理），在腐蚀介质中使用时会出现严重的晶间腐蚀。

敏化处理后的晶界析出了连续的 $Cr_{23}C_6$ 型碳化物，使晶界产生严重的贫 Cr 区。当碳化物沿晶界析出并进一步生长时，所需要的 C 和 Cr 从晶内向晶界扩散。由于 C 的扩散速度比 Cr 高，于是固溶体中几乎所有 C 都用于生成碳化物，而此期间只有晶界附近的 Cr 能够参与碳化物的生成反应，结果在晶界附近形成了 Cr 的质量分数低于发生钝化所需的临界值（12%）的情况，严重的区域 Cr 含量趋近于零。这样，在晶界上就形成了活化态的贫 Cr 区，与其他尚处于钝态的区域形成了活化-钝化电池。贫 Cr 区的电位低，是该电池的阳极，发生晶界金属溶解；电池的阴极是紧靠贫 Cr 区的碳化物和离晶界稍远的未贫 Cr 区域的晶粒或固溶体，如图 7-11 所示。

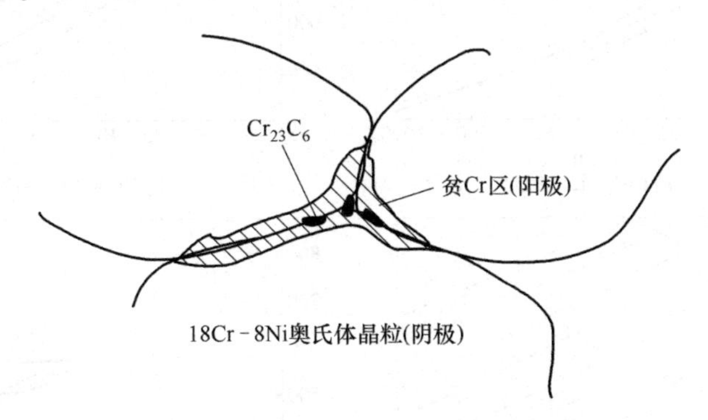

图 7-11　晶间腐蚀的贫化机制示意图

通过电子显微镜分析表明，在敏化温度范围内不锈钢回火后沿晶界确实析出许多树枝状碳化物薄片，它们组成连续的链条。随着加热时间的延长，碳化物薄片变厚，并逐步聚集，原来连续的链条被拆开，晶间腐蚀敏感性减小。

发生晶间腐蚀时在晶界附近除形成 $Cr_{23}C_6$ 外，还可能生成其他富 Cr 相而使 Cr 贫化。例如，高铬铁素体不锈钢在 900℃ 以上的高温下加热，然后空冷或水冷就会引起晶间腐蚀倾向。铁素体不锈钢的晶间腐蚀，同样是由于晶界上析出 Cr_7C_3，造成晶界附近区域贫 Cr 所引起的。但铁素体不锈钢在 700~800℃ 重新加热，可消除晶间腐蚀，这是因为重新加热后，可促进 Cr 的扩散，消除贫 Cr 区。

7.6.3　晶间腐蚀的影响因素

晶间腐蚀与介质种类和环境条件密切相关，但起主要作用的还是合金的组织。

1. 热处理工艺的影响

热处理工艺对不锈钢的晶间腐蚀敏感性的影响可用等温转变曲线来说明（图 7-12），以 Cr18Ni10Ti、Cr14Mn14Ti、Cr14Mn14Ni3Ti、Cr23Ni28Mo3Ti 四种合金为例。含 Ti 的 Cr18Ni10Ti 钢具有最小的晶间腐蚀敏感性。Cr14Mn14Ti 钢尽管具有最低碳含量，但最容易在加热中发生晶间腐蚀。与 Cr14Mn14Ti 成分接近的 Cr14Mn14Ni3Ti 由于添加了质量分数为 0.3%的 Ti，使其出现晶界腐蚀敏感性的时间从 10min 推迟到 2h，而且晶界腐蚀敏感性区域减小。Cr23Ni28Mo3Ti 虽然含有质量分数为 0.5%的 Ti，但由于具有高的 Ni 含量，仍有明显的晶界腐蚀敏感性，但在 750~800℃ 较长时间加热可以消除晶间腐蚀敏感性。不同钢种与最大晶间腐蚀敏感性对应的温度不同，如 Cr18Ni10Ti 钢的温度是 600℃ 左右，而 Cr23Ni28Mo3Ti 钢的温度是在 750℃ 左右。

除了回火温度，预淬火温度也会对晶间敏感性产生影响。例如，用钛稳定化的不锈钢，在高温下淬火可能发生 TiO 溶解，使固溶体中碳含量增加。因此，对预淬火温度要加以控制。

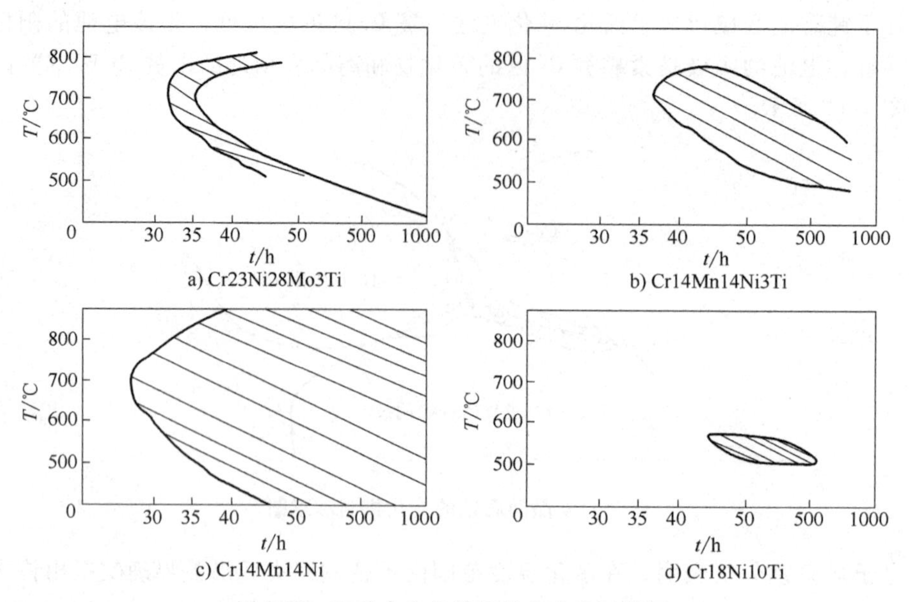

图 7-12　四种合金的等温转变曲线示意图

2. 合金成分的影响

1）C：奥氏体不锈钢中碳含量越高，越容易形成碳化物，晶间腐蚀倾向越严重，产生晶间腐蚀倾向的加热温度和时间范围扩大，晶间腐蚀程度也加深。而且固溶温度越高，饱和固溶碳含量增多，晶间腐蚀倾向越大。

2）Cr、Mo、Ni、Si：Cr、Mo 含量增加，可降低 C 的活度，有利于减轻晶间腐蚀倾向；而 Ni、Si 等非碳化物形成元素可提高 C 的活度，降低 C 在奥氏体中的溶解度，促进 C 的扩散和碳化物的析出。

3）Ti、Nb：对晶间腐蚀而言，Ti、Nb 都是有益的元素。Ti 和 Nb 与 C 的亲和力大于 Cr 与 C 的亲和力，因而在高温下能优先于 Cr 形成稳定的 TiC 和 NbC，从而大大降低了钢中的固溶 C 含量，使 $Cr_{23}C_6$ 难以析出。

4）N：N 可扩大晶间腐蚀敏化温度范围并缩短加热时间，从而对晶间腐蚀起促进作用。

5）Si：添加质量分数为 2%以上的 Si 能提高低碳奥氏体不锈钢在强氧化性介质中的耐晶间腐蚀的稳定性。

6）Mn：Cr-Mn 在敏化温度范围内会发生严重的晶间腐蚀，用铌合金化可减少 Mn 的影响。

3. 腐蚀介质的影响

不锈钢在酸性介质中的晶间腐蚀较严重，如贮藏 HNO_3 的 SUS321 不锈钢焊接容器常因刀形腐蚀（晶间腐蚀的一种）而损坏。H_2SO_4 或 HNO_3 中添加氧化性阴离子，如 Cu^{2+}、Hg^{2+}、Cr^{6+} 等都将增大阴极过程电流，从而使晶界阳极溶解速度显著加快。

不锈钢在许多介质中都可能发生晶间腐蚀。例如，生产尿素的设备常发生刀形腐蚀而损坏；在海水介质中高强度奥氏体不锈钢回火后有晶间腐蚀倾向。再如熔融盐中也会发生强烈的晶间腐蚀。图 7-13 所示为 Liu 等人研究 In 825 镍基合金在不同温度和介质中加热后的晶间腐蚀倾向的显微组织照片，可见在 750℃ 的盐中处理 2h 的晶间腐蚀敏感程度（Degree of

Sensitization，DOS）最大。

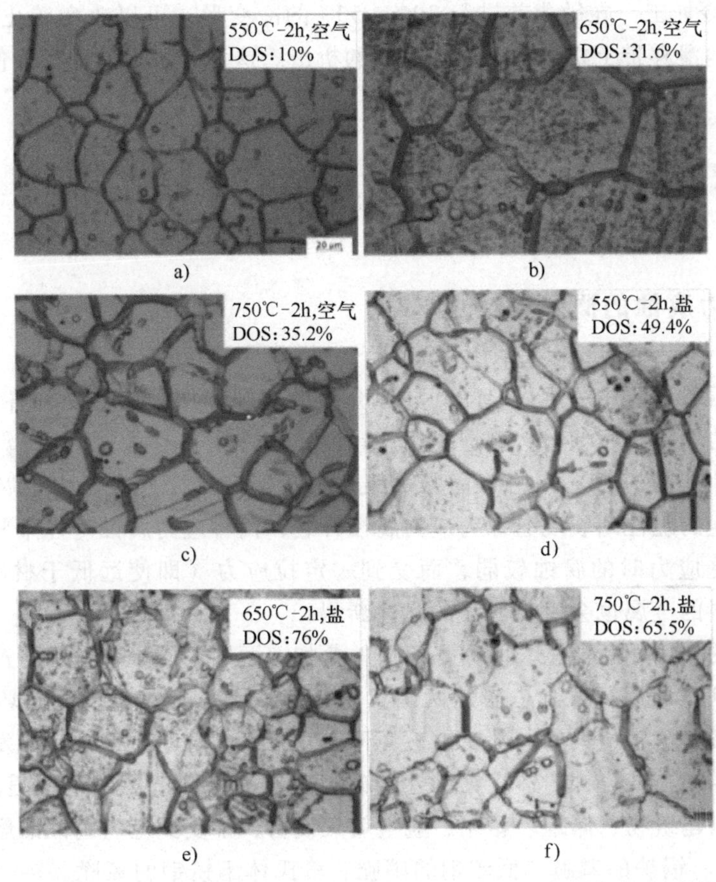

图 7-13　In 825 镍基合金在不同温度和介质（空气、盐溶液）中加热 2h 后的晶间腐蚀倾向

7.6.4　晶间腐蚀的防护措施

贫化理论认为，奥氏体不锈钢的晶间腐蚀是由晶界贫 Cr 产生的。因此，对于奥氏体不锈钢的晶间腐蚀可以从控制碳化铬在晶界析出方面考虑。

（1）降低碳含量　若奥氏体不锈钢中碳的质量分数低于 0.03%时，即使钢在 700℃长期退火，对晶间腐蚀也不会产生敏感性。碳含量的降低可以减少碳化铬的形成和沿晶界的析出，从根本上防止晶间腐蚀。

（2）稳定化处理　为防止不锈钢的晶间腐蚀，冶炼钢材时加入一定量与碳的亲和力较大的 Ti、Nb 等元素。这些元素与钢中的碳生成相应稳定的碳化物 TiC 和 NbC 等，这些碳化物的固溶度比 $Cr_{23}C_6$ 小。这样就能抑制固溶体中的过饱和碳向晶界扩散。对于含稳定化元素 Ti、Nb 的 18-8 型不锈钢，在高温下使用时还要经过专门的稳定化处理，如 850~900℃下保温 1~4h，然后空冷至室温。稳定化处理能促使钢中的碳化物向 TiC、NbC 转变。

（3）采用双相不锈钢　奥氏体不锈钢韧性好，但耐蚀性差，铁素体不锈钢耐蚀性好，但加工性能差。在奥氏体钢中含 10%~20%的 δ-铁素体的奥氏体-铁素体双相不锈钢具有更强的耐晶间腐蚀性能，是目前耐晶间腐蚀的优良钢种。

（4）适当的冷加工　在敏化前进行30%～50%的冷变形，可以改变碳化物的形核位置，促使沉淀相在晶内滑移带上析出。减少在晶界的析出。这种方法目前在实际使用中尚存在一些争议。

7.7　应力腐蚀

7.7.1　应力腐蚀的概念和特点

金属材料在服役过程中，不仅会受到环境介质的腐蚀作用，还会受到各种应力的作用，应力与腐蚀介质协同作用，使材料遭遇更为严重的破坏。

受应力（特别是拉应力）作用的金属材料在某些特定的介质中，由于腐蚀介质和应力的协同作用而发生的脆性断裂现象称为应力腐蚀开裂，简称应力腐蚀。在某些特定的腐蚀介质中，材料在不受应力时的腐蚀较弱，而受到一定拉应力（即使远低于材料的屈服强度）后，即使延性材料的金属也会发生明显的脆性断裂。

腐蚀和应力的作用相互促进，而不是简单地叠加。两因素的联合作用所产生的破坏远远超过单个因素分别作用后再叠加，若从两因素中任意取消一个，金属的破坏将变得微不足道。应力腐蚀开裂是危害最大的局部腐蚀破坏形态之一，这种断裂常常是突发性的，事前没有明显的预兆，往往在几分钟内造成灾难性的破裂。应力腐蚀波及的范围很广，各种石油、化工等管路设备、建筑物、储罐、船舶、航空航天设备，都受到应力腐蚀的影响，如黄铜的氨脆（也称季裂）、锅炉的碱脆、低碳钢的硝脆、奥氏体不锈钢的氯脆、铝合金在潮湿大气中的应力腐蚀、航空技术中钛合金的应力腐蚀等。

应力腐蚀开裂还有如下特征：

1）应力腐蚀开裂是一种典型的滞后破坏，即材料在应力和腐蚀介质共同作用下，经过一定时间使裂纹形核、裂纹亚临界扩展，并最终达到临界尺寸，发生失稳断裂。这种滞后破坏明显分为三个阶段：孕育期、裂纹扩展期和快速断裂期。孕育期是指裂纹萌生，即裂纹源成核所需的时间，约占整个时间的90%。裂纹扩展期是指裂纹成核后直至发展到临界尺寸所经历的时间。快速断裂期是指裂纹达到临界尺寸后，由纯力学作用导致裂纹失稳而瞬间断裂的过程。

2）应力腐蚀开裂分为晶间型、穿晶型、混合型等。裂纹的途径取决于材料与介质，同一材料因介质变化，裂纹途径也可能发生改变。

3）应力腐蚀开裂的裂纹扩展速度一般为10^{-6}～10^{-3}mm/min，是均匀腐蚀速度的10^{6}倍左右，但仅为纯机械断裂速度的10^{-10}。

4）应力腐蚀开裂是一种低应力的脆性断裂。断裂前没有明显的宏观塑性变形，大多数条件下是脆性断口：解理、准解理或沿晶。由于腐蚀的作用，断口表面颜色暗淡，显微断口往往可见腐蚀坑和二次裂纹，穿晶微观断口可见河流花样、扇形花样、羽毛状花样等形貌；晶间显微断口呈冰糖块状。

7.7.2 应力腐蚀的条件

一般认为发生应力腐蚀开裂必须具备三方面的条件：拉应力、特定的腐蚀介质、敏感材料。

（1）拉应力 拉应力的来源一般有两个：一是金属材料的冶炼、加工及金属构件装配过程中产生的残余应力，或者是因温差产生的热应力，或者因固相变形产生的第二类残余应力；二是在金属材料使用过程中外加负载在不同部位出现的应力。上述两大类应力中，以残余应力最常见，约占事故的80%。断裂所需的应力往往低于材料的屈服强度，应力腐蚀可在极低的应力（如屈服强度的5%～10%）下产生。当拉应力低于某一临界值时，不再发生断裂破坏，这个应力称为腐蚀开裂阈值，用KISCC或临界应力σ_{th}表示。

（2）特定的腐蚀介质 每种合金的应力腐蚀开裂只对某些特定介质敏感，而不是任何介质都能引起应力腐蚀开裂。表7-5列出了一些金属发生应力腐蚀开裂的特定介质。通常金属在引起应力腐蚀开裂的环境中是惰性的，表面存在钝化膜。而特定介质的量即使很少，也足以产生应力腐蚀。材料与环境的交互作用反映在电位上则是发生在活化-钝化或钝化-过钝化的过渡区电位范围，即钝化膜不完整的电位区间。

表7-5 一些金属发生应力腐蚀开裂的特定介质

材料	介质
低碳钢	NaOH溶液、硝酸盐溶液、含H_2S和HCl的溶液、CO-CO_2-H_2O、碳酸盐、磷酸盐
高强钢	各种水介质、含痕量水的有机溶剂、HCN溶液
奥氏体不锈钢	氯化物水溶液、高温高压含氧高纯水、连多硫酸、碱溶液
铝和铝合金	潮湿空气、海水、含卤素离子的水溶液、有机溶剂、熔融NaCl
铜和铜合金	含NH_4^+的溶液、氨蒸气、汞盐溶液、SO_2、水蒸气
钛和钛合金	发烟硝酸、甲醇（蒸气）、NaCl溶液（>290℃）、HCl（10%、35℃）、H_2SO_4、湿Cl_2（288℃、346℃、427℃）、N_2O_4（含O_2、不含NO，24～74℃）
镁和镁合金	潮湿空气、高纯水、氟化物、KCl+K_2CrO_4溶液
镍和镍合金	熔融氢氧化物、热浓氢氧化物溶液、HF蒸气和HF溶液
锆合金	含氯离子水溶液、有机溶剂

（3）敏感材料 几乎所有的金属和合金在特定的腐蚀介质中都有一定的敏感性，合金和含有杂质的金属比纯金属更容易发生应力腐蚀开裂。

图7-14所示为电力系统的罐式断路器操作结构气动回路的黄铜螺母的应力腐蚀开裂实物图。因材质化学成分不达标且锻造工艺控制不当，造成其强度和韧性不足。在加工制造或存放运输环境中螺母接触到了含有S元素的腐蚀性介质，这样在管路内部介质压力、紧固预紧力及加工残余应力的共同作用下，沿螺母应力集中的直角过渡部位发生应力腐蚀开裂，导致压缩空气泄漏。黄铜螺母断口为灰白色、呈90°直角，断口无塑性变形，微观分析发现断口呈冰糖块状的沿晶开裂，并伴有二次裂纹。

a) 整体形貌　b) 断口形貌

c) 螺纹管外壁微裂纹　d) 断口微观形貌

图 7-14　断裂的黄铜连接螺母

7.7.3　应力腐蚀的机理

关于应力腐蚀开裂的机理，目前已有许多，但迄今为止没有公认的统一机理。其机理大致可分为两大类：阳极溶解型机理和氢致开裂型机理。一般认为，黄铜的氨脆和奥氏体不锈钢的氯脆属于阳极溶解型，而高强钢在水介质和湿 H_2S 中的属于氢致开裂型。应当注意的是，对某些材料-环境体系的应力腐蚀，很难是某种机理单独作用，而是两种机理共同作用的结果。如铝合金的应力腐蚀是阳极溶解机理，而研究表明它也是水溶液或水蒸气吸附氢导致的晶间应力腐蚀。

阳极溶解型机理认为，发生应力腐蚀开裂的环境中，金属表面通常被钝化膜所覆盖，金属不与腐蚀介质直接接触。当钝化膜遭受局部破坏后，裂纹形核，在应力作用下，裂纹尖端沿某一择优路径定性活化溶解，导致裂纹扩展、断裂。图 7-15 所示为裂纹端部金属阳极溶解引起的裂纹扩展模型。因此，应力腐蚀开裂经历了钝化膜破裂、溶解和断裂三个阶段。

（1）钝化膜破裂导致裂纹形核　合金表面钝化膜可因电化学作用或机械作用发生局部破坏，导致裂纹形核。电化学作用一般通过点蚀或晶间腐蚀等局部腐蚀来诱发应力腐蚀裂纹产生。当有点蚀坑形成时，在应力的作用下从点蚀坑底部可诱发应力腐蚀裂纹。在不发生点蚀的情况下，若腐蚀电位处于活化-钝化或钝化-过钝化的过渡电位区间，由于钝化膜不稳定，应力腐蚀裂纹容易在材料表面较薄弱部位形核。机械作用是由于膜的延展性或强度比基体金属差，受力变形后局部膜破裂，从而诱发应力腐蚀裂纹形成。金属表面所有可能的缺陷及保护膜内的亚微观裂纹均可能是应力腐蚀裂纹的形核之处。

（2）裂纹尖端定向溶解导致裂纹扩展　裂纹形成后，特殊的几何条件构成了闭塞区。与点蚀和缝隙腐蚀相似，裂纹内部形成了闭塞电池，并进一步在裂纹尖端和裂纹壁之间形成

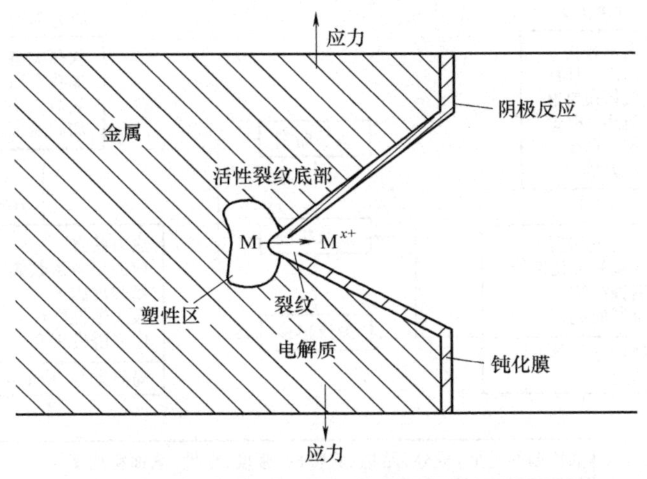

图 7-15　裂纹端部金属阳极溶解引起的裂纹扩展模型

了活化-钝化腐蚀电池，创造了裂纹尖端快速溶解的电化学条件，这个过程也是一个自催化的过程。应力和材料的不均匀性为快速溶解提供了择优腐蚀的途径。裂纹尖端的应变集中强化了无膜裂纹尖端的溶解，而裂纹尖端的阳极溶解又有利于位错的生成、增值和运动，促进了裂纹尖端的局部塑性变形，使应变进一步集中，加速了裂纹尖端的溶解。这种溶解和局部应变的协同作用造成裂纹的延展性和强度比基体金属差，受力变形后局部破裂，诱发应力腐蚀裂纹形核。预存活性途径和应变产生的活性途径分别导致沿晶和穿晶应力腐蚀裂纹的扩展。零件结构上的沟槽、材料缺陷、加工痕迹、附着的异物等都可能引起应力应变集中或导致有害离子浓缩而引发裂纹。

（3）断裂　当应力腐蚀裂纹扩展到临界尺寸时，裂纹失稳而导致机械断裂。

7.7.4　应力腐蚀的影响因素

金属的应力腐蚀影响因素主要与环境、应力、冶金等方面有关。这些因素与应力腐蚀的关系较为复杂，如图 7-16 所示。奥氏体不锈钢在氯化物中的应力腐蚀开裂就是典型的例子。在遇水可分解为酸性的氯化物溶液中均可能引起奥氏体不锈钢的应力腐蚀，其影响程度为 $MgCl_2>FeCl_3>CaCl_2>LiCl>NaCl$。奥氏体不锈钢的应力腐蚀开裂多发生在 50～300℃ 范围内。随着氯化物的浓度上升，应力腐蚀敏感性增大。溶液的 pH 值越低，奥氏体不锈钢发生应力腐蚀断裂的时间越短。阳极极化使断裂的时间缩短，阴极极化可抑制应力腐蚀。

7.7.5　应力腐蚀的防护措施

为了防止应力腐蚀开裂，主要应从选材、消除应力和减轻腐蚀等方面采取措施。

（1）选材　根据材料的具体使用环境，尽量避免使用对应力腐蚀开裂敏感的材料。

（2）消除应力　应从以下几个方面采取措施来消除应力。

1）改进结构设计，减少应力集中和避免腐蚀介质的积存。

2）在部件的加工、制造和装配过程中尽量避免产生较大的残余应力。

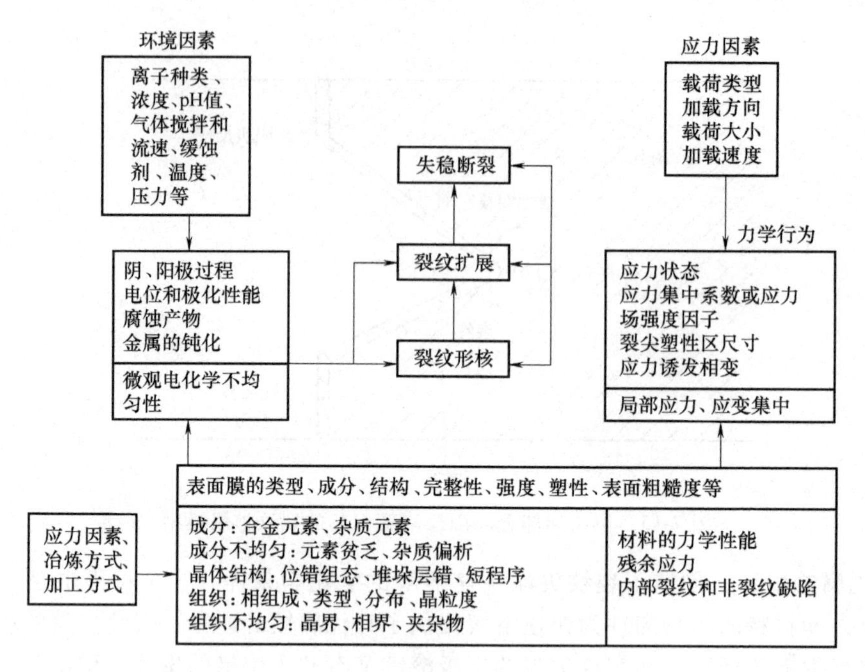

图 7-16　应力腐蚀开裂的影响因素及关系

3）可通过热处理、表面喷涂等方法消除残余应力。

（3）涂层　使用涂层可将材料表面与环境分开，或使用对环境不敏感的金属作为敏感材料的镀层，都可减少材料的应力腐蚀敏感性。

（4）改善环境介质

1）控制或降低有害成分。

2）在腐蚀介质中加入缓蚀剂，通过改变电位、促进成膜、阻止氢或有害物质的吸附等影响电化学反应动力学而起到缓蚀作用。

（5）电化学保护　由于应力腐蚀开裂发生在活化-钝化和钝化-过钝化两个敏感电位区间，因此可通过控制电位进行阴极保护或阳极保护，防止应力腐蚀开裂的发生。

7.8　磨损腐蚀

7.8.1　磨损腐蚀的概念

磨损可看作在金属表面及相邻基体的一种特殊断裂过程，包括塑性应变积累、裂纹形核、裂纹扩展及最终与基体脱离的过程。在工程中有不少磨损问题涉及腐蚀环境的化学、电化学作用，材料或部件失效是磨损与腐蚀交互作用的结果。腐蚀环境中摩擦表面出现材料流失称为磨损腐蚀，简称磨蚀。腐蚀磨损是指摩擦副对偶表面在相对滑动过程中，表面材料与周围介质发生化学或电化学反应，并伴随机械作用而引起的材料损失现象，因此磨损腐蚀也是机械作用和电化学作用共同作用的结果。腐蚀磨损通常是一种轻微磨损，但在一定条件下也可能转变为严重磨损。

7.8.2　磨损腐蚀的形式

一般认为，只有当腐蚀电化学作用与流体动力学作用同时存在、相互促进时，磨损腐蚀才会发生，缺一不可。下面介绍三种特殊的磨损腐蚀形式：湍流腐蚀、空泡腐蚀和摩振腐蚀。

1. 湍流腐蚀

湍流腐蚀，又称为冲刷腐蚀、冲蚀，是金属表面与腐蚀流体之间由于高速相对运动引起的金属损伤。许多磨损腐蚀的产生是由于流体从层流转为湍流造成的。湍流使金属表面液体的搅动比层流更为剧烈，结果使金属与介质的接触更为频繁。湍流不仅加速了腐蚀剂的供应和腐蚀产物的迁移，而且附加了液体对金属表面的切应力。这个切应力能够把已经形成的腐蚀产物从金属表面剥离，并让流体带走。若流体中含有气泡或固态颗粒，还会使切应力的力矩得到加强，使金属表面磨损腐蚀更加严重。

湍流腐蚀大多发生在设备或部件的某些特定部位，介质流速急剧增大，形成湍流。如管壳式热交换器，离入口管端高出少许的部位，正好是流体从管径大转为管径小的过渡区间，此处便形成了湍流，当流体进入列管后很快又恢复为层流。图 7-17 所示为冷凝管内壁湍流腐蚀形态。

除流体速度较大外，构件形状不规则也是引起湍流腐蚀的一个重要条件，如泵叶轮、汽轮机的叶片等构件就是容易引起湍流的典型不规则几何构型。在疏松流体的管道内，流体按水平方向或垂直方向运动时，管壁的厚度减小是均匀的。但在流体突然被迫改变方向的部位，如弯管、U 形换热管等拐弯部位，其管壁就要比其他部位的管壁减薄程度更严重，甚至穿孔，如图 7-18 所示。

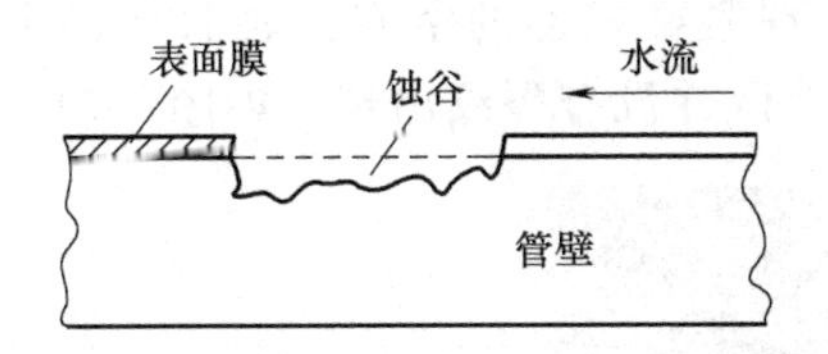

图 7-17　冷凝管内壁湍流腐蚀形态示意图

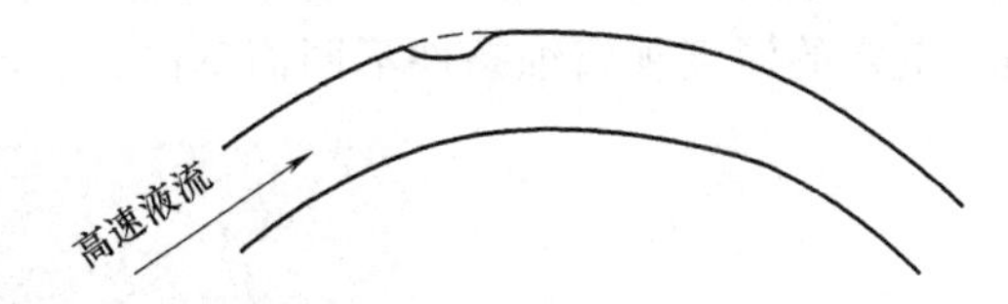

图 7-18　弯管受冲刷腐蚀示意图

2. 空泡腐蚀

流体与金属构件高速相对运动，在金属表面局部地区产生涡流，伴随有气泡在金属表面迅速生成和破灭，呈现与小孔腐蚀类似的破坏特征，这种腐蚀称为空泡腐蚀，又称空蚀，如图 7-19 所示。空泡腐蚀也是在高速流体和腐蚀的共同作用下产生的。如船舶螺旋推进器、涡轮叶片和泵叶轮等构件在高速冲击和压力突变的区域，最容易产生此类腐蚀。这种金属构件的几何外形未能满足流体力学的要求，使金属表面的局部地区产生涡流，在低压区引起溶解气体的析出或介质的汽化，这样接近金属表面的液体不断有气泡的形成和破灭，而气泡破灭时产生冲击波，会破坏金属表面保护膜。通过试验计算，冲击波对金属施加的压力可达 $14kg/mm^2$，这个压力足以使金属发生塑性变形。因此，遭受空蚀的金属表面可观察到明显的滑移线。

目前，空泡腐蚀被认为是电化学腐蚀和气泡破灭的冲击波对金属联合作用的结果，可以

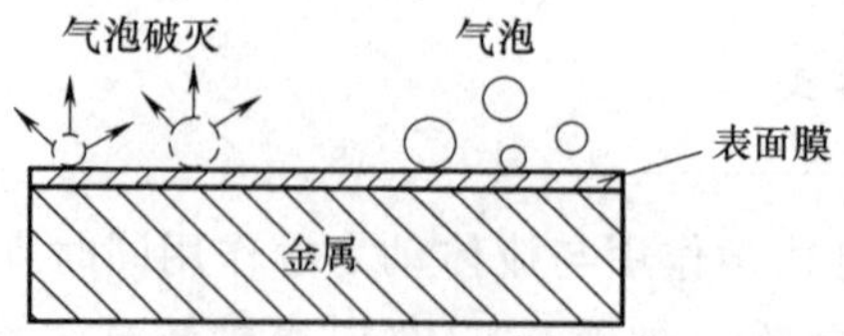

图 7-19　空泡腐蚀示意图

把空蚀看作气泡形成与破灭交替进行使材料发生失效破坏的一种腐蚀形式。空泡腐蚀过程（图 7-20）大致可以分为以下几步：①金属表面膜上形成气泡；②气泡破灭，使表面膜破裂；③暴露的新鲜金属表面遭受腐蚀，重新成膜；④在原位置膜附近形成新气泡；⑤气泡再次破灭，表面膜重遭毁坏；⑥裸露的金属又被腐蚀，重新形成新膜。依此循环往复，金属表面便形成了类似点蚀的空穴。

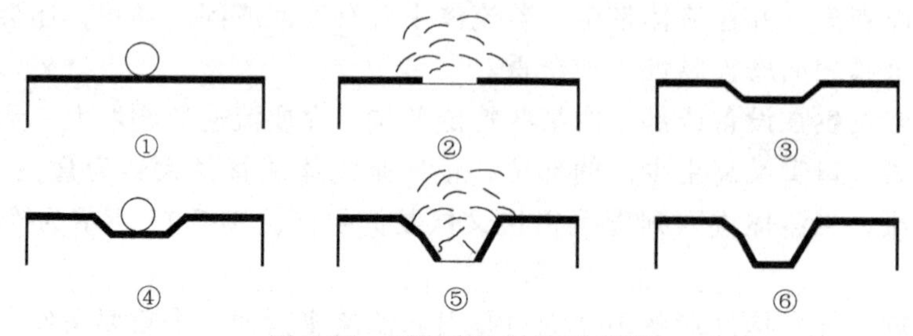

图 7-20　空泡腐蚀过程示意图

空泡腐蚀是机械和化学两因素共同作用的结果。表面膜的存在不是空蚀的必要条件，即使没有表面膜，空泡破灭所产生的冲击力也足以使金属粒子被撕离金属表面，导致金属表面变粗糙，这些粗糙点便形成新空泡的核心。

螺旋桨后缘的金属表面，由于发生空泡腐蚀而呈现紧密相连的空穴，表面显得十分粗糙。空穴的深度视腐蚀条件不同而不同，有时在局部地区并没有裂纹出现，如图 7-21 所示。

图 7-21　螺旋桨后缘紧密相连的空穴

3. 摩振腐蚀

摩振腐蚀又称振动腐蚀、摩擦氧化，是指两种金属（或一种金属与另一种非金属材料）相接触的交界面上在负载的条件下，发生微小的振动或往复运动而导致金属的破坏。负载和交界面的相对运动造成金属表面层产生滑移和变形，只要有微米数量级的相对位移，就可能发生这类腐蚀。摩振腐蚀使金属表面呈现麻点或沟纹，在这些麻点和沟纹周围充满着腐蚀产物。这类腐蚀大多数发生在大气条件下，腐蚀结果可使原来紧密配合的组件松散或卡住，腐蚀严重的部位往往容易发生腐蚀疲劳。

铁轨上螺栓上紧的垫片是发生摩振腐蚀的一个典型例子。由于这些部分没有上润滑油，造成摩振腐蚀，需要经常将这些垫板上紧。另一个常见的摩振腐蚀例子是发生在轴承套和轴之间，腐蚀引起轴承套松脱，最后造成破坏。

7.8.3 磨损腐蚀的影响因素

（1）金属或合金的性质　金属或合金的化学成分、耐蚀性、硬度和冶金过程都能影响这些材料在腐蚀磨损条件下的行为。总体而言，耐蚀性好的材料其耐磨损腐蚀性也相对较好，这是由于它们有一层保护性能好的表面膜的缘故。因此，金属的耐磨蚀性能与表面膜的质量有很大关系。如18-8型不锈钢的泵叶轮，若作为输送氧化性介质使用，寿命一般可达两年，若改为输送还原性介质，则使用三周便报废，原因是碳钢在氧化性介质中能够生成稳定的钝化膜，而在还原性介质中形成的表面膜性能很不稳定。合金中加入第三种元素，常能增加耐磨蚀性能，若在18-8型不锈钢中加入少量的钼制成316不锈钢，由于合金表面生成了更稳定的钝化膜，耐磨蚀性能将明显提高。铜镍合金中加入少量的铁后，其在海水中的耐磨蚀性能也有提高。

硬度是衡量金属力学性能的一项重要指标，也可用来判断其耐机械磨损的性能。硬度高的合金，其耐磨蚀性能优于硬度低的合金，但不一定耐蚀性也好。在设计合金成分时兼顾硬度与耐蚀性两项指标，才能取得满意的效果。例如，将一种合金元素加入另一元素的合金中，能产生一种既耐蚀又硬度高的固溶体，就可达到目的。硅的质量分数为14.5%的高硅铸铁，在铁被腐蚀后剩下由石墨骨架和腐蚀产物组成的石墨化层，具有优良的耐磨蚀性能。

（2）流速　介质的流速在磨损腐蚀中起到重要作用。表7-6所列为海水的流速对各种合金腐蚀速度的影响。表中数据表明，增加流速对不同金属的腐蚀速度起不同的作用，流速的影响可能没有，也可能极大。如对钛和316不锈钢，流速根本不影响它们的腐蚀速度，因而这两种材料是优良的耐海水腐蚀材料。而表中其余材料随着流速的增大，腐蚀速度增加几倍到几十倍。在某一临界流速前，腐蚀速度增长缓慢，达到这个速度后，腐蚀速度迅速增大。

表7-6　不同流速的海水对腐蚀速度的影响

材料	海水的流速/(m/s)		
	0.3	1.3	9
	腐蚀速度/[$mg/(dm^2 \cdot d)$]		
碳钢	34	72	254
铸铁	45	—	270
硅青铜	1	2	343
海军黄铜	2	20	170
铝青铜	5	—	236
铝黄铜	2	—	105
铜镍合金(70Cu30Ni)	<1	<1	39

（续）

材料	海水的流速/(m/s)		
	0.3	1.3	9
	腐蚀速度/[mg/(dm^2·d)]		
蒙乃尔合金(70Ni30Cu)	<1	<1	4
316 不锈钢	1	0	<1
哈氏合金 C	<1	—	3
钛	0	—	0

7.8.4 磨损腐蚀的防护措施

（1）合理选材　磨损腐蚀的条件非常复杂，没有通用的材料，在耐蚀性和强度并举的条件下，查阅资料、手册进行选用。例如，普通舰船航行速度不会太大，常选用 Cu-Ni 合金作为制造舰船某些耐磨蚀的结构材料。对于含有固体颗粒的流体，用高硅铸铁也相当耐腐蚀。

（2）覆盖防护层　水轮机叶片上喷涂镍基涂层，可以使叶轮寿命大幅度提高。工件表面用橡胶覆盖，由于橡胶的高弹性，可以有效地减弱空泡腐蚀。

（3）改善结构设计　从几何性质上避免湍流、涡流的现象，是控制腐蚀的重要手段。例如，舰艇的推进器边缘呈圆形就有可能避免或减缓空蚀。把构型设计成流线型，有利于减轻腐蚀程度。在不妨碍工艺的条件下，采用加大管径的设计，使流速降低，也可能减缓冲刷腐蚀。对于容易产生空蚀的构件，加工时尽量降低其表面粗糙度，可以大大减少金属表面生成气泡的核心。

7.9 腐蚀疲劳

7.9.1 腐蚀疲劳的概念和特点

腐蚀疲劳，又称腐蚀疲劳开裂，是指材料或构件在循环交变应力与腐蚀介质的共同作用下产生的脆性断裂现象，是疲劳的一个特例。这种破坏要比单纯交变应力造成的破坏（即疲劳）或单纯腐蚀造成的破坏严重得多，而且有时腐蚀环境不需要明显的侵蚀性。常用损伤比来表达腐蚀对疲劳强度的影响，其计算式如下：

$$损伤比=\frac{腐蚀疲劳强度}{正常的疲劳强度}$$

该比值以盐水作为腐蚀介质时，对碳钢约为 0.2，对不锈钢约为 0.5，对铝合金约为 0.4，对铜合金约为 1.0。

腐蚀疲劳的 *S-N* 曲线与一般力学疲劳的 *S-N* 曲线形状有所不同。腐蚀疲劳曲线位置较低，尤其是在低应力、高循环次数情况下曲线的位置更低。图 7-22 所示为钢的腐蚀疲劳曲线。在腐蚀介质中很难找到真正的疲劳极限，只要循环次数足够大，疲劳破坏将在任何应力

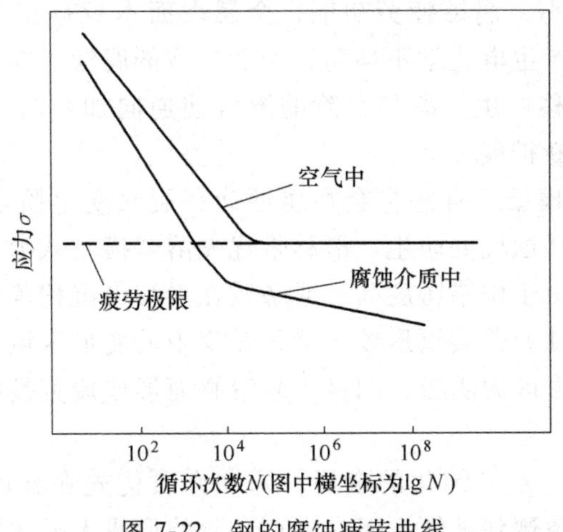

图 7-22　钢的腐蚀疲劳曲线

下发生。在循环应力作用下通常能起到阻滞作用的腐蚀产物膜被破坏，金属表面不断暴露。

工程技术上腐蚀疲劳是造成安全设计的金属结构发生突然破坏最常见的原因。例如：由于油井盐水的腐蚀作用，从地下抽油的钢制油井活塞杆只有很短的使用寿命，美国石油工业为此一年要损失数百万美元；船用螺旋桨、矿山用牵引钢丝绳、汽车弹簧、内燃机连杆、汽轮机转子及转盘等都会发生腐蚀疲劳；在化学工业、原子能工业、宇航工业中也都会发生腐蚀疲劳。因此，腐蚀疲劳的危害性不亚于应力腐蚀开裂。

纯力学疲劳破坏的特征是断面大部分光滑、小部分粗糙，断面呈结晶状，部分呈脆性断裂。腐蚀疲劳破坏的金属内表面，大部分面积被腐蚀产物所覆盖，小部分呈粗糙碎裂区。断面常常带有纯力学疲劳的某些特点，断口多呈贝壳状或有疲劳纹。

腐蚀疲劳与应力腐蚀开裂所产生的破坏有许多相似之处，但也有不同。腐蚀疲劳裂纹虽也多呈穿晶形式，但除主干外一般很少再有明显的分支。此外，这两种腐蚀破坏在产生条件上也很不相同。例如：纯金属一般很少发生应力腐蚀开裂，但会发生腐蚀疲劳；应力腐蚀开裂只有在特定的介质中才出现，而引起腐蚀疲劳的环境是多种多样的，不受介质中特定离子的限制。应力腐蚀开裂需要临界值以上的静拉伸应力才能产生，而腐蚀疲劳在静应力下却不能发生。在腐蚀电化学行为上两者差别更大，应力腐蚀开裂大多发生在钝化-活化过渡区或钝化-过钝化区，但腐蚀疲劳在活化区和钝化区都能发生。

钢在淡水、海水、含硫气氛，以及许多环境中都可能发生腐蚀疲劳。当然，环境介质本身的腐蚀性对金属的腐蚀疲劳强度有重要的影响。低碳钢、奥氏体不锈钢、铝青铜等材料在淡水中具有优良的抗疲劳性能，但在海水中不锈钢和铝青铜的抗疲劳性能会降低 20%～30%。应力的循环频率越低，对腐蚀疲劳影响越大，因为低频时增加了金属与腐蚀介质接触的时间。

7.9.2　腐蚀疲劳的机理

腐蚀疲劳是交变应力与腐蚀介质共同作用的结果，所以在腐蚀疲劳机理研究中，常把疲劳机理与电化学腐蚀作用结合起来。现已建立了四种腐蚀疲劳模型，介绍如下。

（1）蚀孔应力集中模型　腐蚀疲劳初期，金属表面本身存在电化学不均匀性，同时疲劳损伤导致的滑移带也会产生电化学不均匀，两者导致的腐蚀会在金属表面形成点蚀坑，蚀坑底部的应力集中导致滑移产生，滑移台阶的溶解使逆向加载时表面不能复原，成为裂纹源。反复加载会使裂纹不断扩展。

（2）滑移带优先溶解模型　有些合金在腐蚀疲劳裂纹萌生阶段并未产生蚀坑，或虽然产生蚀坑，但并没有裂纹从蚀坑处萌生。滑移带优先溶解模型认为在交变应力作用下产生驻留滑移带，挤出、挤入处由于位错密度高，或杂质在滑移带沉积等原因，使原子具有较高的活性，优先腐蚀，导致腐蚀疲劳裂纹形核。滑移带集中的变形区域与未变形区域组成腐蚀电池，变形区为阳极，未变形区为阴极，阳极不断溶解而形成疲劳裂纹，交变应力作用促进裂纹的扩展。

（3）保护膜破裂理论　对易钝化的金属，腐蚀介质优先在金属表面形成钝化膜，在循环应力作用下，表面钝化膜遭到破坏，而在滑移台阶处形成无膜的微小阳极区，在四周大面积有膜覆盖的阴极区作用下，阳极区快速溶解，直到膜重新修复为止。重复以上滑移—膜破—溶解—成膜的过程，便逐步形成腐蚀疲劳裂纹。

（4）吸附理论　金属与环境界面吸附了活性物质，使金属表面能降低，从而改变了金属的力学性能。氢脆是吸附理论的典型例子。

7.9.3　腐蚀疲劳的影响因素及防护措施

影响材料腐蚀疲劳的因素主要包括力学因素、环境因素和材料因素三方面。

（1）力学因素

1）应力循环频率。当应力交变频率 f 很高时，腐蚀的作用不明显，以机械疲劳为主；当 f 很低时，又与静拉伸的作用相似；只有在某一交变频率下最容易发生腐蚀疲劳。应力比 R 值高，腐蚀的影响大；R 值低，较多反映材料固有的疲劳性能。在产生腐蚀疲劳的交变频率范围内，频率很低，则裂纹扩展速度很快。

2）疲劳加载方式。一般而言，扭转疲劳>旋转弯曲疲劳>拉压疲劳。

3）应力循环波形。与纯疲劳不同，应力循环波形对腐蚀疲劳有一定影响，方波、负锯齿波影响小，而正弦波、三角波或正锯齿波影响较大。

4）应力集中。表面缺口处引起的应力集中容易引发裂纹，对腐蚀疲劳初始影响较大。但随疲劳周次增加，对裂纹扩展的影响减弱。

（2）环境因素

1）温度。温度升高，材料的腐蚀疲劳性能下降，但对纯疲劳性能影响较小。温度升高时，材料抗腐蚀疲劳的能力一般会下降。

2）介质。介质的腐蚀性越强，腐蚀疲劳强度越低，越容易发生腐蚀疲劳。但介质腐蚀性过强时，形成疲劳裂纹的可能性减小，反而使裂纹扩展速度下降。一般在 $pH<4$ 时，疲劳寿命较低；在 $pH=4\sim10$ 时，疲劳寿命逐渐增加；当 $pH>12$ 时，与纯疲劳寿命相同。在介质中添加氧化剂可以提高钝性金属的腐蚀疲劳强度。

3）外加电流。阴极极化可使裂纹扩展速度明显降低，甚至接近空气中的疲劳强度。但在阴极极化进入析氢电位区后，对高强钢的腐蚀疲劳性能会产生有害作用。对处于活化态的碳钢而言，阳极极化会加速腐蚀疲劳，但对氧化性介质中的碳钢，特别是不锈钢，阳极极化可提高腐蚀疲劳强度，有的甚至比空气中的还高。

（3）材料因素

1）耐蚀性。材料耐蚀性越强，对腐蚀疲劳越不敏感。耐蚀性高的金属，如 Ti、Cu、不锈钢等，对腐蚀疲劳敏感性小；耐蚀性差的金属，如高强 Al 合金、Mg 合金等，敏感性大。因而，改善材料耐蚀性的合金化对腐蚀疲劳性能是有益的。

2）组织结构。组织结构对碳钢、低合金钢腐蚀疲劳行为影响不大，但对不锈钢影响较大。碳钢、低合金钢的热处理可以提高疲劳极限，但对腐蚀疲劳影响很小，甚至会降低腐蚀疲劳强度。

3）表面状态。材料表面残余压应力有利于减轻腐蚀疲劳，表面残余应力为压应力时的腐蚀疲劳性能比拉应力时好。施加保护涂层可以改善材料的腐蚀疲劳性能。

腐蚀疲劳的防护措施如下：

1）降低材料表面粗糙度，特别是施加保护性涂层，可显著改善材料的腐蚀疲劳性能。

2）使用缓蚀剂，如添加重铬酸盐可提高钢在盐水中的腐蚀疲劳性能。

3）阴极保护。

4）通过气渗、喷丸、高频淬火等表面硬化处理，在材料表面形成压应力层。

7.10　氢脆

7.10.1　氢脆的概念和特点

氢脆是氢原子在合金晶体结构内的渗入、扩散，并在外加应力或残余应力作用下导致的脆性断裂现象，有时又称为氢裂或氢损伤。严格来说，氢脆主要涉及金属韧性的降低，而氢损伤除涉及韧性降低和开裂外，还包括金属材料其他物理性能或化学性能的下降等。

7.10.2　氢脆的分类

1. 第一类氢脆

氢脆的敏感性随应变速率的增大而增加，即材料加载前内部已经存在某种裂纹源，加载后在应力的作用下加快了裂纹的形成与扩展。第一类氢脆包括三种形式。

（1）氢腐蚀　由于氢在高温高压下与金属中的第二相发生化学反应，生成高压气体（CH_4、SiH_4）引起材料脱碳、内裂纹和鼓泡的现象，其模型如图 7-23 所示。

氢腐蚀的过程大致可分为三个阶段：孕育期，钢的性能没有变化；性能迅速变化阶段，迅速脱碳，裂纹快速扩展；最后阶段，固溶体中碳已耗尽。氢腐蚀的孕育期是重要的，它往往决定了钢的使用寿命。

在某一氢压力下产生氢腐蚀有一起始温度，它是衡量钢材抗氢性能的指标。低于这个温度氢腐蚀反应速度极慢，以致孕育期超过正常使用寿命，碳钢的这一温度在 220℃左右。氢分压也有一个起始点（碳钢在 1.4MPa 左右），即无论温度多高，低于此分压，只发生表面

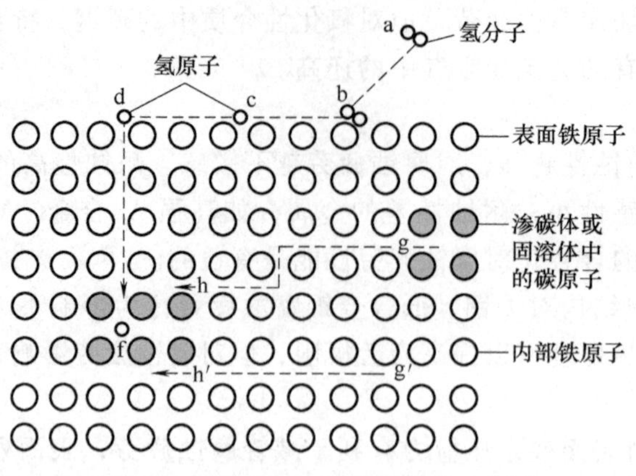

图 7-23 钢的氢腐蚀机理模型示意图

a、b—氢分子 c、d、f—氢原子 g、h—碳原子

脱碳而不发生严重的氢腐蚀。各种抗氢腐蚀的钢发生腐蚀的温度和压力组合条件，就是著名的纳尔逊曲线。冷加工变形，提高了碳、氢的扩散能力，对腐蚀起加速作用。某氮肥厂，氨合成塔出口至废热锅炉的高压管道，工作温度为 320℃左右，工作压力为 33MPa，工作介质为 H_2、N_2、NH_3 混合气，应按 Nelson 曲线选用抗氢钢，其中有一异径短管，由于错用了普通碳钢，使用不久便因氢腐蚀而破裂，造成恶性事故，损失非常惨重。

（2）氢鼓泡 过饱和的氢原子在缺陷位置（如夹杂）析出，形成氢分子，在局部造成很高的氢压，引起表面鼓泡或内部裂纹的现象称为氢鼓泡，如图 7-24 所示。氢鼓泡需要一个硫化氢临界浓度值，有资料介绍，硫化氢分压在 138Pa 时将产生氢鼓泡。如果在含湿硫化氢介质中同时存在磷化氢、砷、碲的化合物及 CN^-时，则有利于氢向钢中渗透，它们都是渗氢加速剂。氢鼓泡及氢诱发阶梯裂纹一般发生在钢板卷制的管道上。

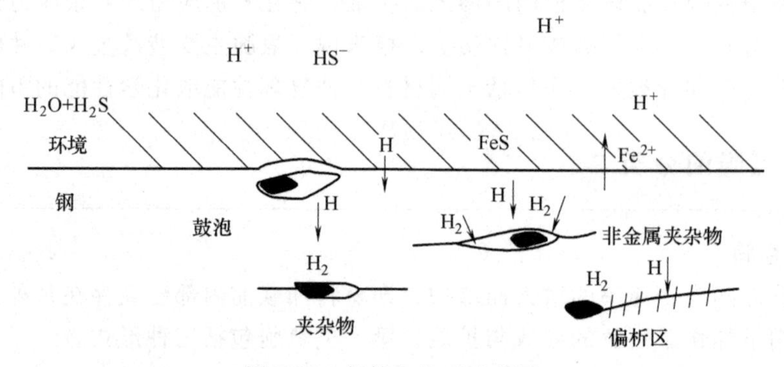

图 7-24 氢鼓泡机理示意图

氢与第 IVB 和 VB 族金属有较大的亲和力，氢含量较高时容易产生脆性的氢化物相，并在随后受力时成为裂纹源，引起脆断。

2. 第二类氢脆

氢脆的敏感性随应变速率增大而降低，即材料在加载前并不存在裂纹源，加载后在应力和氢的交互作用下逐渐形成裂纹源，最终导致脆性断裂。第二类氢脆包括两种形式。

（1）应力诱发氢化物型氢脆 在形成脆性氢化物的金属中，当氢含量较低或氢在固溶体中的过饱和度较低时，尚不能自发形成氢化物，在应力作用下氢向应力集中处富集，当氢浓度超过临界值时就会沉淀出氢化物。这种应力诱发的氢化物相变在较低的应变速率下出现，并导致脆性断裂。一旦出现氢化物，即使卸载除氢，静置一段时间后再高速变形，塑性也不可能恢复，也称为不可逆氢脆。

（2）可逆氢脆　可逆氢脆是指含氢金属在高速变形时并不显示脆性，而在缓慢变形时由于氢逐渐向应力集中处富集，在应力与氢交互作用下裂纹形核、扩展，最终导致脆性断裂。在未形成裂纹前去除载荷，静置一段时间后高速变形，材料的塑性可得到恢复，即应力去除后脆性消失，因此称为可逆氢脆。通常所说的氢脆指的是可逆氢脆，是氢脆中最主要、最危险的破坏形式。

7.10.3　氢脆的机理

关于氢脆的机理，目前尚无统一认识。各种理论的共同点是：氢原子通过应力诱导扩散在高应力区富集，只有当富集的氢浓度达到临界值时，使材料断裂应力降低，才发生脆断。富集的氢是如何作用的，尚不清楚。较为流行的观点有以下四种。

（1）氢压理论　该理论认为金属中的过饱和氢在缺陷位置富集、析出、结合成氢分子，造成很大的内压力，因而降低了裂纹扩展所需的外压力。该理论可以解释氢脆孕育期的存在、裂纹的不连续扩展、应变速率的影响等，但难以解释高强钢在氢分压远低于大气压力时也能出现开裂的现象，也无法说明可逆氢脆的可逆性。但在氢含量较高时，若没有外力作用下发生氢鼓泡等不可逆氢脆，只有这种理论得到公认。

（2）吸附氢降低表面能理论　Griffith 提出材料的断裂应力$\sigma_f=\sqrt{\dfrac{2E\gamma_s}{\pi a}}$。当裂纹表面有氢吸附时，比表面能 γ_s 下降，因而断裂应力降低，引起氢脆。该理论可以解释孕育期的存在、应变速率的影响，以及在氢分压较低时的脆断现象，但是该公式只适用于脆性材料。金属材料的断裂还需要塑性变形功 γ_p，即$\sigma_f=\sqrt{\dfrac{E(2\gamma_s+\gamma_p)}{\pi a}}$。$\gamma_p$ 大约是 γ_s 的 10^3 倍。氢吸附导致 γ_s 的下降并不会对断裂应力产生显著影响。此外，O_2、SO_2、CO、CO_2、CS_2 等吸附能力都比氢强，按理应能造成更大的脆性，而事实并非如此，甚至氢气中混有少量的这些气体后，对氢脆还有抑制作用。

（3）弱键理论　该理论认为氢进入材料后能使材料的原子间键力降低，原因是氢的 1s 电子进入过渡族金属的 d 带，使 d 带电子密度升高，从而 s 与 d 带重合部分增大，因而原子间排斥力增加，即键力下降。该理论简单直观，容易被人们所接受。然而实验证据尚不充分，如材料的弹性模量与键力有关，但实验并未发现氢对弹性模量有显著影响。

（4）氢促进局部塑性变形理论　该理论认为氢脆与一般断裂过程本质一样，都以局部塑性变形为先导，发展到临界状态时就导致了开裂，而氢的作用是能促进裂纹尖端局部塑性变形。实验表明，通过应力诱导扩散在裂纹尖端附近富集的原子氢与应力共同作用，促进了该处位错大规模增殖与运动，使裂纹尖端塑性区增大，塑性区内变形量增加。但受金属断裂理论本身不成熟的限制，局部塑性变形到一定程度后裂纹的形核和扩展过程尚不清楚，氢在这一过程中的作用也有待进一步深入研究。

7.10.4 氢脆的防控

（1）合金化　合金中加入Cr、Al、Mo等元素使钢表面形成致密的保护膜，阻止氢向钢内扩散，可降低氢裂敏感性。加入少量氢过电位低的合金元素，如Pt、Pd和Cu等，将腐蚀反应产生的氢原子吸引到合金表面的这些金属上，然后氢原子结合成氢分子外逸。还有些合金元素，如Mo、W、Cr和Nb等，能降低氢原子在钢中的扩散速度，有利于降低钢中氢的含量和局部浓度，提高抗氢脆能力。

（2）热处理　马氏体钢对氢特别敏感，如果将马氏体结构改变为珠光体结构，则氢裂敏感性下降。碳钢经过热处理后生成球化碳结构，对氢脆有较高的稳定性。

（3）合理的加工和焊接工艺　高强度钢加工的残余应力是个严重问题。在酸洗和电镀过程中，如何降低金属中的氢浓度是非常重要的。焊接时应尽量采用低氢焊条，在干燥条件下焊接。

（4）添加缓蚀剂或抑制剂　在水溶液中一般采取加入缓蚀剂的方法，抑制钢中氢的吸收量。如在质量分数为3%的NaCl溶液中加入少量N-椰子素和β-氨基丙酸后，降低了高强度钢中的氢含量，延长了钢到达断裂的时间。在阴极酸洗时，应在酸洗液中加入微量锡盐，可阻碍氢原子的生成和对金属的渗入。

7.11 选择性腐蚀

7.11.1 选择性腐蚀的概念和特点

选择性腐蚀是指在金属腐蚀过程中，在表面上某些特定部位有选择地溶解现象。金属固溶体的组分之一由于腐蚀优先转入溶液，而金属表面则逐渐富集另一组分，称为组分的选择性腐蚀。如黄铜的脱锌、铸铁因腐蚀而发生铁素体的溶解，以及碳化物和石墨在表面富集等。由于腐蚀后剩下一个已优先除去某种合金组分的组织结构，所以也常称为去合金化。去合金化后材料总的尺寸变化不大，但金属已失去了强度，因而易于发生危险事故。

除水溶液腐蚀介质外，在其他介质中以及高温腐蚀的条件下，也会发生选择性腐蚀。核反应堆中常用的液态金属介质，会对合金中某些组分有选择地溶解，造成金属材料表面层内这些成分贫化，也属于选择性腐蚀。

熔盐体系是引起选择性腐蚀的危险介质，合金中比较活泼的组分在熔盐介质中的选择性溶解，常与高温氧化同时发生。在较高温度的熔盐体系内，合金中较活泼的元素和空位形成双向扩散，空位向内运动时聚集形成空腔，出现了克肯达尔效应。虽然腐蚀的溶解量不大，但对材料的高温力学性能影响很大。燃气轮机的转子叶片受热应力较大，容易因此造成破坏事故。

7.11.2 黄铜脱锌

1. 黄铜脱锌的特征

黄铜即Cu-Zn合金，加Zn可提高Cu的强度和耐冲蚀性能。但随着Zn含量的增加，脱锌腐蚀和应力腐蚀将变得严重，如图 7-25 所示。黄铜脱锌是 Zn 被选择性溶解，留下了多孔的富 Cu 区，从而导致合金强度大大下降。

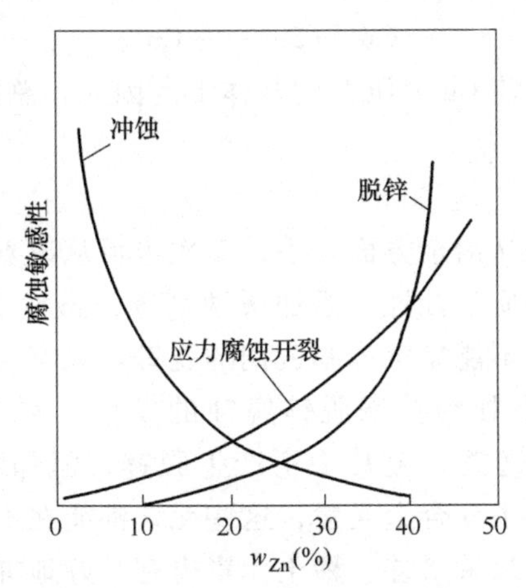

图 7-25 黄铜中 Zn 含量与不同腐蚀形态敏感性的关系

黄铜脱锌有两种形态（图 7-26）：一是均匀的层状脱锌，多发生于 Zn 含量较高的合金中，并且总是发生在酸性介质中；二是不均匀的带状或栓状脱锌，多发生于 Zn 含量较低的黄铜及中性、碱性或弱酸性介质中，这种脱锌导致腐蚀产物被溶液冲走，形成疏松多孔的铜残渣，强度大大降低。

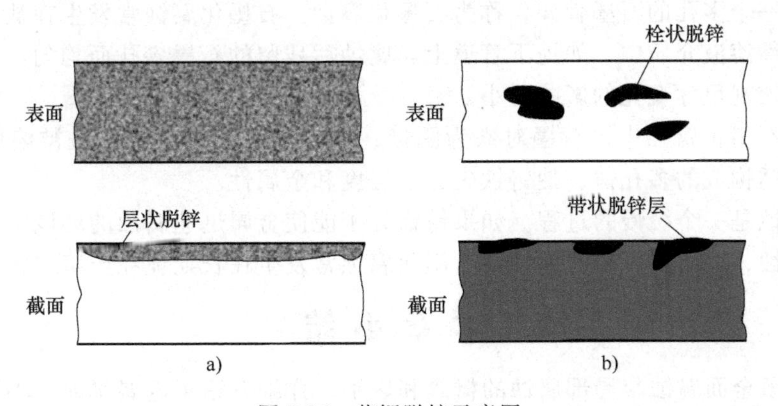

图 7-26 黄铜脱锌示意图

Zn 的质量分数小于 15%的黄铜多用于散热器，一般不出现脱锌腐蚀；Zn 的质量分数为 30%～33%的黄铜多用于制作弹壳。这两类黄铜都是 Zn 溶解在 Cu 中形成的固溶体合金，称为 α 黄铜。Zn 的质量分数为 38%～47%的黄铜为 α+β 相，β 相是以 Cu、Zn 金属间化合物为基体的固溶体，这类黄铜热加工性能好，多用于热交换器。Zn 含量高的 α 相和 α+β 相黄铜脱锌腐蚀都比较严重。

2. 黄铜脱锌的机理

黄铜脱锌是个复杂的电化学反应过程，而不是简单的活泼金属分离现象。多数人认为黄铜脱锌分三步：①黄铜溶解；②Zn^{2+}离子留在溶液中；③Cu 镀回基体上。相应的反应式为

阳极反应：$Zn \longrightarrow Zn^{2+}+2e^-$，$Cu \longrightarrow Cu^++e^-$

阴极反应：$0.5O_2+H_2O+2e \longrightarrow 2OH^-$

Zn^{2+}留在溶液中，而Cu^{+}迅速与溶液中的氯化物作用，形成Cu_2Cl_2，接着Cu_2Cl_2分解：

$$Cu_2Cl_2 \longrightarrow Cu+CuCl_2$$

$$Cu^{2+}+2e^{-} \longrightarrow Cu$$

Cu^{2+}参加阴极还原反应，使Cu又沉淀到基体上。因此，总的效果是Zn的溶解，留下了多孔的Cu。

3. 黄铜脱锌的防止措施

防止黄铜脱锌腐蚀主要是从冶金方面入手，其次也可从改善环境方面考虑。改善腐蚀环境，如采用阴极保护、降低介质浸蚀性、添加缓蚀剂等，虽然是防止黄铜脱锌较好的措施，但由于受工况条件的限制，并不能完全抑制黄铜的脱锌。只有通过冶金化方法提高黄铜自身的抗脱锌能力，才能从根本上杜绝黄铜脱锌腐蚀的发生。例如：采用锌含量较低的黄铜（Zn的质量分数小于15%），这类合金几乎不产生脱锌，但却不耐冲蚀；或在黄铜中加入砷、硼、锑、磷、锡、铝、稀土等合金元素，这些元素都能在不同程度上防止黄铜脱锌，在这些元素中尤以添加砷、硼的效果最佳，稀土元素也有较好地抑制脱锌腐蚀的效果。

7.11.3 石墨化腐蚀

灰铸铁的石墨化腐蚀是除铜基合金外最常见的选择性腐蚀形式。灰铸铁中的石墨以网络状分布在铁素体的基体内，对于铁素体来说它是阴极，在一定的介质条件下发生铁的选择性腐蚀而遗留下一个多孔的石墨骨架，称为石墨化腐蚀。石墨化腐蚀常发生在盐水、矿水、土壤或极稀的酸性溶液介质中，如地下管道上。腐蚀后残留的石墨多孔而均匀。与黄铜脱锌相似，它对金属宏观尺寸变化的影响甚小。

在铸铁的石墨化腐蚀中，石墨对铁为阴极，形成了高效原电池，铁被溶解后，成为石墨、空隙和铁锈构成的多孔体，使铸铁失去了强度和金属性。

石墨化腐蚀是一个缓慢的过程。如果铸铁处于能使金属迅速腐蚀的环境中，将发生整个表面的均匀腐蚀，而不是石墨化腐蚀。石墨化腐蚀常发生在长期埋在土壤中的灰铸铁管上。

本章小结

本章介绍了全面腐蚀与局部腐蚀的概念和区别，详细介绍了电偶腐蚀、小孔腐蚀、缝隙腐蚀、晶间腐蚀、应力腐蚀、磨损腐蚀、疲劳腐蚀、氢脆，以及选择性腐蚀等各类局部腐蚀的概念、特征、机理、影响因素、防护措施等。

拓展视频

中国创造：彩云号

课后习题及思考题

1. 全面腐蚀与局部腐蚀的区别是什么？哪种腐蚀的危害更大？

2. 全面腐蚀常用的表示方法有哪些？
3. 局部腐蚀的形成需要哪些条件？
4. 什么是电偶腐蚀？电偶腐蚀的本质和原理分别是什么？举例说明电偶腐蚀现象。
5. 电偶腐蚀的影响因素有哪些？电偶腐蚀的防护措施有哪些？
6. 什么是小孔腐蚀？小孔腐蚀的特征有哪些？
7. 什么是击穿电位（E_b）和再钝化电位（E_P）？两者是如何影响蚀孔形成的？
8. 小孔腐蚀的影响因素有哪些？防护措施有哪些？
9. 什么是缝隙腐蚀？缝隙腐蚀的特征有哪些？
10. 请概述缝隙腐蚀的原理。
11. 缝隙腐蚀与小孔腐蚀的区别是什么？
12. 缝隙腐蚀的影响因素有哪些？防护措施有哪些？
13. 什么是晶间腐蚀？晶间腐蚀的特征有哪些？常见的晶间腐蚀有哪些？
14. 晶间腐蚀发生的必要条件是什么？
15. 晶间腐蚀的影响因素有哪些？防护措施有哪些？
16. 什么是应力腐蚀？应力腐蚀的特征有哪些？
17. 应力腐蚀的影响因素有哪些？防护措施有哪些？
18. 什么是磨损腐蚀？磨损腐蚀常见的形式有哪些？
19. 磨损腐蚀的影响因素有哪些？防护措施有哪些？
20. 什么是疲劳腐蚀？疲劳腐蚀的特征有哪些？
21. 疲劳腐蚀的影响因素有哪些？防护措施有哪些？
22. 结合工程实际，解释什么是氢脆。氢脆的特征有哪些？防护措施有哪些？
23. 举例说明什么是选择性腐蚀及其特征。

第8章

腐蚀控制原理

8.1 腐蚀控制的基本概念与原理

调节金属材料与环境之间的相互作用，使金属零件、结构、设备等保持其力学性能和功能，不致因发生腐蚀而恶化甚至损坏失效，以实现长期安全运行，称为腐蚀控制。

腐蚀控制的目标是使金属零件、结构、设备等的腐蚀速度保持在比较合理的、可以接受的水平。也就是说，腐蚀控制并不是要求金属设备完全不腐蚀，而是允许以一定的速度腐蚀，但腐蚀速度应当很小，不足以导致金属零件、结构、设备发生明显的腐蚀失效。

那么可接受的腐蚀速度水平如何确定？一般情况下，确定可接受的腐蚀速度水平需要考虑以下几个因素：

（1）壁厚减薄　均匀腐蚀造成的主要后果之一是设备的壁厚减薄，并导致尺寸变化和强度的降低。有些零部件对尺寸要求严格，如发动机的气缸和活塞环、控制阀阀芯等，均匀腐蚀速度必须很低。一般的管道、容器等设备，是在按强度要求设计的壁厚基础上增加腐蚀余量。腐蚀使壁厚减薄，但只要壁厚在强度允许的范围内就可以继续使用。但像换热器这样的设备，管壁所取的腐蚀余量也是有限度的，否则会造成体积过于庞大。

（2）腐蚀产物　均匀腐蚀造成的另一个后果是腐蚀产物带来的污染。在某些生产过程中，这种污染导致的问题可能比金属损坏更为严重。例如，食品、饮料、生物医药行业中，腐蚀产物的金属离子可以改变产品的色、香、味，对人体有毒，或破坏药效等，从而造成产品质量降级甚至报废。化纤行业中腐蚀产物的污染可能使产品质量受到很大影响。化学行业中，腐蚀形成的某些金属离子或化合物可能成为不希望发生的副反应的催化剂，甚至导致着火或爆炸。生化行业中，某些金属腐蚀产物可能毒害有益的微生物。因此，制造设备的金属材料必须具有极低的腐蚀速度，许多时候甚至不能采用金属材料而用非金属材料。

（3）后续后果　金属设备等的腐蚀破坏（如穿孔、破裂、断裂）引起物料的泄漏或喷出，可能导致火灾、中毒、人身伤亡、环境污染等后果，特别是局部腐蚀造成的突发性事故，后果可能是灾难性的。因此，对于易发生这类腐蚀的设备要特别重视。对腐蚀控制的效果当然要求更高，尤其是主要控制可能发生的局部腐蚀。

（4）腐蚀控制的成本　腐蚀控制的目标常常受经济因素的制约。一般而言，腐蚀控制措施的费用应当低于不采取控制措施可能造成的经济损失。因此，费用太高的腐蚀控制方法即使效果很好也难以实施，即腐蚀控制措施既要有效又要经济。

（5）预期使用寿命　腐蚀控制所要达到的水平应当和设备计划寿命一致，而各种设备、结构的计划寿命有很大差异。对现代化工装置而言，在市场竞争条件下，若干年后有的装置需要改造，有的产品结构需要变更，因此希望工程投资最少，回收年限最短。

8.2　腐蚀控制的基本途径和环节

8.2.1　腐蚀控制的基本途径

金属的腐蚀是金属材料和周围环境相互作用的结果，这种相互作用是从金属与环境的界面上开始的。因此腐蚀控制途径可以从腐蚀体系和电化学腐蚀历程两个方面考虑，如图 8-1 所示。

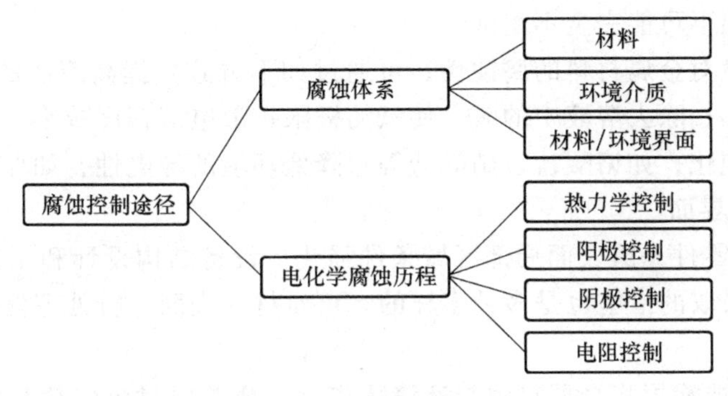

图 8-1　腐蚀控制的基本途径

1. 腐蚀体系

腐蚀体系包含三个方面内容：材料本身、环境介质和材料/环境界面。

（1）材料　为服役环境选择恰当的耐蚀材料，并研制在使用环境中具有更优良耐蚀性的新材料。在不同的环境介质中选材时应遵循下列原则：

1）在强还原性或非氧化性环境中，由于材料不易钝化或钝化膜不稳定，不宜使用可钝化材料，应选择依靠自身热力学稳定性耐腐蚀的材料，如铜与铜合金、镍与镍合金等。

2）在氧化性环境中应选择可钝化材料，如不锈钢、铝与铝合金等，氧化性很强的环境可选择钛与钛合金、锆合金等。

3）在氯离子环境中不宜使用钝性金属材料，普通 18-8 型不锈钢和铝合金在氯离子环境中容易发生孔蚀、缝隙腐蚀和应力腐蚀破裂。高镍钼型不锈钢有一定的耐孔蚀能力，但在受力状态下存在腐蚀倾向，在低氯离子介质中应慎重使用。钛合金有较强的耐氯离子侵蚀能力。

4）按允许的腐蚀速度使用不同类型的材料和构件。耐蚀性相对较低的通用材料一般允许有较高的腐蚀速度。在医药、食品工业，以及由于微量铁溶出而可能导致介质污染、变色或催化剂中毒等特殊场合，选材应保证腐蚀速度低于 0.01mm/a。

5）充分利用已有的使用经验。下列材料/介质组合已经为大量实践证明是经济有效的：不锈钢-硝酸、镍与镍合金-碱、蒙乃尔合金-氢氟酸、哈氏合金-热盐酸、铅-稀硫酸、铝-大气、碳钢-浓硫酸、钛-强氧化性介质。

6）对受力结构或重要构件，特别注意要防止发生应力腐蚀破裂，选材时要避免可能导致应力腐蚀的材料/介质组合。

（2）环境介质　腐蚀环境的主要特征参数包含介质组成、温度、流速、压力、固体颗粒种类与含量、介质循环量、介质组成的变化、气液界面状况、蒸发与浓缩条件等。其中最重要的参数是介质组成和温度。

1）介质组成。介质组成决定其氧化性或还原性、酸碱性，除要搞清楚介质的主要成分外，还必须了解主要侵蚀性杂质的种类与含量。如：微量的氯、氟离子即可破坏钝化；重金属离子会加速腐蚀；氧和氧化剂的存在能促进可钝化金属发生钝化，也可能加速非钝化金属的腐蚀。

2）温度。大多数介质的腐蚀性随温度升高而显著增大，例如，在有机酸或稀无机酸体系中，金属材料在沸腾温度下的腐蚀速度比在室温下要高一个数量级以上。在室温下耐蚀性良好的材料，在高温下可能完全不耐蚀。

此外，降低环境对金属材料的腐蚀性，可通过如下方式：提高溶液的 pH 值，使析氢反应交换电流密度减小；除去溶液中的氧，使氧的极限扩散电流密度减小；在溶液中加入阳极性缓蚀剂，使金属钝化，如铬酸盐、硝酸盐等；降低环境的导电性，如保持土壤干燥。

（3）材料/环境界面

1）避免设备或零件暴露表面局部区域条件强化。设备结构设计和工艺操作必须考虑这方面的要求，可以采取的措施也是多种多样的。可对材料表面进行处理促进钝化，如不锈钢表面抛光。

2）采用覆盖层或涂层将金属材料与环境隔离开。覆盖层材料代替基底材料处于被腐蚀地位，因而也有选材问题，但覆盖层材料的选择范围比整体材料要宽得多。也可以使金属材料表面发生某种变化，生成耐蚀性优良的表面层。还可以采用连续的热力学稳定覆盖层隔离金属和环境，如镀金层，非金属覆盖层如搪瓷、塑料等。

2. 电化学腐蚀历程

从金属电化学腐蚀原理可知，腐蚀电流的大小取决于腐蚀倾向和腐蚀过程的阻力。因此可得出腐蚀控制的四条途径。

1）热力学控制，降低体系的腐蚀倾向。在金属材料中加入热力学稳定的合金元素，以提高阳极反应的平衡电位，如 Cu 中加入 Au、Ni 中加入 Cu 等。在金属材料中加入阴极性合金元素促进阳极钝化，适用于可能钝化的金属体系（合金与腐蚀环境）。在金属或合金中加入阴极性合金元素，可促使合金进入钝化状态，从而形成耐蚀合金。在材料中加入合金元素促使合金表面生成致密、高耐蚀性的保护膜，从而提高合金的耐蚀性，如在钢中加入 Cu、P 等合金元素，使合金钢表面在一定条件下生成耐大气腐蚀的非晶态保护膜。

2）阴极控制，增大阴极反应的阻力。减少溶液中去极化剂的量（提高溶液 pH 值，除去氧和其他氧化剂），使阴极反应平衡电位降低。在金属材料中加入阴极反应难以进行的阴极性合金元素，如 Zn 的汞齐化。减少金属材料中的阴极杂质，避免小阳极-大阴极的电偶对组合。

工程上具体有以下两条途径：

① 减小合金的阴极活性面积。减少阴极相或夹杂物，就是减小活性阴极的面积，从而提高阴极极化程度，阻滞阴极过程，提高合金的耐蚀性。可采用热处理方法（如固溶处理），使合金成为单向固溶体，消除活性阴极第二相，提高合金的耐蚀性。相反，退火或时效处理可降低其耐蚀性。

② 加入析氢过电位高的合金元素。这种方法适用于由析氢过电位控制的析氢腐蚀过程。可在合金中加入析氢过电位高的合金元素，来提高合金的阴极析氢过电位，降低合金在非氧化性或氧化性不强的腐蚀介质中的活性溶解速度。

3）阳极控制，增大阳极反应的阻力。在金属材料表面覆盖相对基体金属为阳极的金属覆盖层，使金属电位负移，如 Fe 中加入 Cr 组成不锈钢。合金中的第二相相对基体是阳极相，在腐蚀过程中减少这些微阳极相的数量，可增大阳极极化电流密度，提高阳极极化程度，阻滞阳极过程的进行，提高耐蚀性。通过晶界细化或钝化来减小合金表面的阳极面积也是可行的。

4）电阻控制，增大电路的欧姆电阻。金属材料表面覆盖具有微观不连续性的覆盖层（如油漆层），增大电路的欧姆电阻。

8.2.2　腐蚀控制的环节

腐蚀控制的要求应贯穿于设备制作和运行的全过程。因此，腐蚀控制的途径要通过以下环节予以实现：

1）选择恰当的耐蚀材料。

2）设计合理的设备结构。

3）使用正确的制造、贮藏和安装技术。

4）采取有效的防护方法。

5）设置合适的工艺操作条件。

6）实行良好的维护管理。

8.3　腐蚀控制的实现方法

腐蚀控制的主要实现方法如下：

1）根据使用环境，正确地选用金属材料和非金属材料。

2）对产品、零件、设备进行合理的结构设计和工艺设计，以减少产品在加工、装配和储存等环节中的腐蚀。

腐蚀及其控制是一个贯穿产品设计、试制、生产、使用和维护等各个环节的重要问题。产品设计时不仅要考虑材料的力学性能，而且必须了解产品的使用和工作环境。对一些产品，如许多板件、管件、铸件、锻件和化工用的槽池等，设计壁厚时除要考虑必要的机械强度保障以外，还必须预留一些腐蚀余量；设计产品结构时，要注意设计合理的表面形状，连接工艺中注意少留死角，以避免水分或其他腐蚀介质的存留，造成缝隙腐蚀；产品设计中，不可避免地要使用各种不同材料，因此选材时必须考虑不同材料相互接触时可能产生的电偶腐蚀问题；对于受力构件，应力分布的不均匀性可能引起应力腐蚀断裂和腐蚀疲劳，尤其要注意残余应力对腐蚀过程的影响。此外，在金属材料的冷、热加工及装配过程中，也要注意防止腐蚀的发生。

3）采用电化学保护方法，包括阴极保护和阳极保护技术。

电化学保护方法分为阴极保护与阳极保护两大类。用电化学方法使被保护工件在工作条件下的电位移至平衡可逆电位以下，从而停止腐蚀的方法即为阴极保护法。它可以通过两种途径来实现：一种是以被保护工件为阴极，施以外加电流；另一种是以工件为阴极，以电位更负的金属与工件相连，成为原电池的阳极，阳极金属被腐蚀溶解以保护工件。阳极保护法则是使腐蚀件的电位正移，使表面形成稳定的钝态而受到保护。实现阳极保护的方法有两种：一种是施加外电流，被保护工件为阳极；另一种是在被保护的工件或合金中加入可钝化的元素，使其表面形成稳定的钝化膜。当介质中含有浓度较高的活性阴离子时，不能采用阳极保护法。有关阳极保护和阴极保护的详细内容将在第 9 章介绍。

4）在基体材料上施加保护涂层。

① 阳极性金属覆盖层。这种覆盖层除自身有一定耐蚀性外，还可以作为阳极对基体金属起保护作用。即使基材受到难以避免的裸露（如擦伤时），仍可作为阴极而受到涂层保护，如钢铁表面的锌、铝、镉覆盖层，高含量的锌、铝粉调制的有机涂层等。在大气介质中，锌为阳极，优先腐蚀，铁得到保护，而受腐蚀的锌表面上形成一层致密的氧化膜又阻止了锌的继续氧化。

② 阴极性金属及非金属涂层。这类覆盖层自身耐蚀性、稳定性良好，通过机械屏蔽作用，把金属和腐蚀环境介质隔离开。常用的覆盖层包括镍、铬、铜、不锈钢、陶瓷、珐琅、有机涂层及表面转化膜等。但是从微观上来说，绝对致密的涂层是不存在的，因此这种隔离只能是相对的。为了获得良好的防腐蚀效果，常常采用复合的方法。例如：采用多种金属多层复合涂层；喷涂金属-金属、陶瓷-陶瓷的多层多元复合涂层；有机涂料保护也要尽可能选用透气、透水小的成膜物质和屏蔽性大的固体填料，同时增加涂覆层数；必要时以化学转化膜打底，以及采用缓蚀剂等。此外，还要注意降低材料表面的应力状态。采用各种机械方法或化学热处理方法，使金属材料表面产生压应力，可以大大降低应力腐蚀断裂和腐蚀疲劳倾向。

5）采用各种改善腐蚀环境的措施，如在封闭或循环的体系中使用缓蚀剂，以及脱气、除氧和脱盐等。

缓蚀剂是通过添加特殊的活性物质吸附到金属表面，使其表面钝化，从而达到减缓抑制腐蚀过程的目的。缓蚀剂防腐的详细内容将在第 10 章进行介绍。

本章小结

本章介绍了材料腐蚀控制的基本概念与原理，给出了改善腐蚀的几个重要因素，介绍了从腐蚀体系和电化学腐蚀历程两方面控制腐蚀的重要途径。腐蚀体系上主要考虑材料、环境介质、材料/环境界面等因素；而电化学腐蚀历程方面，主要在热力学控制、阳极控制、阴极控制、电阻控制等方面提出了腐蚀防控的措施。

拓展视频

中国创造：天鲲号

课后习题及思考题

1. 什么是腐蚀控制？腐蚀控制的目标是什么？
2. 腐蚀控制的考虑因素有哪些？
3. 腐蚀控制的基本途径有哪些？
4. 耐蚀材料的选用原则有哪些？
5. 腐蚀控制的重要环节有哪些？
6. 腐蚀控制的常用方法有哪些？

第9章

阴极保护与阳极保护

电化学腐蚀是金属腐蚀的主要破坏形式，电化学保护是防止电化学腐蚀最简单、最经济、最有效的防护技术之一。在各类环境介质中，金属表面各个部分（宏观或微观）的电位不同，构成了腐蚀电池，电化学保护则是通过外加电流使金属的电位发生改变从而防止其腐蚀的一种方法。在外加电流作用下，被保护金属的电位变得更负、移向免蚀区，或者电位变得更正、移向钝化区，二者均可降低金属的腐蚀速度，甚至停止腐蚀。电化学保护技术可分为阴极保护和阳极保护两种。

9.1 阴极保护

广义上讲，将被保护金属进行外加阴极极化使其电位负移，从而减缓或停止金属腐蚀的方法称为阴极保护法。通常，外加的阴极极化可采用以下两种方式来实现：

1）将被保护金属与直流电源的负极相连，利用外加阴极电流进行阴极极化，如图 9-1 所示，这种方法称为外加电流法阴极保护，简称外加电流法。

2）在被保护金属上连接一个电位更负的金属作为阳极（如钢设备上连接锌），它与被保护金属在电解质溶液中形成大电池，从而使被保护金属进行阴极极化，如图 9-2 所示，这种方法称为牺牲阳极法阴极保护，简称牺牲阳极法。

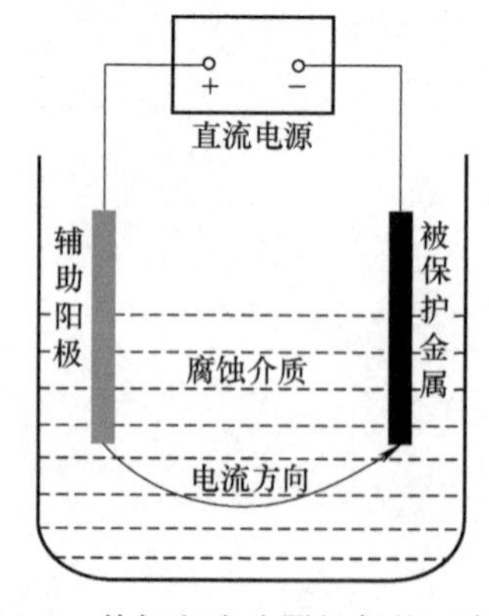

图 9-1 外加电流法阴极保护示意图

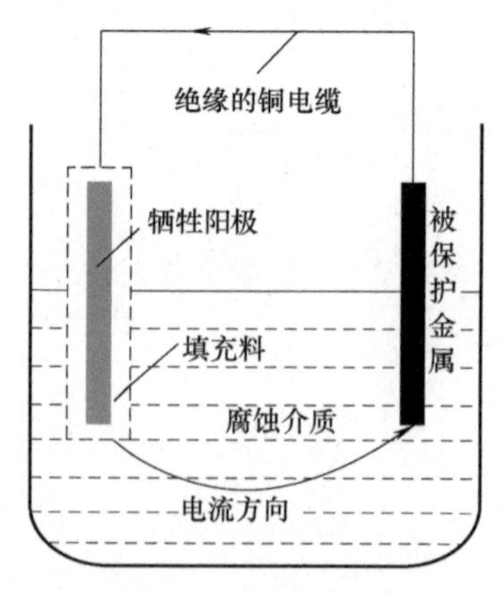

图 9-2 牺牲阳极法阴极保护示意图

9.1.1　阴极保护原理

外加电流法是依靠外部直流电源提供的电流对被保护金属进行阴极极化，牺牲阳极法则是依靠牺牲阳极金属溶解产生的电流对被保护金属进行阴极极化，二者的原理相同。下面以外加电流法为例加以解释。我们知道，任何一个腐蚀反应至少包含一个阳极反应和一个阴极反应，可以将在电解质中腐蚀着的金属表面看作双电极腐蚀原电池，如图 9-3 所示。当腐蚀原电池工作时，产生腐蚀电流 I_c，金属表面的阳极部分将被腐蚀。

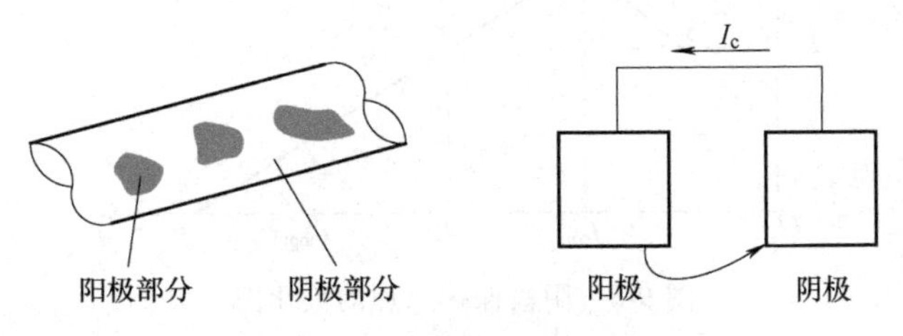

图 9-3　双电极腐蚀原电池模型

如果在双电极腐蚀原电池上接入第三个电极，即用导线将金属连接到一外加电源的负极，将第三电极（辅助阳极）连接到电源的正极，构成如图 9-4 所示的阴极保护模型，此时，原来的双电极腐蚀原电池结构发生了变化，第三电极替代了双电极腐蚀原电池的阳极，电流由辅助阳极经过电解质溶液进入被保护金属，对金属进行阴极极化，使金属表面得到了保护。

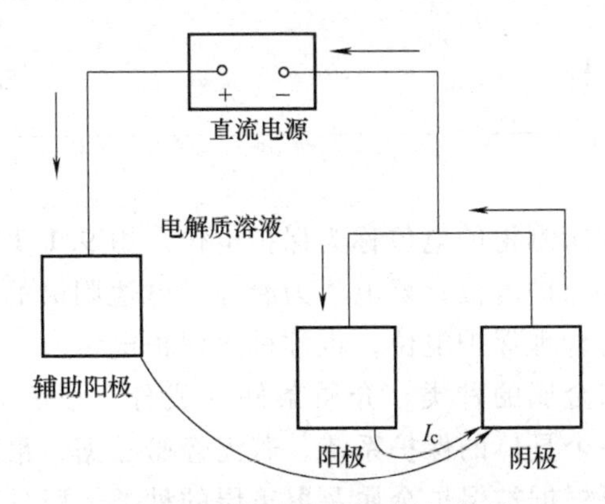

图 9-4　外加电流阴极保护模型

图 9-5 为阴极保护原理的极化图。没有采取保护时，金属腐蚀微电池的阳极反应极化曲线 E_aD 和阴极反应极化曲线 E_cF 相交于 S 点（忽略体系电阻），该点所对应的电位 E_{corr} 为金属的自腐蚀电位，对应的电流 I_{corr} 为自腐蚀电流。在自腐蚀电流的作用下，阳极会不断溶解，产生的电子不断被阴极消耗，两者电量平衡，此时的自腐蚀电位既是阳极电位也是阴极电位。当对金属体系进行阴极保护时，即从外部把电流送入系统，使金属进行阴极极化，此时阴极电位从 E_{corr} 向更负的方向变动，阴极极化曲线从 S 点向 F 点方向延长。当金属电极电位极化到 E_1 时，对应的阴极电流为 I_1，相当于线段 AC。线段 AC 由两个部分组成，其中线段 AB 这部分电流是阳极腐蚀所提供的电流，表明金属在此电位下并未停止腐蚀，但是此

时的阳极腐蚀电流要比自腐蚀电流小，这说明金属的腐蚀速度降低了，金属得到了部分保护；而线段 BC 这部分电流为阴极和阳极电流的差值，根据电流加合原理，这个电流就是外加极化电流。

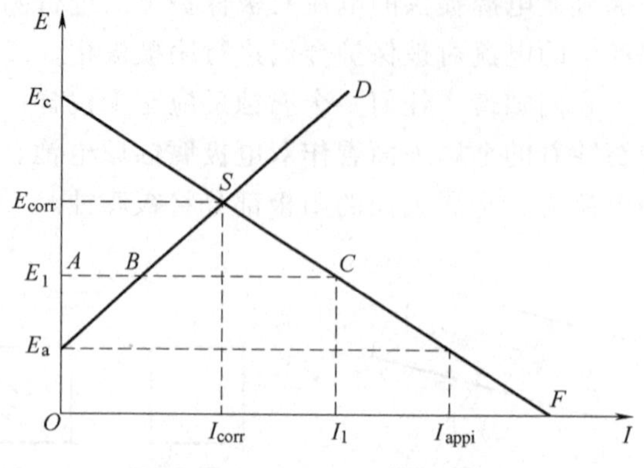

图 9-5　阴极保护原理的极化图

如果外加阴极极化电流继续增大，金属的电位就会更负。当金属极化电位到达阳极电位 E_a 时，金属表面各个区域的电位都等于 E_a，即等于最活泼的阳极点的开路电位，此时腐蚀电流为零，金属达到了完全保护。E_a 对应的外加电流 I_{appi} 即为金属达到完全保护所需的电流。

使金属达到完全阴极保护所需要的最小外加电流密度，称为最小保护电流密度，相应的电位称为最小保护电位。最小保护电流密度和最小保护电位是阴极保护的两个最基本参数。

9.1.2　阴极保护参数

1. 最小保护电位

满足阴极保护准则要求所测得的电位称为保护电位。由 9.1.1 节讨论可知，使金属达到完全保护时的电位称为最小保护电位，该电位为腐蚀微电池阳极的初始电位。此外，使金属达到有效保护时的电位称为合理保护电位，也称最大保护电位。

最小保护电位的数值与金属的种类、介质条件（成分、浓度等）有关，并可通过经验数据或实验来确定。对于一个具体的保护系统，若无经验数据，最好通过实验来确定最小保护电位。最小保护电位需要根据被保护金属及覆盖层的种类、所处环境介质来确定。对于任何一个给定的腐蚀体系，都存在一个合理的保护电位范围。对于钢铁材料，通常采用比其自腐蚀电位负 0.2~0.3V 的方法来确定其保护电位。表 9-1 列出了不同材料在海水和土壤中进行阴极保护时采用的保护电位值。

表 9-1　常用金属在典型腐蚀环境中的保护电位值　（单位：V）

金属或合金	参比电极(介质)		
	$Cu/CuSO_4$（土壤和淡水）	Ag/AgCl(海水)	Zn(海水)
钢与铁(通气环境)	−0.85	−0.80	+0.25
钢与铁(不通气环境)	−0.95	−0.90	+0.15

（续）

金属或合金	参比电极（介质）		
	$Cu/CuSO_4$（土壤和淡水）	Ag/AgCl（海水）	Zn（海水）
铜合金	−0.65～−0.5	−0.6～−0.45	+0.60～+0.45
铝及铝合金	−1.20～−0.95	−1.15～−0.90	−0.10～+0.15
铅	−0.60	−0.55	+0.50

2. 最小保护电流密度

被保护金属单位面积上流入的电流称为保护电流密度。能使金属达到完全保护时所需的电流密度称为最小保护电流密度，它的数值与金属的种类、金属表面状态（有无保护膜、漆膜的完整度等）、介质条件（组成、浓度、温度、流速等）有关，其中增大腐蚀速度、降低阴极极化的因素（如温度升高、压力增加、流速加快等），都会使最小保护电流密度增加。

表 9-2 列出了钢铁在不同环境介质中所需的最小保护电流密度经验参考值。可见环境介质的不同可使最小保护电流密度从每平方米几毫安到上千毫安变化。特别需要注意的是，钢铁在稀硫酸这类强腐蚀介质中所需的保护电流密度非常大，因此在实际中难以应用阴极保护法进行保护。

表 9-2 钢铁在不同环境介质中的最小保护电流密度

环境	条件	最小保护电流密度/(mA/m^2)
稀硫酸	室温	1200
海水	流动	150
淡水	流动	60
高温淡水	氧饱和	180
高温淡水	脱气	40
中性土壤	细菌繁殖	400
中性土壤	通气	40
中性土壤	不通气	4
混凝土	含氯化物	5
混凝土	无氯化物	1

此外，保护电流密度不宜过小或过大。电流密度过小则起不到完全保护作用，电流密度过大，非但不经济，还有可能随着电流密度的增大出现完全保护程度降低、腐蚀速度增大的现象，即过保护现象。图 9-6 显示了锌在 0.05mol/L KCl 溶液中的失重与电流密度的关系。当电流密度在 1500～3000mA/m^2 范围时，锌的完全保护程度可达 96%～97%，而当电流密度超过 3000mA/m^2 时，锌的完全保护程度开始呈下降趋势，形成过保护。

上述两个参数中，保护电位是最主要的参数，因为电极过程主要取决于电极电位，如金属的阳极溶解、电极上氢气的析出均取决于电极电位。保护电位决定金属的保护程度，并且可利用它来判断和控制阴极保护是否完全。而保护电流密度的影响因素很多，在保护过程中，当电位一定时，电流密度会随系统的变化发生改变，是一个次要参数。

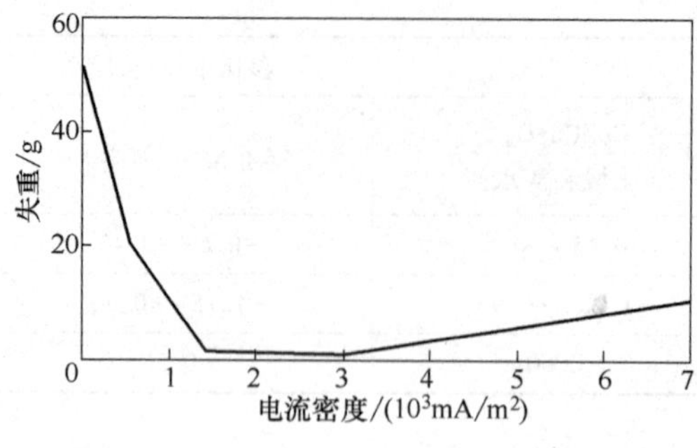

图 9-6　锌在 0.05mol/L KCl 溶液中的失重与电流密度的关系

9.1.3　外加电流法阴极保护系统

外加电流法阴极保护系统主要由辅助阳极、直流电源和参比电极三大部分组成，其中参比电极用于监测保护电位。

1. 辅助阳极

辅助阳极，即与外加电流法保护阴极系统中的直流电源正极相连的辅助电极，其作用是使外加电流从阳极经过介质流到被保护金属构成电回路。辅助阳极材料的电化学性能、力学性能、工艺性能，以及阳极的形状、分布等均对阴极保护的效果和使用寿命有重要影响。选择辅助阳极时应遵循以下原则：

1）具有良好的导电性和较小的表面输出电阻。

2）在高电流密度下阳极极化小，在一定的电压下，阳极单位面积上能通过较大的电流。

3）耐蚀性好，溶解速度低，使用寿命长。

4）具有一定的机械强度，耐磨、耐冲击性好。

5）机械加工性能好，方便加工成各种形状。

6）材料来源充足，价格低廉。

可采用的辅助阳极材料品类众多，按其溶解性可分为三类：可溶性阳极（如钢、铝等），其典型消耗率在 2~9kg/(A·a) 之间；微溶性阳极（如铅银合金、硅铸铁、石墨、磁性氧化铁等），其典型消耗率在 0.2~1.4 kg/(A·a) 之间；不溶性阳极（如镀铂钛、镀铂铌、镀钌钛等），其典型消耗率在 2~10mg/(A·a) 之间。常用的外加电源阴极保护辅助阳极及其性能归纳于表 9-3 中。

表 9-3　常用外加电源阴极保护辅助阳极及其性能

阳极材料	工作电流密度 /(A/m²)	消耗率 /[kg/(A·a)]	特点
碳钢(铸铁)	10~100	9~10 (12~120mm/a)	机械加工性能好，工作电流密度范围较宽，来源广泛，消耗量大
铝	5~50	2~4 (18~90mm/a)	易加工，力学性能好，适用于封闭系统，易消耗

（续）

阳极材料	工作电流密度 /(A/m²)	消耗率 /[kg/(A·a)]	特点
石墨	2.7~32.4	0.1~1	价格低，易加工，导电性、耐蚀性良好，质脆易碎，缩颈、尖端效应会使其利用率降低
普通高硅铸铁	50	0.3~1.0	耐蚀性好，质脆易碎，不易加工，适用于土壤、淡水、半碱水和海水
含铬高硅铸铁	10	0.05~0.2	相较于普通高硅铸铁，可用于含有相当浓度氯离子的土壤中或温度超过50℃的淡水中
磁性氧化铁	10~100	<0.1	耐受高电压、对残余波纹电压不敏感，质硬而脆，对机械和热冲击敏感，适用于海水、土壤和淡水中
Pb-6%Sb-1%Ag	30~300	0.045~0.09	预先阳极极化形成钝化膜，使用时电流密度不可小于30A/m²
镀铂钛	250~1000	6×10^{-6}(2~7μm/a)	能在1000A/m²电流密度下长期工作，极化率小，消耗率很低，使用寿命长

2. 直流电源

外加电流法阴极保护系统中需要有一个稳定的直流电源，以输出阴极保护用电流。直流电源应满足低电压、大电流且输出可调，长期使用稳定可靠，安装和操作简便，不用经常检修等要求。目前常用的直流电源有整流器和恒电位仪两大类，对于无稳定可靠电源的地区，还可以采用蓄电池、太阳能电池、风力发电机、热发生器等。

整流器具有结构简单、价格便宜、技术成熟、性能稳定可靠、故障率低等优点，因而在外加电流法阴极保护系统中广泛使用。在各类整流器中又以硅整流器最常用。

在阴极保护系统运行过程中，外界条件的变化或电网电压的波动都会引起系统电位变化，使控制电位离开保护电位。为了维持电极电位不变（或变化很小），需要不断调整系统的电流使电极电位处于恒定，这里最好的方法是采用恒电位仪进行自动控制。目前应用的外加电流法阴极保护恒电位仪主要有磁饱和电抗器恒电位仪、晶体管恒电位仪、可控硅恒电位仪和数控高频开关恒电位仪。我国船舶、港口设施、地下管线和海洋平台阴极保护系统中广泛采用可控硅恒电位仪，其优点是输出功率大、使用寿命长、易于批量生产和系列化。此外，数控高频开关恒电位仪作为新一代的外加电流法阴极保护电源装置，正在逐步推广应用。

3. 参比电极

外加电流法阴极保护系统服役过程中需要测量和控制被保护金属的电位，确保其处于保护电位的范围内。要测量其电位就需要一个已知电位的电极与之比较，这种已知电位的电极被称作参比电极。参比电极作为阴极保护系统不可缺少的监测工具，起着两方面的重要作用：测量被保护金属的电位；向恒电位仪传递比较信号，以便调整电位。

参比电极选用要求包括电位稳定、不易极化、重现性好、具有一定的机械强度、使用寿命长、价格低廉、制作安装和使用方便等。常用的参比电极有两种形式：一是电极材料和待定电解液组成的半电池，为可逆电极，如银/氯化银电极、铜/硫酸铜电极、甘汞电极等；二是电极材料直接和腐蚀介质组成的半电池，为不可逆电极，如锌电极、干式氯化银电极等。各类参比电极性能列于表9-4中。

表9-4 各类外加电源阴极保护参比电极的性能及应用范围

参比电极	Me/Me^{n+}	电解液	电位E_H/V	温度系数/(mV/K)	应用范围
铜/硫酸铜电极	Cu/Cu^{2+}	饱和$CuSO_4$	+0.32	0.97	土壤、水
银/氯化银电极	Ag/Ag^{+}	饱和KCl	+0.20	1.0	盐水、淡水
饱和甘汞电极	Hg/Hg_2^{2+}	饱和KCl	+0.24	0.65	水、实验室
1mol/L甘汞电极	Hg/Hg_2^{2+}	1mol/L KCl	+0.29	0.24	实验室
硫酸亚汞电极	Hg/Hg_2^{2+}	饱和K_2SO_4	+0.71		水(无氯化物)
氧化汞电极	Hg/Hg^{2+}	0.1mol/L NaOH	+0.17		稀碱溶液
氧化汞电极	Hg/Hg^{2+}	12mol/L NaOH	+0.05		浓碱溶液
铊电极	Tl/Tl^{+}	3.5mol/L KCl	−0.57	<0.1	热的介质
银/盐水电极	Ag/Ag^{+}	盐水	+0.25		海水、盐水
锌/土壤电极	稳定电位	—	−0.8±0.1		土壤
铁/土壤电极	稳定电位	—	−0.4±0.1		土壤
特种钢/土壤电极	稳定电位	—	−0.4~+0.4		土壤

9.1.4 牺牲阳极法阴极保护系统

如图9-2所示，牺牲阳极法是将一个电位更负的金属作为阳极连接到被保护金属上，阳极金属不断溶解产生电流，电流由阳极经电解液流入阴极被保护金属，从而使阴极极化得到保护。该方法具有不需要外加电源、不干扰邻近金属设施、电流分散能力好、设备简单、施工方便等优点，广泛应用于船舶、水面水下设施、地下输油输气管道等的保护。据统计，日本中川防蚀公司安装的海上石油平台中，有90%以上的平台和所有的海底输油管道都是采用牺牲阳极法进行腐蚀防护的。

牺牲阳极材料的合适与否直接关系到牺牲阳极法阴极保护系统的保护效果。牺牲阳极的选择需要综合考虑如下性能要求和经济要求：

1）足够负的电极电位，即驱动电位（阳极与阴极之间的有效电位差）要大。需要注意的是电极电位不宜过负，否则会引起阴极析氢导致氢脆。一般地，须将驱动电位控制在0.25V左右。

2）电容量大，即单位重量阳极溶解所产生的电量大。

3）电流效率高，由于阳极局部自腐蚀存在，阳极溶解产生的电流并不是完全用于阴极保护，电流效率η越高代表自腐蚀电流越小，牺牲阳极的使用寿命也就越长。

$$\eta=\frac{\text{实际电容量}}{\text{理论电容量}}=\frac{\text{单位牺牲阳极质量所产生的电量}}{\text{单位牺牲阳极质量按库仑定律计算的电量}}$$

4）阳极极化率小，容易活化，输出电流稳定。

5）材料来源丰富、价格便宜、制造工艺简单、不污染环境。

常见的牺牲阳极材料可分为镁基、锌基、铝基三大类合金，其基本性能列于表 9-5 中。三种材料的电化学特性各有优缺点，选择阳极材料时应综合考虑阳极的电位、需要电流的大小、介质的电阻、阳极寿命、经济性等各方面因素。

表 9-5　镁基、锌基、铝基合金牺牲阳极的性能

阳极材料	密度 /(g/cm^3)	理论电化当量 /[g/(A·h)]	理论发生电量 /[g/(A·h)]	电位(vs. SCE) /V	电流效率 (%)
锌合金	7.8	1.225	0.82	-1.1～-1.0	≈90
镁合金	1.74	0.453	2.21	约-1.5	≈50
铝合金	2.77	0.337	2.97	-1.1～-0.95	≈80

（1）镁和镁合金　目前使用的镁阳极中成分多为 Mg-6%Al-3%Zn，该电极的电位较负，与铁的有效电位差大（达 0.6V 以上），故保护半径大，特别适用于电阻率较高的土壤和淡水中的金属保护。此外，由于镁的腐蚀产物无毒，镁阳极还可用于热水槽和饮用水设备的保护。然而，镁阳极电流效率低（只有 50%左右），腐蚀快、使用寿命短，需要经常更换，还容易引起过保护，因此不宜在电阻小的海水介质中使用。而且镁合金阳极工作时会析出大量氢气，容易诱发火花，具有较大安全隐患，故限制了其在高安全性能区域的应用。

（2）锌和锌合金　符合标准的高纯锌可以作为牺牲阳极使用，但当纯锌中的杂质铁的质量分数不小于 0.0014%时，在使用过程中其表面会形成高电阻硬壳腐蚀产物，使锌阳极失去保护作用。在锌中加入少量的铝和镉可以降低铁的不利影响，改善锌阳极的溶解性能。目前三元锌-铝-镉合金阳极已定型系列化生产［国家标准 GB/T 4950—2021 中规定其成分 w_{Al} = 0.3%～0.6%，w_{Cd} = 0.05%～0.12%］，该系列阳极具有自溶量小、电流效率高（≥90%）、溶解均匀、长期使用电位稳定、表面腐蚀产物疏松易脱落、使用寿命长、价格低廉等优点，对海水中钢结构的保护效果良好，因而广泛用于海底管线、军用舰艇等设施的保护。需要注意的是，锌和铁的有效电位差较小，不适宜用于高电阻场合，如电阻率大于 10Ω·m 的土壤和淡水环境等。

（3）铝和铝合金　铝的理论电容量为 2980A·h/kg，是镁的 1.35 倍、锌的 3.6 倍，且铝的来源广泛，制造工艺简单，因而是一种很好的牺牲阳极材料。但是，纯铝在含氧的介质表面易形成致密的氧化膜，阻滞其活性和溶解，不可直接作为牺牲阳极使用，必须进行合金化。Zn 是铝合金阳极的基本活化元素，在 Al、Zn 二元合金的基础上添加 Hg、In、Sn、Cd、Mg、Ga 等元素可以得到性能较好的铝合金牺牲阳极。

目前采用合金化方法制备的铝合金牺牲阳极材料中性能较优且应用较广的主要有 Al-Zn-Hg 系合金和 Al-Zn-In 系合金两种。其中，性能最佳的是 Al-Zn-Hg 系合金阳极，很少量的 Hg 即可大大增加铝的活性，使阳极工作电位降低 0.3V 左右，提高其电化学性能。但为了避免生产和使用过程中的环境污染，目前已不主张使用含 Hg 的牺牲阳极。Al-Zn-In 系合金不含有毒元素 Hg，且综合性能好，是应用最普遍的铝合金牺牲阳极。典型的三元成分为 Al-2.5%Zn-0.02%In，在此基础上添加 Cd、Sn、Si、Mg 等元素构成四元合金或五元合金，可以进一步提高铝合金阳极的性能。

铝合金牺牲阳极具有长期稳定的性能和保护效果，特别适用于大型海上固定式结构，如码头、采油平台、海底管线等的长寿命阴极保护。铝合金牺牲阳极的活化依靠介质中的

Cl^-，浓度过低的 Cl^- 不利于铝合金阳极的活化，因此铝合金牺牲阳极不适用于淡水和 Cl^- 含量过低的海水。此外，由于铝合金的溶解产物为沉积态的 $Al(OH)_3$，应用于填充料中时表面会结壳而影响阳极的进一步活化，因此铝合金牺牲阳极一般不用于土壤介质中。

9.1.5 外加电流法与牺牲阳极法的比较

实施阴极保护时，选择外加电流法阴极保护还是牺牲阳极法阴极保护，需要综合分析结构、工况、介质环境、维护管理要求、投资成本等各种因素，做出可靠且经济的选择。外加电流法阴极保护和牺牲阳极法阴极保护的特点对比列于表 9-6 中。

表 9-6 外加电流法阴极保护和牺牲阳极法阴极保护的比较

外加电流法阴极保护	牺牲阳极法阴极保护
需要直流电源或其他电力源	无需电源
可应用于各类结构，包括大型未涂覆结构	由于提供的电流有限，仅限于良好涂覆结构的保护或提供局部保护
不受土壤和水的电阻率的限制	仅适用于低电阻率的土壤和水中
尽管输出电流可以调整，但需要仔细设计	安装简单，可以灵活调整用量，直到达到保护效果
仅需要在相对较少的测量点，在易于到达的位置放置固定仪器	检验包括使用便携式仪器在阳极点或阳极点间的试验测量
一般需要的阳极数量较少	需要的数量多、安装的位置多，寿命依据环境条件而变化，因此在不同的环境下，更换的周期有所不同
需要评定对地床附近外部结构的影响，应纠正任何相互影响	由于输出电流较小，不会影响邻近结构物
可以简单控制或恒电位控制，若发生控制故障或控制不合适，可能损坏涂层	输出不可控，但输出电流具有自调节倾向，通过材料选择，可以确保不超过涂层的破坏电位
通过使用合适的材料使得阳极体更小，阻力可以忽略	由于体积较大，可能限制水流流动和引起湍流，可能增加循环水系统的阻力和船舶航行阻力
需要在船体上或设备外壳穿孔，并确保阳极体与被保护体绝缘	使用螺栓和焊接直接安装于被保护体上，避免船体或设备穿孔
连接于电源正极的连接结构要高度绝缘，否则会发生腐蚀失效	连接部位受到阴极保护
由于错接、极性接反将加速腐蚀，在调试期间须进一步检查确认连接的极性	不可能发生极性接反

外加电流法阴极保护的优点是可以调节电流和电压，适用范围广，可用于要求大电流的情况，在使用不溶性阳极时装置耐久。其缺点是需要经常操作检修，要有直流电源设备，当附近有其他结构时（如地下结构阴极保护）可能产生干扰腐蚀。

牺牲阳极法阴极保护的优点是不用外加电流，故适用于难以提供电源的场合，施工简单，管理方便，对附近设备没有干扰，适用于需要局部保护的场合；其缺点是能产生的有效电位差及输出电流量都是有限的，只适用于需要小电流的场合，调节电流困难，阳极消耗大，须定期更换。

9.1.6　阴极保护的应用

1. 应用范围

前面已指出，阴极保护效果好，简便易行，目前已经得到广泛应用。采用阴极保护可大大降低腐蚀速度，有效地防止金属的全面腐蚀、电偶腐蚀、缝隙腐蚀、选择性腐蚀、晶间腐蚀、孔蚀、应力腐蚀破裂、腐蚀疲劳、冲刷腐蚀。阴极保护对钢铁、铸铁、低合金钢、镍及镍合金、铜及铜合金、铝及铝合金、铅及铅合金等都十分有效。

是否适宜采用阴极保护法进行保护，需要根据被保护金属的种类、介质条件、被保护设备的结构等具体情况确定。

（1）被保护金属的种类　理论上几乎所有金属材料都能在所处腐蚀介质中进行阴极极化，从而采用阴极保护的方法进行保护，且阴极极化率越高越容易被保护。碳钢、铸铁、不锈钢，铅、铜、铝及其合金等工业中常用的金属材料都可以采用阴极保护。需要注意的是，两性金属采用阴极保护具有一定的局限性，这是因为阴极保护时，阴极发生去极化反应使溶液的 pH 值升高，而铅、铝等两性金属不耐碱腐蚀，从而加快了腐蚀进程。但是两性金属在酸性介质中采用阴极保护是可行的，如工业上常用阴极保护法对稀硫酸中的铅进行保护。此外，对于处于钝化态的金属，如果阴极极化会使其活化、加速腐蚀，则不宜采用阴极保护。

（2）介质条件　被保护金属必须处在电解质溶液中才能受到阴极保护，且电解质溶液需要有足够大的量以建立连续的电路，使保护电流均匀分布到被保护金属的各个部分。土壤、淡水、海水、中性盐溶液、碱及弱酸溶液等环境介质均能满足导电性要求，适用阴极保护方法。对于腐蚀性很强的电解质，进行阴极保护需要的外加保护电流非常大，如 1mol/L HCl 溶液的介质中每平方米需要 920A 的保护电流，0.325mol/L H_2SO_4 溶液的介质中每平方米需要 310A 的保护电流。这种情况下消耗电能太大，因此从经济角度看不宜采用阴极保护。此外，对于大气、蒸汽、有机介质，以及其他不导电或导电不良的介质，也不宜采用阴极保护。

（3）被保护设备的结构　被保护设备的结构对阴极保护效果具有显著的影响，被保护设备的结构一般不宜太复杂。对于结构复杂的设备，阴极保护的电流遮蔽现象较为严重，电流分散能力差，靠近阳极部位电流密度大，会得到优先保护，远离阳极部位电流密度小，得不到优先保护，甚至起不到保护作用。对结构复杂的设备进行阴极保护，可采用以下方法防止遮蔽现象的影响：

1）增加阳极数量，合理布置阳极位置，使被保护设备各个部位的电流分布大致相同。

2）在设备表面涂覆防腐涂层，直接提高被保护设备表面的电阻值，改善电流分散能力。

3）在电解质溶液中添加无机添加剂或有机缓蚀剂，增加电解质的导电性、促进阴极极化，相对地提高设备表面的电阻值，改善电流分散能力。

2. 应用实例——阴极保护在近海平台中的应用

近海平台在海洋油气钻探及开采中发挥着重要作用，造价十分昂贵，但是严酷的海洋腐蚀环境会对长期服役的近海平台造成严重的破坏，因此必须采取有效的防腐措施以保证近海平台的安全稳定运行，并延长其使用寿命。近海平台主要分为钢结构和钢筋混凝土结构两种。其中，钢结构近海平台主要由导管架、桩、甲板及上部建筑组成，对于暴露在大气中的结构通常采用涂层或包覆层保护，对于飞溅区和潮差区的结构则采用氯丁橡胶或脂肪酸盐加玻璃布包扎、包覆蒙乃尔 400 合金、增加钢的厚度等方法保护，全浸区和海泥区的结构则是采用阴极保护法或阴极保护与涂层的联合保护法。

近海平台牺牲阳极法阴极保护系统的设计主要包括以下步骤：

1）确定总电流。首先分别计算出平台结构在海水及海泥中的表面积，然后分别乘以各自所需的保护电流密度（可采用经验数据，参见表 9-7，必要时需实验测定），二者相加得出总电流。

表 9-7 近海平台阴极保护所需的保护电流密度

海域	电阻率/(Ω·cm)	温度/℃	海浪	最大水速/(m/s)	保护电流密度/(mA/m²)
美国西海岸	20	15	中等	0.5	70~80
墨西哥海湾	25	22	温和	0.8	60~80
印度尼西亚	20	25	温和	0.8	60~80
波斯湾	15	30	温和	0.8	80~120
北海	26	10	强烈	1.5	120~160
阿拉斯加库克海湾	50	2	弱小	3	250~430

2）求出所需阳极总质量。根据总电流和设计寿命算出总电量，然后除以所选阳极材料单位质量的电容量，即可得到所需阳极总质量。

3）求出阳极数量。将所需阳极总质量除以单个阳极质量即可得到阳极数量，然后根据分散能力和保护半径确定阳极的分布。

4）复验。估计保护初期（此时无覆盖层的钢结构所需极化电流最大）和保护末期（此时阳极大部分已消耗输出电流最小）平台钢结构所需的电流，必要时需要增加阳极数量。

例如，北海南部水深 75m，北海平台采用的牺牲阳极保护设计参数见表 9-8。

表 9-8 北海平台阴极保护设计参数

设计项目	参数
设计寿命/a	20
海水电阻率/(Ω·cm)	30
海水中的保护电流密度/(mA/m²)	130
海泥中的保护电流密度/(mA/m²)	20
海水中结构的面积/m²	13300
海泥中结构的面积/m²	900
每个阳极的质量/kg	345
每个阳极的驱动电压/mV	300
阳极数量/个	350

牺牲阳极法阴极保护系统可以保证长期使用的可靠性，因而是近海平台中最主要的阴极

保护方式。但是，随着平台尺寸越来越大，牺牲阳极的重量成为一个严重问题，因而外加电流法阴极保护系统也得到了应用。

渤海西部水深 5m 处的近海平台采用了外加电流法阴极保护，系统包含 2 台恒电位仪和 8 个阳极，电位为-900mV（Ag/AgCl 电极），恒电位仪Ⅰ与恒电位仪Ⅱ的输出分别为 6.5V/38A、7.2V/85A；平台导管上的电位分布比较均匀，其值大部分在-780～-950mV 之间。

渤海平台外加电流法阴极保护设计参数见表 9-9。

表 9-9　渤海平台外加电流法阴极保护设计参数

设计项目	参数
设计寿命/a	10
海水电阻率/(Ω·cm)	20
海水中的保护电流密度/(mA/m²)	65
海泥中的保护电流密度/(mA/m²)	20
保护总面积/m²	2992
辅助阳极	Pb-Ag(Ag 含量为 2%)
每个阳极的工作面积/m²	0.1
阳极数量/个	10
恒电位仪的输出电压和输出电流	0～24V,0～150A
恒电位仪数量/台	2

3. 联合保护

单独采用阴极保护时需要的电流很大，不经济；单独采用涂层保护时往往会出现局部破坏、剥落或针孔，导致涂层使用寿命不长。实践证明，采用阴极保护和涂层的联合保护可以有效降低电流消耗、改善电流分散能力、延长设备检修周期。常用的联合保护方式有阴极保护与涂层的联合保护、阴极保护与缓蚀剂的联合保护。

（1）阴极保护与涂层的联合保护　采用阴极保护与涂层的联合保护，可以有效降低电流消耗，缩短极化时间。采用联合保护时只有涂层的针孔及局部破损处需要进行保护，因此采用较小的电流就可以将被保护设备极化至保护电位。有数据表明，裸碳钢在海水中阴极保护时需要的电流密度为 0.15～0.17A/m^2；有涂料的联合保护时，采用电流密度为 0.004～0.015A/m^2 时即可达到同样的电位。一般情况下，联合保护所需要的电流为裸钢板阴极保护所需电流的 10%～20%。此外，裸钢板用 45mA/m^2 的电流密度需要几天才能极化到保护电位，而采用涂层联合保护的钢板在 0.11mA/m^2 的电流密度下极化仅需要几小时就可以达到相同电位。此外，采用联合保护还可以改善电流分散能力，使设备各部分的电位分布比较均匀，尤其对于结构复杂的设备，效果更显著。

需要注意的是，阴极保护时金属表面附近溶液中的碱性会增加，可能促使涂层的剥落龟裂，因此，要求选用合适的涂料与之配合。此外，在选用涂料时，除考虑其在介质中的耐蚀性外，联合保护所用的涂料还应具有良好的耐电流作用性能和较高的耐保护电压性能。目前，国内常采用的联合保护涂层材料有沥青及沥青改性涂料、环氧树脂及环氧基改性涂料等。实践证明，联合保护是经济有效的防腐蚀措施，特别对于涂层一旦破坏便难以重新涂刷的地下、水中等大型金属结构，采用联合保护具有独特的防腐蚀效果。

（2）阴极保护与缓蚀剂的联合保护　在腐蚀介质中加入少量的某些物质，可以显著降低金属的腐蚀速度，这类物质被称作缓蚀剂。在有些情况下，单独使用缓蚀剂的效果不佳，或是前面提到的对于复杂结构的被保护设备，往往因为遮蔽现象，单独使用阴极保护时保护效果不佳。此时采用阴极保护和缓蚀剂联合保护则可以获得很好的效果。

9.2　阳极保护

阳极保护是针对具有活化-钝化特征的材料体系，将被保护金属与外加直流电源的正极相连接（图 9-7），进行阳极极化，使被保护金属处于钝化区，从而控制其腐蚀速度。与阴极保护相比，阳极保护的发展较晚，1958 年才在工业生产上正式应用。

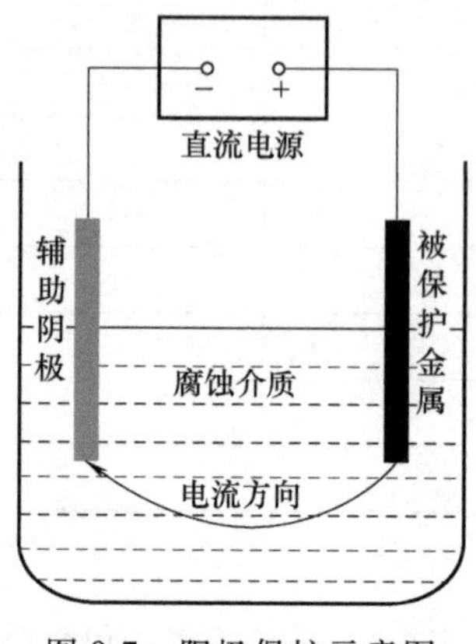

图 9-7　阳极保护示意图

9.2.1　阳极保护原理

阳极保护是基于电极动力学原理而建立的技术，其基本原理就是将被保护金属进行阳极极化，使其进入钝化区而得到保护。图 9-8 所示为具有活化-钝化转变行为电极体系的阳极极化曲线，将处于腐蚀区（点 A，电位为 E_a）的金属以恒电位的方式对体系进行阳极极化，阳极电流密度随极化的增加而增大，当达到致钝电流密度时（点 B，电位为 E_b），电流密度

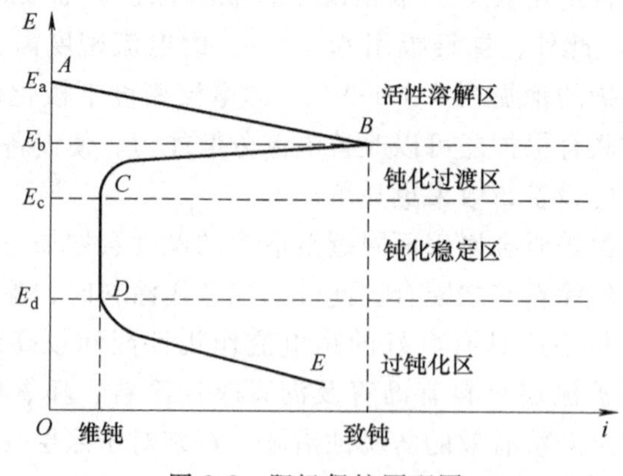

图 9-8　阳极保护原理图

急剧下降。进一步增加阳极极化时体系到达钝化区（点 C，电位为 E_c），金属表面生成稳定的钝化膜，由活化态进入钝化态。在电位继续增加达到过钝化区时（D 点，电位为 E_d），钝化膜破裂或被击穿，阳极的溶解速度急剧增大。应该注意的是，阳极保护仅对具有活化-钝化特征的体系有效。

9.2.2　阳极保护参数

阳极保护的关键在于钝化态的建立和维持，因此其主要参数也是围绕如何建立和保持钝化态而提出的。

1. 致钝电流密度

致钝电流密度也称临界电流密度，即金属在给定介质中进入钝化态的临界电流密度，可用于表示金属钝化的难易程度，用 i_b 表示。致钝电流密度大小不仅与金属及腐蚀介质的性质有关，还与致钝时间有关，这是因为钝化膜的生成需要一定量的电量，致钝时间越长则需要的致钝电流密度越小。但是需要注意的是，致钝电流密度越小，电流效率越低，一部分电流会用于金属的电解腐蚀。当致钝电流密度小于某一极限值时，致钝时间再长也无法建立钝化态。因此，在应用阳极保护时，需要选择合适的致钝电流密度。I_b 太大则需要大容量的整流电源进而增加了设备投资成本，i_b 太小则电流效率较低而使金属受到太严重的电解腐蚀。

2. 维钝电流密度

维钝电流密度，即金属在给定介质中维持钝化态所需的电流密度，一般用 i_p 表示，代表了阳极保护系统正常工作时所需的电流密度，同时决定了金属在钝化态下的腐蚀速度。维钝电流密度越低则系统耗电越少，金属的腐蚀速度越小，腐蚀防护效果越好。因此，维钝电流密度的大小决定了阳极保护是否有实际应用价值。

维钝电流密度的大小主要与金属材料性质、介质条件（包括浓度、温度、pH 值等）等因素有关。表 9-10 所列为碳钢和不锈钢两种材料在酸性介质中实施阳极保护时的主要参数。

需要注意的是，腐蚀介质中的某些杂质成分会在阳极产生副反应并引起维钝电流密度的升高，但此时金属的腐蚀速度并没有增加，这种情况下，维钝电流密度并不能代表金属的真正腐蚀速度，需要用失重法进行测量确定。

表 9-10　碳钢和不锈钢两种材料在酸性介质中实施阳极保护时的主要参数

介质	材料	温度/°C	致钝电流密度/(A/m²)	维钝电流密度/(A/m²)	钝化区电位范围/mV
105% H_2SO_4	碳钢	27	62	0.31	+100 以上
96%~100% H_2SO_4	碳钢	93	6.2	0.46	+600 以上
96%~100% H_2SO_4	碳钢	270	930	3.1	+800 以上
96% H_2SO_4	碳钢	49	1.55	0.77	+800 以上
67% H_2SO_4	不锈钢	24	6	0.001	+30~+800
67% H_2SO_4	不锈钢	66	43	0.003	+30~+800
75% H_2SO_4	碳钢	27	232	23	+600~+1400

（续）

介质	材料	温度/°C	致钝电流密度/(A/m²)	维钝电流密度/(A/m²)	钝化区电位范围/mV
85% H_3PO_4	不锈钢	135	46.5	3.1	+200～+700
20% HNO_3	碳钢	20	10000	0.07	+900～+1300
50% HNO_3	碳钢	30	1500	0.03	+900～+1200
80% HNO_3	不锈钢	24	0.01	0.001	—
80% HNO_3	不锈钢	82	0.48	0.0045	—
30% $C_2H_2O_4$	不锈钢	沸腾	100	0.1～0.2	+100～+500
70% H_2SO_4	不锈钢	沸腾	10	0.1～0.2	+100～+500
20% NaOH	不锈钢	24	47	0.1	+50～+350
25% NH_4OH	碳钢	25	2.65	<0.3	-800～+400
碳化液	碳钢	40	200	0.5～1	-300～+900
60% NH_4NO_3	碳钢	25	40	0.002	+100～+900
80% NH_4NO_3	碳钢	120～130	500	0.004～0.02	+200～+800

注：表中百分数为质量分数。

3. 钝化区电位范围

钝化区电位范围是指钝化过渡区与过钝化区之间的电位范围，即阳极保护时应当维持的安全电位范围，超过这个范围金属会快速溶解。阳极保护需要钝化区电位范围越大越好（一般不能小于 50mV），如果钝化区电位范围太窄，则金属电极电位很容易越过钝化区进入活化区或者过钝化区，达不到保护效果。钝化区电位范围的主要影响因素为金属材料性质、介质条件（包括浓度、温度、pH 值等）。

阳极保护的主要参数可以用恒电位法或电位扫描法测定的阳极极化曲线确定，对于已有实际使用经验或实验数据的阳极保护体系，也可根据经验直接确定。

9.2.3 阳极保护系统

阳极保护系统的主要组成部分包括辅助阴极、直流电源、参比电极等。

1. 辅助阴极

辅助阴极连接在直流电源的负极，其作用是与被保护设备、电解质一起构成回路，使得电流流通，实现阳极保护。辅助阴极的电化学性能会影响整个系统的保护效果和使用寿命。理想的阴极材料应满足如下性能要求：耐介质腐蚀、使用寿命长；腐蚀产物少、不污染介质；电化学性能稳定、受阴极极化影响小；载流能力强、不易过载发热；工艺性能好、易于加工；来源广泛、价格适宜。可用的辅助阴极材料主要有碳钢、高硅铸铁、不锈钢、哈氏合金 C、铅、石墨、铂和镀铂材料等。

2. 直流电源

直流电源是阳极保护系统的主要设备，是实现阳极保护的关键，应满足可靠性高、电压波动小、电流电压可调范围大、操作简单等要求。阳极保护直流电源是根据所需的电流与电压进行选择的，可用的电源主要有整流器、恒电位仪、蓄电池、直流发电机等。

输出电流理论上应大于被保护设备的致钝电流，实际使用时需要根据具体情况进行分析。一方面，致钝电流与致钝时间有很大关系，对于经常需要再钝化且不保护时腐蚀速度较大的体系，应尽可能缩短致钝时间，而对于很少需要再钝化且不保护时腐蚀速度也较低的体系，可以采用长时间钝化。另一方面，在实际操作中如采用逐步钝化的方法降低致钝电流，可以大大降低电源的电流容量。此外，由于致钝电流和维钝电流相差很大，常采用大容量整流器进行致钝、小容量的恒电位仪来维持钝化的方案。输出电压取决于阳极保护系统的电路电阻，一般 10~20V 就能满足阳极保护要求。

3. 参比电极

参比电极的作用为测量被保护设备的电位，并将电位控制在合适的范围内，对参比电极的要求与阴极保护基本相同。选择参比电极时的限制因素为电极在腐蚀性介质中的适用性和电化学稳定性，参比电极在腐蚀性介质中应该是基本不溶的，对溶液及温度变化应该是电化学稳定的。

9.2.4　阳极保护的应用

1. 应用范围

阳极保护是一种经济、有效的防护措施，适用于酸、碱、盐等多种介质，也适用于铁、镍、铝、钛等多种金属及其合金，应用范围广泛，既可用于防止全面腐蚀，又可用于防止孔蚀、应力腐蚀、晶间腐蚀等局部腐蚀。

但是，阳极保护具有一定的选择性和局限性。阳极保护只能用于具有钝化性质的金属，如碳钢、不锈钢、镍基合金、钛合金等，而且金属的钝化态受到电解质成分的影响，只适用于部分体系，例如，阳极保护对钛-盐酸体系有效，而对碳钢-盐酸体系无效。阳极保护只能用于保护液相中的金属，不能保护气相及只有液膜存在的部分，液相的液面应尽量稳定并保证被保护金属能够与电解质连续接触。电解质中的卤素离子（特别是 Cl^-）浓度超过一定的临界值时不宜采用阳极保护，因为这些活性离子会破坏钝化膜，影响金属钝化态的建立。

2. 应用实例

阳极保护相比于阴极保护的显著优点是可以用于极端腐蚀环境的保护，如硫酸生产、存储及处理设备，氨水及铵盐的生产、存储设备等。下面列举几个阳极保护在工业中的典型应用。

1）碳钢-浓硫酸系统的阳极保护。该系统的应用实例较多，如硫酸贮槽、汽车槽车等。碳钢在硫酸中腐蚀会使硫酸中铁离子浓度增大并产生氢气，铁离子对硫酸的污染会影响硫酸的应用，氢原子的扩散会引起碳钢氢脆。使用阳极保护不仅大大减轻了碳钢设备在浓硫酸中的腐蚀，经济效果显著，还能有效控制氢脆、氢鼓包，以及铁离子对硫酸的污染，大大提高了硫酸产品的质量。如在100%硫酸贮槽应用中，阳极保护前硫酸中铁的质量分数为 1.14×10^{-4}，使用阳极保护后降至 9×10^{-6}。

2）纸浆蒸煮锅的保护。纸浆蒸煮锅是阳极保护应用最早的设备，技术较为成熟。造纸工业中生产牛皮纸时采用的工艺是将木屑在盛有 177℃溶液介质的蒸煮锅中蒸煮 3h，溶液介质中含 100g/L 的 NaOH 和 35g/L 的 Na_2S，蒸煮锅材质为碳钢。该设备是造纸工业中腐蚀最严重的设备之一。采用阳极保护后，纸浆蒸煮锅的腐蚀速度显著降低，可由原来的 1.7mm/a 降至 0.25mm/a。

3）碳化塔的阳极保护。碳化塔是生产碳酸氢铵化肥的主要设备之一，转化气进入塔内与浓氨水反应，生成碳酸氢铵。碳化塔由碳钢制成，其结构复杂，体型庞大，塔内有若干组冷却水箱，包含了上千根冷却管。对于仅进行涂漆保护的碳化塔，碳钢冷却管腐蚀十分严重，一般使用 3~6 个月就会出现穿孔，一年左右就会报废。我国从 1967 年开始在碳化塔上应用阳极保护并取得了良好的效果，冷却水箱寿命延长了数倍。目前，我国在碳化塔阳极保护技术上的应用，无论是被保护设备的面积还是被保护设备的结构复杂程度，都赶超了国外。近些年来为了降低致钝电流密度和整流器容量，许多工厂都采用了阳极保护和涂层相结合的联合保护法，这使阳极保护在碳化塔上的应用又向前迈了一步。

3. 联合保护

单纯的阳极保护往往需要较大的致钝电流，因而需要较大容量的直流电源设备才能建立钝化，直接增加了设备投资费用。此外，单一阳极保护遇到液面波动或断电情况时容易引起活化，而活化后重新建立钝化比较困难。因此，与阴极保护相同，实际生产中的阳极保护往往也采用联合保护，主要包括阳极保护与涂层联合保护、阳极保护与无机缓蚀剂联合保护两种方式。

对于结构复杂或被保护面积很大的设备，往往采用阳极保护与涂层联合保护，这样钝化时仅需将涂层覆盖不严处钝化，阳极面积大大减小，因而可以降低致钝电流密度和维钝电流密度，进而大大减小电源设备的容量。如在碳化塔防腐应用中采取先涂生漆或环氧树脂，或先喷铝再涂环氧树脂，然后再与阳极保护联合的方法，均可取得良好的效果。

采用阳极保护与涂层联合保护时应注意下列事项：

1）电源容量须留有充足的余量，因为随着被保护设备运行时间的增加，涂层会出现老化、脱落，需要相应地增大致钝电流密度和维钝电流密度。

2）电位必须严格控制，如果电位进入过钝化区可能会产生大量的氧气，破坏涂层。

3）如果使用碳钢做阴极或者使用其他依赖阴极保护才能耐腐蚀的材料做阴极时，阴极表面积要合理设计，保证阴极电流密度足够大，使阴极得到较好的保护。

合理采用阳极保护与无机缓蚀剂联合保护，也可以起到减小致钝电流密度的作用。如碱性纸浆设备的阳极保护过程中加硫磺，能够减小碳钢的致钝电流密度。

9.2.5 阴极保护与阳极保护的对比

阴极保护和阳极保护都属于电化学保护，但是二者又具有各自的特点和各自的适用场合。

从原理上看，阴极保护几乎适用于所有金属在电解液中的腐蚀场景，而阳极保护只适用于金属在介质中能进行阳极钝化的情况。因此，阴极保护相较于阳极保护具有更为广泛的应用范围。但是对于一些特定的情况，只有阳极保护才是最佳选择，如对于强氧化性介质（如硫酸、硝酸等），利于钝化膜的生成，可以实施阳极保护，但如果采用阴极保护则需要很大的保护电流，没有工程实用价值。另外，阴极保护时，如果电位过负，被保护设备可能会产生氢脆，这对加压设备是很危险的。如果采用阳极保护，则设备作为阳极不会发生氢脆，危险性大大降低。因而在氢脆危害不可忽略的情况下，采用阳极保护更加合适。

对于既可采用阳极保护又可采用阴极保护且二者保护效果相当的情况，应优先采用阴极保护，这是因为阳极保护在技术上要比阴极保护复杂得多，所需费用也比阴极保护高。阳极保护要经过较大的电解腐蚀阶段才能进入钝化阶段，钝化后还会以维钝电流密度相近的速度腐蚀，而阴极保护时，不仅不会产生电解腐蚀，如果电位控制得当还可以完全停止腐蚀。阴极保护时电位偏离只会降低保护效果，一般不会加速腐蚀，而阳极保护时，电位如果偏离钝化区则会加速腐蚀。此外，阳极保护开始要建立钝化，所需要的致钝电流密度非常大（相较于维钝电流密度），因此电源容量要比阴极保护大得多。

本章小结

拓展视频

新中国第一台水轮发电机组

1. 几个概念

电化学保护：通过外部电流使金属的电位发生改变从而防止其腐蚀的一种方法。阴极保护和阳极保护是两种重要的电化学保护手段。

阴极保护：将被保护金属进行外加阴极极化以减少或防止金属腐蚀。阴极保护主要包括外加电流法阴极保护和牺牲阳极法阴极保护。

外加电流法阴极保护：将被保护金属与直流电源的负极相连，利用外加阴极电流进行阴极极化。

牺牲阳极法阴极保护：在被保护金属上连接一个电位更负的金属作为阳极，它与被保护金属在电解质溶液中形成大电池，而使被保护金属进行阴极极化。

阳极保护：对具有活化-钝化特征的材料体系，将被保护金属与外加直流电源的正极连接，进行阳极极化，使被保护金属处于钝化区，从而控制其腐蚀速度。

2. 阴极保护基本参数

最小保护电位：使金属达到完全保护时的电位。该电位为腐蚀微电池阳极的初始电位。

最小保护电流密度：使金属达到完全保护时所需的电流密度。

外加电流法阴极保护系统主要由辅助阳极、直流电源和参比电极三大部分组成。

3. 阳极保护基本参数

致钝电流密度：也称临界电流密度，即金属在给定介质中进入钝化态的临界电流密度，可用于表示金属钝化的难易程度，用 I_b 表示。

维钝电流密度：金属在给定介质中维持钝化态所需的电流密度，一般用 I_p 表示，代表了阳极保护系统正常工作时所需的电流密度，同时决定了金属在钝化态下的腐蚀速度。

钝化区电位范围：钝化过渡区与过钝化区之间的电位范围，即阳极保护时应当维持的安全电位范围，超过这个范围金属会快速溶解。

阳极保护系统的主要组成部分包括辅助阴极、直流电源、参比电极等。

课后习题及思考题

1. 什么叫电化学保护？有什么特点？分为哪几种类型？
2. 试用极化图说明阴极保护的原理，并说明阴极保护的主要参数及如何选择。
3. 对外加电流法阴极保护所采用的辅助阳极材料有何要求？简要说明其作用。
4. 牺牲阳极应该满足哪些条件？常用的牺牲阳极材料有哪些？
5. 外加电流法阴极保护系统主要由哪些部分组成？
6. 比较牺牲阳极法阴极保护和外加电流法阴极保护的优缺点。
7. 试述阴极保护的适用条件。
8. 试述阳极保护的原理并解释下列名词：致钝电流密度、维钝电流密度、钝化区电位范围。
9. 简述阳极保护系统的主要组成部分及各组成部分的作用。
10. 试比较阴极保护和阳极保护的优缺点。

第10章 缓蚀剂防腐

10.1 缓蚀现象及缓蚀剂

缓蚀是指抑制或延缓金属被腐蚀的处理过程。常常在环境介质中添加适当浓度和形式的化学物质或几种物质的复合物，从而使腐蚀速度大大降低，这种物质称为缓蚀剂。缓蚀剂可抑制或延缓金属的腐蚀过程，因此也被称为腐蚀抑制剂。缓蚀剂的用量一般很小，质量分数为0.1%~1%，但抑制腐蚀效果显著，这种保护金属的方法称为缓蚀剂保护。缓蚀剂可用于中性介质（如锅炉用水、循环冷却水）、酸性介质（如除锅垢的盐酸、电镀前镀件除锈用的酸浸溶液）和气体介质（气相缓蚀剂）。

合理使用缓蚀剂是防止金属及其合金在环境介质中发生腐蚀的有效方法。缓蚀剂技术由于具有良好的效果和较高的经济效益，已成为防腐蚀技术中应用最广泛的方法之一。尤其在机器和仪表的制造加工、化学清洗等过程中，以及大气环境和工业用水的生产环境中，缓蚀技术已成为主要的防腐蚀手段之一。

10.2 缓蚀剂的缓蚀效率和作用系数

缓蚀剂的保护效果是有选择性的。对一种腐蚀介质或被保护材料能起到缓蚀作用，但对另一种介质或另一种金属就不一定有同样的效果，甚至有时还会加速腐蚀，这就是缓蚀剂的选择性。

缓蚀剂抑制腐蚀的能力可以用缓蚀效率来评价。根据评价方法不同，缓蚀剂的缓蚀效率可以用如下公式表示：

（1）腐蚀速度法　根据添加和未添加缓蚀剂的溶液中金属材料的腐蚀速度定义缓蚀效率：

$$\varepsilon=\frac{v_0-v}{v_0}\times100\%=\left(1-\frac{v}{v_0}\right)\times100\%$$

式中　v_0——未添加缓蚀剂时金属材料的腐蚀速度；

v——添加缓蚀剂时金属材料的腐蚀速度。

（2）腐蚀失重法　根据相同面积的金属材料在添加和未添加缓蚀剂溶液中浸泡相同时间后的失重量值定义缓蚀效率：

$$\varepsilon=\frac{w_0-w}{w_0}\times 100\%=\left(1-\frac{w}{w_0}\right)\times 100\%$$

式中　w_0——未添加缓蚀剂条件下试验材料的失重量；

w——添加缓蚀剂条件下试验材料的失重量。

（3）腐蚀电流法　若介质腐蚀过程是电化学腐蚀，可根据添加和未添加腐蚀剂溶液中金属材料的腐蚀电流定义缓蚀效率：

$$\varepsilon=\frac{i_{corr}^0-i_{corr}}{i_{corr}^0}\times 100\%=\left(1-\frac{i_{corr}}{i_{corr}^0}\right)\times 100\%$$

式中　i_{corr}^0——未添加缓蚀剂所测量的腐蚀电流密度；

i_{corr}——添加缓蚀剂所测量的腐蚀电流密度。

在某些文献中也可用作用系数来表示缓蚀效率，即

$$\gamma=\frac{v}{v_0}=\frac{w}{w_0}=\frac{i_{corr}}{i_{corr}^0}=\frac{1}{1-\varepsilon}$$

由上式可以看出，缓蚀剂的 ε 值越大，作用系数 γ 越大，选用这种缓蚀剂，抑制效果也就越好。缓蚀效率达到100%，则表面缓蚀剂能达到完全保护，缓蚀效率能达到90%以上的为良好的缓蚀剂，缓蚀效率为零时缓蚀剂无保护作用。

10.3　缓蚀剂的分类

缓蚀剂的种类繁多，作用机理复杂，可通过下列几种方法进行分类。

1. 按缓蚀剂的化学组成分类

按缓蚀剂的化学组成可将缓蚀剂划分为无机缓蚀剂和有机缓蚀剂，代表性缓蚀剂见表10-1。

表10-1　按化学组成分类的缓蚀剂

组成	代表性缓蚀剂
无机缓蚀剂	硝酸盐、亚硝酸盐、铬酸盐、重铬酸盐、磷酸盐、多磷酸盐、钼酸盐、硅酸盐、碳酸盐、硫化物
有机缓蚀剂	胺类、醛类、杂环化合物、炔醇类、季铵盐、有机硫、磷化合物、咪唑啉类，其他

2. 按缓蚀剂对电极过程的影响分类

按缓蚀剂对电极过程的影响可将缓蚀剂分为阳极型、阴极型和混合型三种类型。

（1）阳极型缓蚀剂　这类缓蚀剂抑制阳极过程，增大阳极极化，使腐蚀电位正移，从而使腐蚀电流下降，其金属腐蚀极化如图10-1所示。这些过程包括金属离子化及阳极面积的减小，通常会形成难溶的腐蚀产物，如氧化物、氢氧化物或盐类。这类缓蚀剂有助于抑制阳极金属溶解反应的钝化膜形成。

（2）阴极型缓蚀剂　这类缓蚀剂抑制阴极过程，增大阴极极化，使腐蚀电位负移，从而使腐蚀电流下降。这些过程包括氧的离子化、氧至阴极的扩散、氢离子的放电及阴极面积

的减小。这类缓蚀剂或者通过降低还原速度或者通过选择性地在阴极区沉淀来控制腐蚀。

（3）混合型缓蚀剂　这类缓蚀剂对阳极过程和阴极过程同时具有抑制作用，腐蚀电位的变化不大，但可使腐蚀电流显著下降。

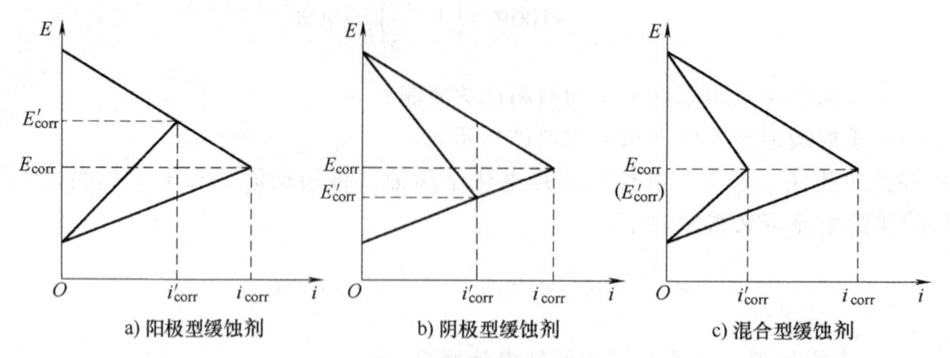

图 10-1　不同类型缓蚀剂的金属腐蚀极化图

3. 按缓蚀剂形成的保护膜特征分类

按形成的保护膜特征可将缓蚀剂分为以下三类：

（1）氧化型缓蚀剂　此类缓蚀剂能使金属表面生成致密且附着力好的氧化物膜，从而抑制金属的腐蚀。这类缓蚀剂有钝化作用，又称为钝化性缓蚀剂，或者直接称为钝化剂。钢在中性介质中常用的缓蚀剂有 Na_2CrO_4、$NaNO_3$、Na_2MoO_4 等。

（2）沉淀型缓蚀剂　此类缓蚀剂本身无氧化性，但它们能与金属的腐蚀产物（如 Fe^{2+}、Fe^{3+}）或与共轭阴极反应的产物（如 OH^-）生成沉淀，并能有效地覆盖在金属氧化膜的破损处，起到缓蚀作用，这种物质称为沉淀型缓蚀剂，如中性水溶液中常用的缓蚀剂硅酸钠、锌盐、磷酸盐类，以及苯甲酸盐。

（3）吸附型缓蚀剂　此类缓蚀剂能吸附在金属和介质界面上，形成致密的吸附层，阻挡水分和侵蚀性物质接近金属，抑制金属腐蚀过程，起到缓蚀作用。这类缓蚀剂大多含 O、N、S、P 的极化基团或不饱和键的有机化合物，如钢在酸中常用的缓蚀剂硫脲、喹啉、炔醇类的衍生物等，钢在中性介质中常用的缓蚀剂苯并三氮唑及其衍生物等。

4. 按物理性质分类

按物理性质分为水溶性缓蚀剂、油溶性缓蚀剂、气相缓蚀剂。

（1）水溶性缓蚀剂　可溶于水溶液中，通常作为酸、盐水溶液及冷却水的缓蚀剂，也用于工序间的防锈水、防锈润滑切削液。

（2）油溶性缓蚀剂　可溶于矿物油，作为防锈油的主要添加剂。它们多是有机缓蚀剂，分子中存在着极性基团和非极性基团。因此，这类缓蚀剂可在金属和油的界面上发生定性吸附，构成紧密的吸附膜，阻挡水分和腐蚀性物质的接近。

（3）气相缓蚀剂　这是在常温下能挥发生成气体的金属缓蚀剂。此类缓蚀剂若为固体，必须能够升华；若是液体，必须具有足够大的蒸气压。此类缓蚀剂必须在有限的空间内使用，如在密封包装内或包装箱内放入气相缓蚀剂。

5. 按用途分类

根据缓蚀剂的用途可分为冷却水缓蚀剂、锅炉缓蚀剂、酸洗缓蚀剂、油气井缓蚀剂、石油化工缓蚀剂、工序间防锈缓蚀剂。

10.4　缓蚀剂的应用

1. 在石油工业中的应用

在石油工业中，缓蚀剂被广泛用在采油、采气，以及贮存、输送、提炼石油相关产品等方面。原油、气和含有 H_2S、CO_2 等的浓盐水溶液混在一起，给设备带来严重的腐蚀。目前采用的缓蚀剂主要以抑制硫化氢腐蚀为主，有脂肪酸胺类，含氮杂环化合物，季铵盐和松香胺等长链氮化物。其中，效果显著、价格便宜的二胺类特别引人注目，一般用量为 2%～4%（质量分数），缓蚀效率可达 90%。在使用缓蚀剂时要防止原油乳化。

2. 在化学清洗中的应用

化学清洗主要借助盐酸、硫酸和一些有机酸。酸洗用缓蚀剂可以分机械设备酸洗用、钢铁材料酸洗用和特殊酸洗用三类。这里介绍两种酸洗用缓蚀剂。

（1）机械设备酸洗缓蚀剂　根据各种机械设备（包括锅炉、热交换器等）的结构及其构成材料的不同，有的使用盐酸、硫酸等无机酸，有的使用柠檬酸、羟基乙酸、EDTA 等有机酸。一般采用盐酸酸洗较多。对于那些清洗液难以从设备中完全排出，残留的氯离子可能引起金属应力腐蚀的场合宜采用柠檬酸等有机酸。应针对酸洗中采用的酸来选择适当的缓蚀剂，常用的有若丁、乌洛托品、粗吡啶等。这一类缓蚀剂的特点是价格便宜，缓蚀效率高，可减少酸的用量和金属的损失，有利于环境保护和阻止金属氢脆。由于机械设备酸洗时用量大，特别是大型设备的酸性废液一次排除量很大，必须降低缓蚀剂本身的 COD（生物毒性）、BOD（生化需氧量）值和毒性。

（2）钢材酸洗用缓蚀剂　在带钢或线材冷轧前需要除去钢材表面在高温下生成的氧化皮（铁鳞），大多采用硫酸或盐酸连续酸洗工艺。对酸洗缓蚀剂有以下要求：

1）在高温、高浓度盐酸中是稳定的，缓蚀剂的成分不分解，不产生沉淀或浮游物质。

2）低泡性，没有在酸洗回收工序中发生干扰的物质。

3）不影响酸洗去除氧化皮的速度，能满足连续、快速生产等要求。

4）缓蚀剂的浓度容易控制，可在酸洗线上采用缓蚀剂自动注入。

3. 防止大气腐蚀

目前常用的气相缓蚀剂为有机化合物的硝酸盐或碳酸盐，例如，亚硝酸二环已胺、碳酸环已胺、亚硝酸二异丙胺等。必须指出，所含胺基的气相缓蚀剂不能应用于保护有色金属，特别是铜和铜合金。

使用气相缓蚀剂时可把被保护的金属制品放在一个有限的空间里（如用聚乙烯薄膜包起来），并在里面放上一些缓蚀剂。它很快就挥发成蒸气，被金属表面所吸附，达到保护的目的。还可将气相缓蚀剂的溶液浸于纸上，然后用这种纸把金属制品包起来，同样可取得防锈效果。

本章小结

本章介绍了缓蚀现象、缓蚀剂的概念、缓蚀效率，以及缓蚀剂的作用系数。将缓蚀剂按化学组成、对电极过程的影响、缓蚀剂形成的保护膜等方面进行分类，并介绍了缓蚀剂在石油工业、化学清洗等方面的应用。

拓展视频

石油赤子——侯祥麟

课后习题及思考题

1. 什么是缓蚀现象？什么是缓蚀剂？什么是缓蚀剂保护法？
2. 什么是缓蚀效率？
3. 什么是缓蚀剂的选择性？
4. 常见的缓蚀剂分为哪几类？
5. 缓蚀剂有哪些应用？

第11章

金属在工程环境中的腐蚀与防护

金属材料在服役过程中与环境发生交互作用而引起的破坏是最为常见的一类腐蚀现象。在不同的环境下，金属发生腐蚀的特点、机理及可采取的防腐措施也各不相同。本章将对金属在大气、海水、土壤、工业等不同环境下的腐蚀与防护分别加以叙述。

11.1 大气腐蚀

金属材料在大气环境下发生化学反应或电化学反应引起的金属材料的失效破坏称为大气腐蚀。据统计，全世界80%以上的金属构件是暴露在大气环境中工作的，因此，大气腐蚀是最为常见的一种腐蚀形式。大气腐蚀造成的损失是巨大的，有数据表明，大气腐蚀造成的材料损失占到了总腐蚀量的一半以上。因此，学习大气腐蚀机理、影响因素及防护方法具有重要意义。

11.1.1 大气腐蚀环境分类

金属材料的大气腐蚀实质上是材料在大气中所含的水汽、氧气和其他腐蚀介质（包括NaCl、CO_2、SO_2、烟尘等）的联合作用下引起的破坏。大气中氧气的浓度是固定的，而水汽的含量则是变化的，因此，水汽含量是决定大气腐蚀速度和腐蚀历程的主要因素之一。水汽在金属表面形成水膜，金属的大气腐蚀主要是在水膜中进行的，水膜的形成与大气相对湿度密切相关，水膜厚度直接影响着大气腐蚀速度。大气腐蚀速度与金属表面水膜厚度之间的关系如图11-1所示。

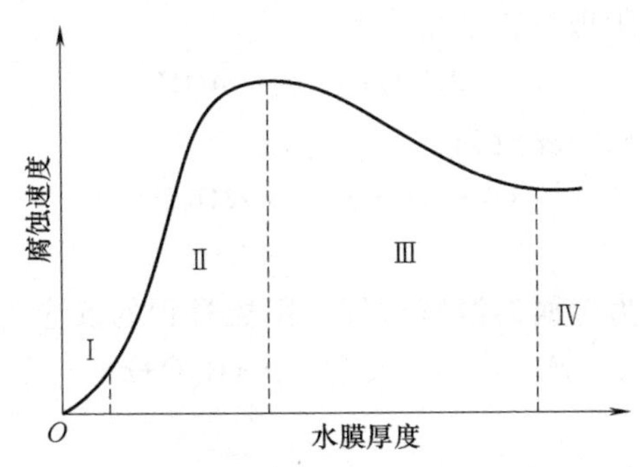

图11-1 大气腐蚀速度与金属表面水膜厚度之间的关系

根据金属表面潮湿程度的不同，可将大气腐蚀分为干大气腐蚀、潮大气腐蚀、湿大气腐蚀三类。

1. 干大气腐蚀

干大气腐蚀是指在非常干燥的条件下，金属表面仅有几个分子厚度（1~10nm）的吸附膜而没有形成水膜层时发生的腐蚀。干大气腐蚀过程属于化学腐蚀中的常温氧化，会在金属表面形成一层保护性氧化膜，使金属失去光泽。

图 11-1 中Ⅰ区为干大气腐蚀，金属表面只有很薄的吸附膜，没有形成连续的电解质溶液，金属腐蚀速度很低。

2. 潮大气腐蚀

潮大气腐蚀是指在相对湿度低于 100%的条件下，金属表面存在肉眼不可见的薄水膜层（10nm~1μm）时发生的腐蚀，如钢铁材料在没有雨淋的情况下发生的锈蚀。此时，水膜层的厚度虽然很薄，但是已经具备了电解质的性质，因此潮大气腐蚀属于电化学腐蚀。

图 11-1 中的Ⅱ区为潮大气腐蚀，随着水膜厚度的增加，金属表面形成连续的电解池，腐蚀性质由化学腐蚀转变为电化学腐蚀，腐蚀速度迅速增加。

3. 湿大气腐蚀

湿大气腐蚀是指在相对湿度大于 100%的条件下，金属表面存在肉眼可见的水膜（1μm~1mm）时发生的腐蚀。潮大气腐蚀和湿大气腐蚀都属于电化学腐蚀，但是由于金属表面水膜厚度不同，腐蚀速度也不相同。

图 11-1 中的Ⅲ区为湿大气腐蚀，随着水膜厚度的增加，氧的扩散阻力变大，腐蚀速度会逐渐降低，当水膜厚度大于 1mm（图中Ⅳ区）时，此时的腐蚀行为与完全浸泡在电解液中相同，腐蚀速度基本不变。

11.1.2 大气腐蚀的机理

通常说的大气腐蚀是指在常温下、潮湿大气中的腐蚀，其过程是金属表面处于薄层电解液下发生的腐蚀，腐蚀规律符合电化学腐蚀的一般规律。

1. 阴极过程

金属发生大气腐蚀时，阴极过程以氧的去极化为主，氧作为去极化剂向阴极表面扩散，进行还原反应。氧的扩散速度控制着阴极上氧的去极化反应速度，也控制着整个大气腐蚀过程的速度。

在中性或碱性电解液中阴极过程的反应为

$$O_2+2H_2O+4e \longrightarrow 4OH^-$$

在酸性电解液中阴极过程的反应为

$$O_2+4H^++4e \longrightarrow 2H_2O$$

2. 阳极过程

大气腐蚀的阳极过程即为金属的溶解过程，阳极过程的反应为

$$M+xH_2O \longrightarrow M^{n+}\cdot xH_2O+ne$$

式中　M——金属；

M^{n+}——n 价金属离子；

$M^{n+} \cdot xH_2O$——金属离子化水合物。

在潮大气腐蚀条件下，水膜较薄，氧容易扩散至金属表面，阴极过程容易进行。相反，阳极过程阻滞作用会增大，这是因为：水膜较薄时金属离子水化过程难以进行；金属表面易生成氧化膜或氧的吸附膜，使阳极金属表面处于钝化态。因此，对于潮大气腐蚀，腐蚀过程受到阳极过程控制。

在湿大气腐蚀条件下，水膜厚度增加，氧的扩散变得困难，腐蚀过程受到氧扩散过程的控制。因此，对于湿大气腐蚀，腐蚀过程受到阴极过程控制。

3. 铁的锈蚀机理

一般认为，大气腐蚀最初形成的锈层会对其下层金属铁的离子化起到强氧化剂的作用。图 11-2 所示为伊文思锈层模型。锈层内的阳极反应发生在 Fe 和 Fe_3O_4 界面上：

$$Fe \longrightarrow Fe^{2+}+2e$$

阴极反应发生在 Fe_3O_4 和 FeOOH 界面上：

$$6FeOOH+2e \longrightarrow 2Fe_3O_4+2H_2O+2OH^-$$

可见，锈层参与了阴极过程，锈层内发生了铁离子的还原反应。当锈层干燥时，锈层会重新氧化成 Fe^{3+} 的氧化物，发生如下反应：

$$4Fe_3O_4+6H_2O+O_2 \longrightarrow 12FeOOH$$

因而在干湿交替的条件下，锈层会加快铁的腐蚀速度。

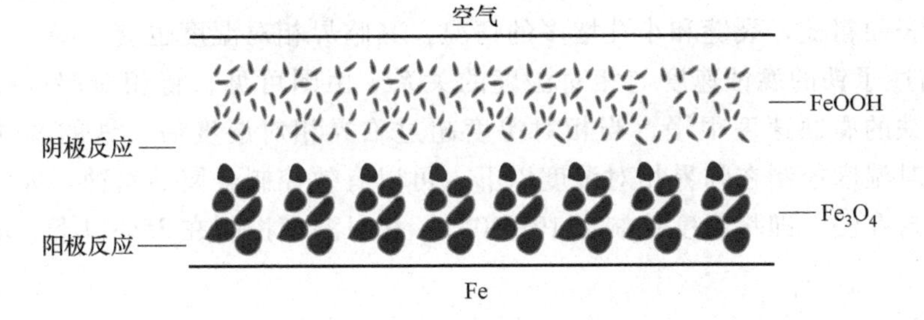

图 11-2 伊文思锈层模型

需要注意的是，一方面，锈层厚度的增加会增大锈层的电阻并使氧难以渗入，这会减弱锈层的去极化作用；另一方面，附着性良好的锈层会减小活性阳极的面积，增大阳极极化。基于上述两方面的作用，对于长期暴露在大气中的钢铁材料，其腐蚀速度一般是逐渐减慢的。

11.1.3 影响大气腐蚀的因素

影响大气腐蚀的因素很复杂，主要包括气候条件和大气中的污染物等。

大气的湿度、温度、降雨、日照时间、风向和风速、降尘等气候条件对金属的大气腐蚀都有影响，其中湿度、温度两个因素尤为重要。

全球范围内的大气主要成分几乎是相同的，但是其污染物的种类和含量在不同地区则是不同的。大气中的主要污染物组成见表 11-1。大量研究表明，大气污染物对金属的腐蚀具有不同程度的促进作用。

表 11-1 大气污染物的主要组成

气体组成		固体组成
含硫化合物	SO_2、SO_3、H_2S	灰尘
含氯化合物	Cl_2、HCl	NaCl、$CaCO_3$
含氮化合物	NO、NO_2、NH_3、HNO_3、	ZnO 粉末
含碳化合物	CO、CO_2	氧化物粉、煤粉
其他	有机化合物	

1. 湿度的影响

大气腐蚀本质上是一种水膜下的电化学反应，水膜的生成是发生大气腐蚀的基本条件之一，而水膜生成与否与大气相对湿度是密切相关的，因此，湿度通常被认为是影响大气腐蚀的最重要因素。对于不同金属或者相同金属的不同表面状态，其对大气中水分的吸附能力是不同的。当大气中的相对湿度达到某一临界值时，水分会在金属表面形成水膜，此时的相对湿度称为临界相对湿度。当大气湿度超过临界相对湿度时，金属表面会形成电解液膜，金属的腐蚀性质由化学腐蚀突变为电化学腐蚀，腐蚀速度大大增加。

金属的临界相对湿度与金属种类、金属表面状态、腐蚀产物性质，以及环境气氛等因素有关。一般来说，铁、铜、锌、铝、镍等金属的临界相对湿度通常在70%左右，而在含有大量的工业气体、易于吸湿的盐类、灰尘等大气环境下，金属的临界相对湿度会低得多。此外，对于金属表面粗糙、裂缝和小孔增多的情况，其临界相对湿度也会下降。

图 11-3 描述了铁的腐蚀速度与相对湿度的关系。由图可见，将相对湿度控制在临界相对湿度以下，铁的腐蚀速度很慢，当相对湿度超过临界相对湿度后，铁的腐蚀速度迅速升高。因此将相对湿度控制在临界相对湿度以下，可以有效控制金属的腐蚀。如实际生产中可采用干燥空气封存法，即将温度控制在10~30℃、相对湿度控制在35%以下，即可防止零件生锈。

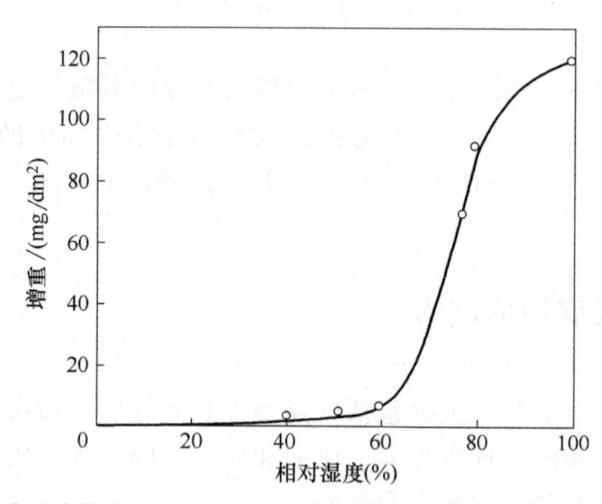

图 11-3 铁在质量分数为 1%的 SO_2 的大气中经 55 天后的增重与相对湿度的关系

2. 温度的影响

大气温度及其变化是影响大气腐蚀的又一重要因素，它会影响水汽的凝聚、水膜中各种气体和盐类的溶解度、水膜的电阻，以及腐蚀电解液阴阳极过程的反应速度等。

一般认为，当相对湿度低于临界相对湿度时，环境干燥，金属腐蚀轻微，温度对大气腐蚀影响很小。但当相对湿度达到金属腐蚀的临界相对湿度时，温度对大气腐蚀的影响则十分明显：温度每升高 10℃，腐蚀速度就会升高 1 倍。因此，在湿度很高的雨季或湿热带，高温会使金属的大气腐蚀速度显著加快。

3. SO_2 的影响

在大气污染物中，尤以 SO_2 的影响最为严重。大气中 SO_2 的来源主要为硫化氢的氧化及含硫燃料的燃烧，在城市工业区 SO_2 的含量可达 0.1~100mg/m^3。图 11-4 所示为大气中 SO_2 含量对碳钢腐蚀速度的影响。对于不耐硫酸腐蚀的金属如 Zn、Fe、Ni 等，其腐蚀速度和 SO_2 含量呈直线关系。

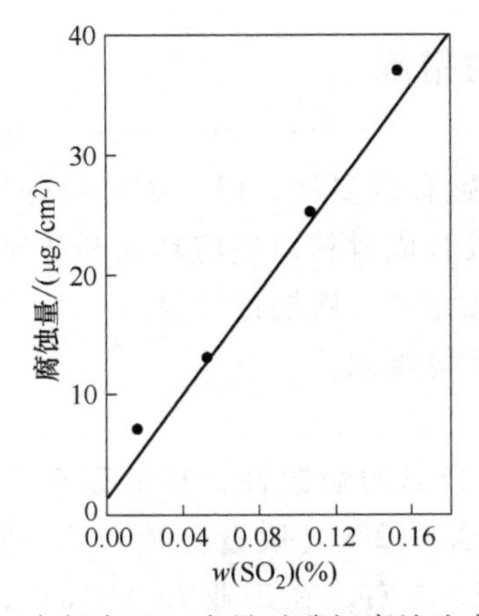

图 11-4　大气中 SO_2 含量对碳钢腐蚀速度的影响

目前，SO_2 加速金属腐蚀的机理主要有以下两种：

1）SO_2 在水中的溶解度比氧高约 1300 倍，SO_2 溶于水中形成的 H_2SO_3 或 H_2SO_4 是强去极化剂，对大气腐蚀有加速作用，其在阴极上的去极化反应为

$$2H_2SO_3+2H^++4e \rightleftharpoons S_2O_3^{2-}+3H_2O$$

$$2H_2SO_3+H^++2e \rightleftharpoons HS_2O_4^-+2H_2O$$

2）SO_2 在钢铁锈蚀过程中起到自催化的作用，即 SO_2 吸附在钢铁表面，与铁和氧反应生成硫酸亚铁，硫酸亚铁进一步在氧的作用下水解生成硫酸，硫酸又与铁作用加速腐蚀，得到新的硫酸亚铁。如此循环往复，使钢铁不断被腐蚀。整个过程具有自催化效应，发生的反应为

$$Fe+SO_2+O_2 \rightleftharpoons FeSO_4$$

$$4FeSO_4+O_2+6H_2O \rightleftharpoons 4FeOOH+4H_2SO_4$$

$$2H_2SO_4+2Fe+O_2 \rightleftharpoons 2FeSO_4+2H_2O$$

4. 其他污染物的影响

NH_3：易溶于水膜并增加其 pH 值，对钢铁有缓蚀作用，可与有色金属反应生成可溶性的络合物，促进阳极去极化作用。

H_2S：在干燥大气中易引起铜、黄铜、银等金属的变色，在潮湿大气中会加速铜、镍、黄铜、铁和镁等金属的腐蚀。

HCl：具有很强的腐蚀性，易溶于水膜生成盐酸，加速腐蚀。

氯化物盐类：如盐雾（沿海地区海水被海风吹起形成的细雾），氯离子不但能降低临界相对湿度，还会破坏铁、铝等金属表面的氧化膜，增加水膜的导电性，从而加速金属的腐蚀。

其他固体颗粒：其组成除盐类以外，还有碳化物、氮化物、金属氧化物、砂土等。按照固体颗粒自身性质可将其对大气腐蚀的影响方式分为如下三种：

1）颗粒本身有腐蚀性，如铵盐颗粒，可直接加速腐蚀。

2）颗粒本身无腐蚀性，但易吸附腐蚀性物质，可间接地加速腐蚀。

3）颗粒本身既无腐蚀性，又不具备吸附性，但可造成毛细管凝聚缝隙，促使金属表面形成电解液薄膜，形成氧浓差电池的局部腐蚀条件，从而加速金属的腐蚀。

11.1.4 防止大气腐蚀的措施

防止金属材料大气腐蚀的措施有很多种，但主要可以分为如下三种途径：

1）选择耐蚀的合金、金属或合成材料以适应环境和防腐要求。

2）在金属表面涂覆各类耐蚀涂层、镀层或渗层。

3）控制或改变环境，减少环境腐蚀。

1. 使用耐蚀材料

采用合金化的方法可以改善金属的耐蚀性，在低碳钢中加入 Cu、P、Cr、Ni 及稀土元素等可以起到显著作用。例如，含 0.2%（质量分数）Cu 的低合金钢与普通碳钢相比，在海洋大气中的腐蚀速度降低了 35%左右，在工业大气中的腐蚀速度降低了 50%左右。美国的 Cor-Ten 钢（Cu-P-Cr-Ni 系低合金钢）是世界上耐候性最好的钢之一，其耐大气腐蚀性能为碳钢的 4~8 倍。我国耐大气腐蚀的低合金钢主要有铜系、磷钒系、磷稀土系、磷铌稀土系等。

不锈钢具有较高的耐大气腐蚀性能，增加 Cr 含量、降低 C 含量、添加钼和钛等元素可以进一步提高不锈钢的耐大气腐蚀性能。

2. 采用覆盖防护层

采用覆盖防护层将腐蚀介质与金属隔离开来是目前最为广泛应用的金属材料防腐手段。覆盖防护层可以分为易除去的和不易除去的两种。

（1）不易除去的覆盖防护层　电镀层是其中用得较多的保护层，如在内陆地区可以采用价格便宜的锌镀层，在沿海地区腐蚀性更强的气候条件下可以采用镉镀层。发蓝处理也是钢铁制品的常用防腐措施，所谓发蓝处理就是采用化学方法在金属表面生成一种蓝黑色的氧化物膜。

其他常用的不易除去的覆盖层还有：渗镀、热喷涂、浸镀、刷镀等；铜合金、锌、镉的钝化等；铝、镁合金氧化或阳极氧化等；珐琅涂层、陶瓷涂层和油漆涂层等。

（2）易除去的覆盖防护层　对于需要短期防锈的零部件或机件，可采用易除去的覆盖防护层。

如在机械加工工序之间的间隔中，常用防锈液、防锈油进行短期防锈；又如保护贮藏和运输过程中的金属制品可以使用大气缓蚀剂和防锈油、脂、防锈水、可剥性塑料等进行暂时性保护。

3. 控制环境

控制环境主要是控制金属所处环境的相对湿度、温度及氧含量，主要有充氮封存、干燥空气封存、采用吸氧剂等方法。

充氮封存法是将产品密封在容器内，经抽真空后充入氮气，并将内部相对湿度保持在40%以下，以隔绝氧气和水，从而防止金属的腐蚀。该方法适用于精密仪器仪表及忌油产品的长期封存。

干燥空气封存法是在密封性良好的包装内充以干燥空气来防止金属的腐蚀，其依据是在相对湿度不超过35%的洁净空气中金属不会生锈。

封闭容器中控制湿度和露点的常用方法为在容器中放置吸氧剂。吸氧剂通常采用 Na_2SO_3，其在催化剂 $CoCl_2$ 和微量水的作用下，可吸收氧变成 Na_2SO_4。

11.2 海水腐蚀

海水是自然界中量最大且最具腐蚀性的天然物质，海水腐蚀导致的损失占到了腐蚀总损失的1/3。我国是海洋大国，海洋开发越来越受到重视，从港口钢桩、跨海大桥、海上平台，到海上舰船、各类海水中的作业机械，无不面临海水腐蚀问题。因而，研究海水腐蚀规律、探讨海水腐蚀防护措施，在国民经济发展中具有重要意义。

11.2.1 海水腐蚀的特征

1. 海水的性质

海水可以看作是一种含有多种盐类的中性电解质溶液，其盐分中的主要成分是氯化钠，占总盐度的77.8%。表11-2列出了海水中的主要盐类及其含量。正常海水的盐度在32‰~37.5‰之间，通常取盐度35‰作为大洋性海水的盐度均值。

表11-2 海水中主要盐类的含量

成　分	每100g海水中盐的含量/g	占盐重量的百分比(%)
NaCl	2.7123	77.8
$MgCl_2$	0.3807	10.9
$MgSO_4$	0.1658	4.7
$CaSO_4$	0.1260	3.6
K_2SO_4	0.0863	2.5
$CaCl_2$	0.0123	0.3
$MgBr_2$	0.0076	0.2
合计	3.5	100

由于海水中含有大量的盐分，因而其电导率很高，为0.33~0.43S/m，远高于河水和雨水。海水中氯离子的含量约占总离子数的55%，因此海水腐蚀的特点与氯离子的存在密切相关，对于铁、铸铁、低合金钢和中合金钢来说，海水具有较高的腐蚀活性，建立钝态几乎

是不可能的。

海水中的溶解氧是影响海水腐蚀的重要因素，一般来说，海水表面是被氧所饱和的，氧的浓度在（5~6）$\times 10^{-6}$mol/L 范围内变化。海水的溶氧量与温度和盐度有关，盐度增加和温度升高，溶氧量会略有下降。

2. 海水腐蚀环境划分

海洋环境复杂，根据腐蚀条件的不同，可将海洋环境分为海洋大气区、海洋飞溅区、海洋潮差区、海洋全浸区和海底海泥区。每个区域都有其特定的腐蚀环境，见表 11-3。

表 11-3　典型海洋环境的分类

海洋区域	环境条件
海洋大气区	风带来细小的海盐颗粒。影响腐蚀性的因素众多，包括海盐含量、距离海面的高度、湿度、风速、雨量、温度、太阳辐射、污染等
海洋飞溅区	海水飞溅，潮湿、氧气充分的表面，无海生物沾污
海洋潮差区	周期沉浸，供氧充分，常有海生物沾污，可能会有污染港口中漂来的油层和污物
海洋全浸区	浅海区：海水通常为氧所饱和，海生物沾污、海水流速、水温、污染等都可能起重要作用 大陆架区：无植物沾污，动物沾污也大大减少，氧含量有所降低，水温也较低 深海区：氧含量不一，温度接近 0℃，海水流速低，pH 值比表层低
海底海泥区	常有细菌，如硫酸盐还原菌，海底沉积物的来源、特征和行为不同

（1）海洋大气区　在海洋大气区，金属表面会沉积盐粒或盐雾，这使得该区域的腐蚀比内陆要大得多。盐的沉积速度与地理位置、风浪条件、曝晒时间、雨量、气候变化等因素有关。一般来说，海洋大气的腐蚀速度是内陆大气腐蚀速度的 2~5 倍。

（2）海洋飞溅区　海洋飞溅区是指海水平均高潮位以上海浪飞溅湿润的区段。在飞溅区金属表面，液膜长期存在，且液膜供氧充分，氧浓差极化最小，形成了氧去极化腐蚀的有利条件。此外，在飞溅区风浪作用下，金属表面的保护涂层容易破坏、脱落。因此，飞溅区往往是海洋区域中腐蚀性最强的区域。普通碳钢在没有采取防腐措施的情况下腐蚀速度可达 0.5~1.0mm/a，为海水全浸区的 5~10 倍。

（3）海洋潮差区　海洋潮差区是指海水平均高潮位与低潮位之间的区段，又称潮汐区。潮差区的腐蚀环境与飞溅区相似，金属表面大部分时间与充气良好的海水接触，促进了氧的去极化腐蚀，因此对于孤立的金属片而言，其腐蚀速度是接近飞溅区的。但是对于在潮差区和全浸区连成一体的钢结构，潮差区的腐蚀速度是明显小于飞溅区的。这是因为潮差区和全浸区的海水氧含量不同而构成氧浓差电池，潮差区的供氧要好于全浸区，为电池阴极，受到了保护，腐蚀速度会有所下降。此外，在潮差区会有海洋生物寄生在金属表面，有时会使金属表面得到一定程度的保护。

（4）海洋全浸区　海洋全浸区是指平均低潮位以下直至海底的区段。全浸区根据海水深度不同又可分为浅海区、大陆架区和深海区。在风浪和海水的搅拌作用下，浅海区表层的氧含量可以达到饱和，而且浅海区表层的水温要比深海区高，环境污染程度也较高，因此浅海区中金属的腐蚀速度一般是随深度增加而逐渐减小的。

前面提到，全浸区钢结构通常是与潮差区连在一起构成氧浓差电池，全浸区氧浓度低，因而作为电池的阳极。此外，全浸区金属表面上常附着有海洋生物，这会阻碍氧向金属表面的扩散，进而扩大了氧浓差电池效应，从而加快了全浸区金属的腐蚀速度。

随着海水深度的增加，氧含量、水温、海水流速都降低，海洋生物附着量也会减少，因而深海区的腐蚀速度是较低的。

(5) 海底海泥区 海底海泥区由海底泥浆和沉积物构成，该区盐度高、电阻率低，因而也具有一定的腐蚀性，但该区溶氧极少，在一般的海洋结构物中属于腐蚀较轻的部位。需要注意的是，海泥区有时会在硫酸盐还原菌作用下发生海底钢结构的局部腐蚀。

11.2.2 海水腐蚀的电化学过程

海水是一种含氧的中性电解液，因而金属的海水腐蚀符合电化学腐蚀的特征。绝大多数的工程金属材料在海水中的腐蚀都属于氧去极化腐蚀。

金属构件在海水中会构成活性很大的微观腐蚀电池和宏观腐蚀电池，下面分别介绍。

金属表面的物理化学性质具有微观不均匀性，如成分不均匀、应力应变不均匀，以及界面处海水物理化学性质的微观不均匀等，这会造成界面上电极电位分布的微观不均匀性，形成无数微观腐蚀电池，金属在海水中的腐蚀多数以这种方式进行。

电极电位低的区域（如碳钢的铁素体基体）为阳极区，发生铁的溶解反应：

$$Fe \longrightarrow Fe^{2+} + 2e$$

电极电位高的区域（如碳钢的渗碳体相）为阴极区，发生氧的还原反应：

$$O_2 + 2H_2O + 4e \longrightarrow 4OH^-$$

海水具有较高的电导率，这使得海水腐蚀的电阻极化很小，因此异种金属的接触可能造成显著的电偶腐蚀。如果将铁板和铜板同时浸入海水中，铁板上发生如下化学反应：

$$Fe \longrightarrow Fe^{2+} + 2e$$

$$O_2 + 2H_2O + 4e \longrightarrow 4OH^-$$

铜板上发生如下化学反应：

$$Cu \longrightarrow Cu^{2+} + 2e$$

$$O_2 + 2H_2O + 4e \longrightarrow 4OH^-$$

铁和铜在海水中的自然腐蚀电位分别约为-0.45V（vs. SCE）、-0.32V（vs. SCE）。如果铁板与铜板接触或者将二者用导线连接时就构成了宏观电偶腐蚀电池，在海水中，铁板上电子流出，铁的氧化反应被加强，铜板上电子流入，铜的氧化反应被抑制，最终铁板腐蚀加快，铜板得到了保护。海水中异种金属的连接必须要引起重视，以避免电偶腐蚀发生的可能性。如海船的青铜螺旋桨会引起数十米处钢制船身的腐蚀，又如，大面积的铜合金与小面积的不锈钢接触会使不锈钢发生电偶腐蚀。

此外，需要注意的是：

1）海水腐蚀阳极极化率很小，因而在海水中采用提高阳极性阻滞的方法来防止腐蚀，其作用是有限的。

2）海水中氯离子的存在会破坏钝化膜，因此不锈钢在海水中也会遭到严重的腐蚀。只有极少数易钝化金属，如钛、锆、钽、铌等，才能在海水中建立稳定的钝化态。

11.2.3 影响海水腐蚀的因素

（1）盐浓度 图 11-5 所示为海水中钢的腐蚀速度与 NaCl 浓度的关系。可见当盐浓度较低时，钢在海水中的腐蚀速度随着盐浓度的增加而升高，当盐浓度超过一定值时，由于氧的溶解度下降，金属腐蚀速度也下降。对于钢铁材料，海水中盐的浓度正好接近腐蚀速度最大的盐浓度范围。

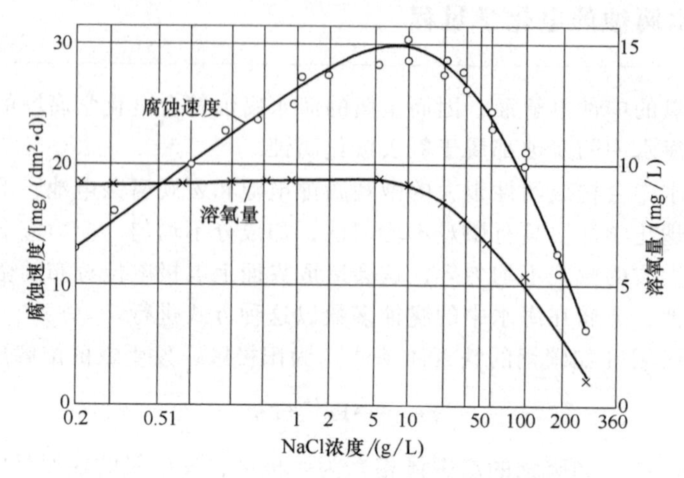

图 11-5 海水中钢的腐蚀速度与 NaCl 浓度的关系

（2）溶解氧浓度 大多数金属在海水中的腐蚀属于氧的去极化腐蚀，因此海水中的溶解氧浓度是影响海水腐蚀的重要因素。一般情况下，溶解氧浓度的增加会使金属的腐蚀速度加快。

表 11-4 显示了溶解氧浓度和盐浓度、温度之间的关系。可以看出，盐浓度和温度越高，则溶解氧浓度越低，温度由 0℃ 上升到 30℃，溶解氧浓度几乎减半。

表 11-4 溶解氧浓度和盐浓度、温度之间的关系

温度/℃	盐浓度(%,质量分数)					
	0.0	1.0	2.0	3.0	3.5	4.0
	溶解氧浓度/(mL/L)					
0	10.30	9.56	9.00	8.36	8.04	7.72
10	8.02	7.56	7.09	6.63	6.41	6.18
20	6.57	6.22	5.88	5.52	5.35	5.17
30	5.57	5.27	4.95	4.65	4.50	4.34

溶解氧浓度还与海水的深度有关。海水表面溶解氧浓度最高，海平面至其下一定深处，溶解氧浓度逐渐降低并达到最低值，海水深度继续增大，溶解氧浓度会逐渐升高，这与深海海水温度较低、压力较高有关。此外，海水污染会大大降低溶解氧浓度，海洋植物的光合作用则会提高溶解氧浓度。

（3）海水 pH 值 海水的 pH 值一般在 7.2~8.6 之间，接近中性，对腐蚀影响不大。在

深海处，海水 pH 值略有降低，不利于在金属表面生成保护性碳酸盐层，从而导致腐蚀速度增大。

（4）海水温度　海水温度对海水腐蚀的影响是复杂的。温度升高，海水中氧的溶解度降低，同时会促进保护性碳酸盐的生成，这都会减缓金属在海水中的腐蚀；但是，从动力学角度看，温度升高，金属的腐蚀是加快的。有数据表明：海水温度由 0℃升高到 25℃，钢的腐蚀速度由 0.15mm/a 增加到 0.89mm/a；海水中氧浓度由 4.5mL/L 升高至 7.4mL/L，钢的腐蚀速度由 0.25mm/a 增加到 0.30mm/a，仅增加了 0.05mm/a。可见温度对海水腐蚀速度的影响要比氧浓度的影响大得多。

对于在海水中易钝化的金属，随着温度的升高，钝化膜的稳定性会降低，点蚀、应力腐蚀、缝隙腐蚀的敏感性增加。此外，温度升高会使海洋生物活性增强，容易引发易钝化金属的局部腐蚀。

（5）海水流速　海水流速会改变供氧条件，必然会对海水腐蚀产生重要影响。对于在海水中不能钝化的金属，如碳钢、低合金钢等存在一个临界流速。图 11-6 显示了海水流速对低碳钢腐蚀速度的影响，在流速低于临界流速 v_c 的阶段（Ⅰ和Ⅱ），金属为典型的电化学腐蚀，其中Ⅰ阶段阴极过程受氧的扩散速度控制，流速增加，氧的扩散速度加快，腐蚀速度增加；随着流速的增加，在Ⅱ阶段中供氧充分，阴极过程不再受氧的扩散速度控制，而主要受氧的还原反应速度控制。当流速超过 v_c 时（Ⅲ阶段），钢的腐蚀速度急剧增加，这是因为金属表面的腐蚀产物膜被冲刷掉，金属表面受到了腐蚀与磨损的联合作用。

对于低碳钢，v_c 为 7~8m/s；对于铜，v_c 约为 1m/s。

对于在海水中易钝化的金属，如不锈钢、铝合金、钛合金等，在一定范围内海水流速增加会促进金属表面钝化，提高其耐蚀性。

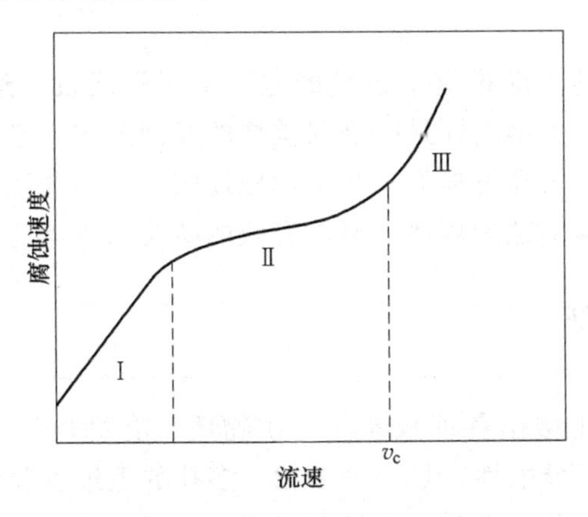

图 11-6　海水流速对低碳钢腐蚀速度的影响示意图

（6）海洋生物　在海水中的金属表面常会附着一层生物黏泥，许多海洋生物便附着在上面生长并繁殖。海洋生物的附着会对金属结构的腐蚀产生重要影响，通常有以下几种形式：

1）海洋生物附着不均匀，在附着层的内外形成氧浓差电池，发生局部腐蚀，如藤壶的壳层与金属表面间形成的缝隙会产生缝隙腐蚀。

2）海洋生物的生命活动改变了周围海水介质的成分，如生物尸体分解形成的 H_2S 以及

生物呼吸排出的 CO_2，藻类植物的光合作用增加了局部海水中的氧浓度，这些都会加速金属的腐蚀。

3）一些海洋生物的生长会穿透金属表面的保护层，加速腐蚀。

受海洋生物污损最严重的是铝合金、钢、镍基合金，而铜合金受污损倾向最小，这与溶出的铜离子或氧化亚铜表面膜具有毒性有关。

11.2.4 防止海水腐蚀的措施

（1）合理选材　合理选材是控制海水腐蚀最常用的方法之一。选材时既要考虑材料在特定海水介质中的耐蚀性，同时要尽可能地降低成本。对于大型海洋工程结构，通常采用价格低廉的低碳钢和低合金钢制造，同时采取涂层联合阴极保护措施。在环境条件比较苛刻的情况下，可选用高耐蚀材料，如钛、镍、铜及其合金，耐海水钢等。

（2）表面保护　表面保护是防止金属材料海水腐蚀的普遍使用方法，主要包括应用有机涂层、金属喷涂层、金属包覆层、衬里等，其中以有机涂层应用最为广泛。根据保护要求的不同，除防锈漆外，还可以采用防生物污损的双防油漆。对于潮差区和飞溅区的一些固定钢结构，可以使用蒙乃尔合金等耐蚀合金包覆。

（3）电化学阴极保护　阴极保护是海水全浸条件下保护钢结构免受腐蚀的有效方法，在海洋设施中广泛使用，通常与涂层保护联合使用，可以减小阴极保护电流密度，提高保护效果。

11.3 土壤腐蚀

随着我国现代化进程的不断推进，大量的地下金属管线投入运行，如北油南调输油管道、西气东输输气管道等。土壤腐蚀是一种很重要的腐蚀形式，它会引起地下油、气、水等管线的破坏、泄漏，造成巨大经济损失。我国地域辽阔，土壤类型众多，土壤腐蚀破坏形式也不尽相同，因而学习土壤腐蚀的规律、寻求有效的防腐措施具有重要的现实意义。

11.3.1 土壤的特征

（1）土壤的孔隙度　土壤由各种颗粒状的矿物质、有机物质、水分、空气和微生物等组成，具有生物活性和离子导电性，是一种多相、多孔的毛细管胶体体系。土壤的颗粒间形成了大量的孔隙和毛细管微孔，水分和空气可以通过体系中的孔隙和微孔到达土壤深处。土壤的孔隙度会影响土壤的透气性，进而影响腐蚀的进程。透气性好有利于氧和水的渗透，一般会加速腐蚀，但是也容易生成具有保护作用的腐蚀产物，减缓腐蚀；透气性不好一般会减缓腐蚀，但是如果形成氧浓差电池，透气性差的区域则会成为阳极区而加速腐蚀。因此，土壤透气性的好坏均有可能表现出两方面的作用。

（2）土壤的水分（土壤的电阻率）　盐类溶解于土壤的水分中使土壤成了电解质，土壤的导电性与其孔隙度、含水量、含盐量等因素有关。土壤越潮湿、含盐量越多，电阻就越小；土壤越干燥、含盐量越少，电阻就越大。潮湿而多盐的土壤电阻率可低至 500Ω · cm，干燥而少盐的土壤电阻率则可高达10000Ω·cm。表11-5列出了土壤电阻率与土壤腐蚀性之间的关系（以钢在土壤中的腐蚀为例）。由表可见，土壤的电阻率越小，其腐蚀性越强，因此土壤电阻率可作为评估土壤腐蚀性的依据之一。

表11-5 土壤电阻率与土壤腐蚀性的关系

土壤的电阻率/Ω·cm	钢在土壤中的腐蚀速度/(mm/a)	土壤的腐蚀性
0~500	>1.00	很高
>500~2000	>0.20~1.00	高
>2000~10000	>0.05~0.20	中等
>10000	≤0.05	低

（3）土壤的氧含量　土壤中的氧气或溶解于水分中或存在于土壤的孔隙与毛细管中，因而土壤的氧含量与其湿度和结构密切相关。土壤湿度与结构不同，氧含量相差可达上万倍，这种充气的不均匀会造成氧浓差电池腐蚀。

（4）土壤的酸碱性　大多数的土壤是中性的，其pH值在6~7.5之间。有的土壤呈酸性，如腐殖土和沼泽土，其pH值在3~6之间。也有的土壤呈碱性，如盐碱土和砂质黏土，其pH值在7.5~9.5之间。一般认为，土壤的pH值越低，土壤的腐蚀性越强。

（5）土壤中的微生物　氧是阴极过程的去极化剂，因而土壤中缺氧时，腐蚀过程一般难以进行。但是，当土壤中有微生物，特别是硫酸杆菌和硫酸盐还原菌（厌氧菌）时，会发生明显的局部加速腐蚀。由微生物直接或间接参与的腐蚀过程称为微生物腐蚀，微生物腐蚀往往和电化学腐蚀同时发生。硫酸盐还原菌在pH值为4.5~9.0的土壤中最宜繁殖生长，当pH值小于3.5或大于11时，硫酸盐还原菌的活动及繁殖就很困难了。

11.3.2 土壤腐蚀的电化学过程

金属的土壤腐蚀本质上与金属在电解质中的腐蚀是一样的，绝大多数的土壤腐蚀为氧去极化腐蚀，少数（如强酸性土壤腐蚀）为氢去极化腐蚀。

下面以Fe为例分别分析土壤腐蚀的阳极过程和阴极过程。

1. 阳极过程

土壤腐蚀的阳极区发生铁的溶解反应，阳极过程为铁氧化为二价铁离子，并发生二价铁离子的水合作用，反应如下：

$$Fe \longrightarrow Fe^{2+} + 2e$$

$$Fe^{2+} + nH_2O \longrightarrow Fe^{2+} \cdot nH_2O$$

在潮湿的土壤中，铁的阳极过程没有明显的阻碍，在干燥透气性好的土壤中，铁的阳极过程会因钝化产生很大的极化（假定土壤中没有氯离子存在），铁离子水化过程难以进行。因此，土壤的湿度对阳极过程影响很大，一般认为金属在潮湿土壤中的腐蚀要比在干燥土壤中严重得多。

在中性或碱性土壤中，会生成溶解度很小的$Fe(OH)_3$，反应如下：

$$Fe^{2+} + 2OH^- \longrightarrow Fe(OH)_2$$

$$4Fe(OH)_2 + O_2 + 2H_2O \longrightarrow 4Fe(OH)_3$$

$Fe(OH)_3$ 不稳定，会转变为更稳定的 FeOOH 和 Fe_2O_3，反应如下：

$$Fe(OH)_3 \longrightarrow FeOOH + H_2O$$

$$2Fe(OH)_3 \longrightarrow Fe_2O_3 \cdot 3H_2O \longrightarrow Fe_2O_3 + 3H_2O$$

当土壤中含有 HCO_3^-、CO_3^{2-} 和 S^{2-} 时，也会生成不溶性腐蚀产物，反应如下：

$$Fe^{2+} + CO_3^{2-} \longrightarrow FeCO_3$$

$$Fe^{2+} + S^{2-} \longrightarrow FeS$$

土壤腐蚀过程中生成的难溶腐蚀产物会沉淀在金属表面，使阳极极化增大，阻滞阳极溶解。如果土壤中含有氯离子，其与 Fe^{2+} 生成可溶性盐，且氯离子会阻碍阳极钝化的发生，从而加速阳极溶解。

2. 阴极过程

土壤腐蚀的阴极过程主要为氧的去极化作用，阴极区发生氧的还原，生成 OH^- 离子，反应如下：

$$O_2 + 2H_2O + 4e \longrightarrow 4OH^-$$

在酸性很强的土壤中会发生如下析氢反应：

$$2H^+ + 2e \longrightarrow H_2$$

在硫酸盐还原菌作用下，硫酸根的去极化也可作为土壤腐蚀的阴极过程，反应如下：

$$SO_4^{2-} + 4H_2O + 8e \longrightarrow S^{2-} + 8OH^-$$

氧通过土壤空隙从地面向地下金属表面扩散，过程非常缓慢，扩散速度受到金属埋没深度、土壤结构、湿度、松紧度、土壤中胶体粒子含量等因素的影响。对于大多数土壤而言，金属的土壤腐蚀受阴极过程控制。但是，在干燥、疏松的土壤中，氧的渗透和流动比较容易、扩散速度较快，腐蚀过程转变为阳极控制占优势。

11.3.3 土壤腐蚀的几种形式

1. 充气不均匀引起的腐蚀

充气不均匀引起的腐蚀主要是指地下管线穿过不同的地质结构及不同潮湿程度的土壤带时，由于氧的浓度差别引起的宏观电池腐蚀，如图 11-7 所示。黏土潮湿致密，氧气通过困难，氧含量较低，砂土干燥松散，氧气容易通过，氧含量较高。因而处于黏土中的金属管线电极电位低，为阳极，砂土中的金属管线电极电位高，为阴极，这就构成了氧浓差腐蚀电池，黏土中的管线作为氧浓差电池的阳极被腐蚀。同理，埋在地下的管线、钢桩、设备底架

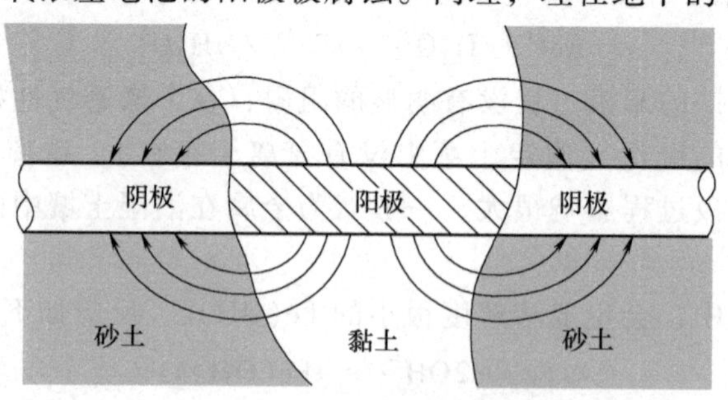

图 11-7 管线穿过不同土壤形成的氧浓差电池

等，由于各部位所处的深度不同，氧气浓度就会有所不同，从而构成氧浓差电池，深层部位由于氧气难以到达而成为阳极区，腐蚀加速。

2. 杂散电流引起的腐蚀

杂散电流即为正常电路漏失的电流，其主要来源是直流大功率电气装置，如电气化铁路、有轨电车、电解槽、电焊机、电化学保护设施等。地下埋设的金属设施在杂散电流影响下发生的腐蚀称为杂散电流腐蚀或干扰腐蚀。图 11-8 为土壤中杂散电流腐蚀实例的示意图。

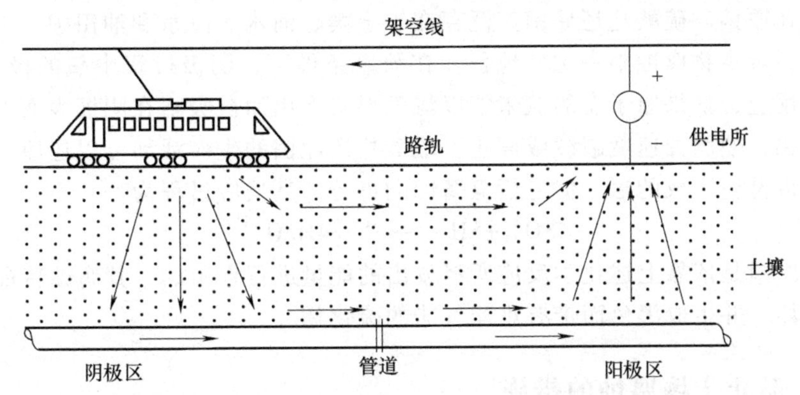

图 11-8　土壤中杂散电流腐蚀实例示意图（图中箭头方向为电流流动方向）

当路轨与土壤间的绝缘不良时，一部分电流就会从路轨漏失到土壤中，如附近埋设有金属管线，杂散电流会从管线通过并回到电源。此时，土壤作为电解质传递电流，构成两个串联的宏观电池，即

$$\text{路轨(阳极)}\xrightarrow{\text{土壤}}\text{管线(阴极)}$$

$$\text{管线(阳极)}\xrightarrow{\text{土壤}}\text{路轨(阴极)}$$

第一个电池会引起路轨的腐蚀，出现这种情况可更换路轨，操作起来并不困难。第二个电池会引起地下管线的腐蚀，这种情况很难发现，而且修复也很麻烦。

金属腐蚀量与杂散电流的电流强度成正比，符合法拉第定律。计算表明，1A 电流流过，每年就会腐蚀掉 9.15kg 的铁，可见杂散电流造成的腐蚀相当严重。通常可以使用排流法防止杂散电流的腐蚀。所谓排流法就是用导线将阳极区的管线与路轨直接相连，从而使整个管线都处于阴极区。此外，还可以采用绝缘法或牺牲阳极保护法来防止杂散电流的腐蚀。

交流电也会引起杂散电流腐蚀，如交流电气化铁道和高压输电线路等。交流杂散电流破坏作用较小，如频率为 60Hz 的交流电，其作用约为直流电的 1%。

3. 微生物引起的腐蚀

微生物引起的腐蚀并非微生物本身直接对金属的侵蚀作用，而是微生物生命活动间接地对金属腐蚀的电化学过程产生影响。如有的细菌新陈代谢会产生一些腐蚀物质（如硫酸、有机酸、硫化氢等），从而改变了金属的腐蚀环境，有的细菌可以在腐蚀产物脱离电极的化学反应中起到催化作用，加快腐蚀进程。

依据微生物生长对氧要求的不同，通常把腐蚀微生物分为好氧腐蚀菌和厌氧腐蚀菌。好氧腐蚀菌是指只有在游离氧存在的条件下才能生长繁殖的细菌，主要包括硫氧化细菌、铁细菌和一些异氧细菌。硫氧化细菌广泛存在于酸性土壤、海洋、江河沉积及腐蚀产物中，它们可以氧化硫和低价硫的盐，使周围环境 pH 值降低，大大加速钢铁的腐蚀。铁细菌中与土壤腐蚀相关的主要是氧化铁杆菌，其存在于含有有机可溶性铁盐的中性水、土壤或锈层中，它可使二价铁离子氧化成三价铁离子，三价铁离子可进一步将硫化物氧化为硫酸，从而加速腐蚀。此外，好氧腐蚀菌在新陈代谢的过程中会消耗周围的氧并逐渐形成大量菌落，和有机团块一起形成局部缺氧区，从而与氧浓度高的周围区域形成氧浓差电池，加速腐蚀。

厌氧腐蚀菌是指在缺乏游离氧或几乎没有氧的条件下才能生长繁殖的细菌，其中最为常见的是硫酸盐还原菌。硫酸盐还原菌广泛存在于土壤、河水、海水和油田中，该类菌引发的腐蚀在金属材料微生物腐蚀中占主导地位。在缺氧条件下，阴极过程中氧的极化难以完成，但可进行析氢反应，如果原子态的氢未能以氢气形式逸出而被吸附在阴极表面上，则会造成很大的阴极极化，使腐蚀速度减缓或停止。硫酸盐还原菌的生命活动可以还原土壤中的硫酸盐，并消耗阳极反应生成的氢，促进析氢腐蚀的进行，其反应过程为

$$SO_4^{2-}+8H \longrightarrow S^{2-}+4H_2O$$

硫酸盐还原菌是依靠上述化学反应所释放出的能量进行繁殖的，其腐蚀特征是造成金属构件的局部损坏，并生成黑色而带有难闻气味的硫化物。

11.3.4 防止土壤腐蚀的措施

防止土壤腐蚀可采取的措施如下：

（1）涂层保护　涂层保护的作用是将金属构件与土壤介质隔离，对涂层要求如下：

1）与基体金属的结合力要好，涂层完整。

2）具有良好的防水性和化学稳定性。

3）强度高、韧性好。

4）具有一定的塑性。

5）材料来源容易、价格低廉、便于施工。

表 11-6 列出了各种常用管道外防腐层的性能。其中，环氧粉末是最常用的管道外防腐涂料，该涂层具有黏结力强、适用温度范围广、耐化学介质侵蚀等优点，在欧美很多输气管线中广泛应用。对于穿越河流、公路，以及途经石土、石方较多的地段时，可选用环氧粉末聚乙烯复合结构作为管道外防腐层，一方面能够提高涂层的抗冲击性，另一方面，在聚乙烯外层局部破坏后，内层的环氧粉末覆盖层仍可起到防腐作用，进而降低管道的维护和修理费用。

表 11-6　常用管道外防腐层及其性能特点

防腐层名称	主要优点	主要缺点	适用性
环氧煤沥青	抗土壤应力好，耐微生物及植物根茎侵蚀	抗冲击性差，固化时间长，使用过程中绝缘性能下降很快（尤其是热管道）	用于管径较小的管道工程、穿越套管及金属构件的防腐
石油沥青	价格便宜，来源广泛，漏点及损伤容易修复	吸水率高，使用过程中易损坏和老化，抗土壤应力差，有一定的污染	适用于对覆盖层性能要求不高、地下水位较低的一般土壤，如砂土、壤土
煤焦油瓷漆	耐水性好，耐微生物侵蚀，化学稳定性好，使用寿命长	机械强度较低，低温下较脆，污染较重	可用于大部分的土壤环境

（续）

防腐层名称	主要优点	主要缺点	适用性
聚乙烯胶带	绝缘性能好，吸水率低，抗透湿性强，施工简单	黏结力较差，搭接部位的密封性难以保证	适用于施工不便的地方及地下水位不高的地段
环氧粉末	黏结力强，适用温度范围广，耐化学介质侵蚀	抗冲击性较差，耐光老化性能较差	适用于大部分土壤环境，特别适用于定向穿越段的黏质土壤
环氧粉末聚乙烯复合结构	集环氧粉末和聚乙烯的优点于一体，综合性能优异	造价高，施工工艺复杂，当聚乙烯防腐层失去黏结性时可能造成阴保屏蔽	用于各类环境，特别适用于对防腐层各项性能要求较高的苛刻环境

（2）阴极保护　一般地，埋地管道可采用阴极保护和涂层的联合保护，该法既可弥补保护涂层的针孔和破损造成的保护不足缺陷，又可以减少阴极保护的电能消耗。地下钢结构阴极的电位通常维持在-0.85V（相对于 $Cu/CuSO_4$ 电极）可以达到完全的保护。当硫酸盐还原菌存在时，电位应维持得更负一些，可取-0.95V（相对于 $Cu/CuSO_4$ 电极），以抑制细菌生长。地下铅皮电缆的保护电位应控制在-0.7V（相对于 $Cu/CuSO_4$ 电极）左右为宜。

11.4　工业环境腐蚀

与自然环境相比，工业环境中金属材料往往在更为复杂的环境条件中服役，各类生产环境和生产过程中金属材料的腐蚀往往都与酸、碱、盐等介质有关，这些介质的腐蚀作用各不相同，本节简单介绍一下金属材料在几种典型工业环境中的腐蚀与防护问题。

11.4.1　酸腐蚀

金属在酸溶液中发生的腐蚀行为称为酸腐蚀。酸腐蚀在工业环境中非常普遍，造成的损失也相当严重，一般可以将酸腐蚀分为无机酸腐蚀和有机酸腐蚀两大类，其中无机酸腐蚀最为严重。

在无机酸中，氧化性酸与非氧化性酸对金属的腐蚀规律也大不相同。非氧化性酸的特点是腐蚀的阴极过程为纯粹的氢去极化过程，腐蚀速度随酸浓度的增加而上升。氧化性酸的特点是腐蚀的阴极过程为氧化剂的还原过程，如硝酸腐蚀过程中硝酸根还原成亚硝酸根，在一定范围内，腐蚀速度随氧化性酸浓度的增加而上升，但是当浓度超过某一临界值时，可钝性金属会进入钝态，腐蚀速度下降。需要注意的是，当氧化性酸浓度不高时，其对金属的腐蚀和非氧化性酸一样，大多数情况下为氢的去极化腐蚀。

1. 金属在盐酸中的腐蚀

（1）腐蚀特点　盐酸是强酸之一，也是一种典型的非氧化性酸。金属在盐酸中腐蚀的阳极过程为金属的溶解，阴极过程是氢离子的还原。盐酸中的氯离子具有很强的活性，除钛等少数金属及合金外，盐酸中金属表面的钝化膜都会因受到氯离子的破坏而发生点蚀。

（2）盐酸浓度与腐蚀速度的关系　钢在盐酸中的腐蚀速度随其浓度的增加而加快，这是因为氢离子浓度的增加会使氢的平衡电位向正向移动，如果过电位不变，则腐蚀动力增大，腐蚀加剧。工业纯铁与碳钢的腐蚀速度随盐酸浓度的增加呈指数关系增加，如图 11-9 所示。显然，碳钢不能在盐酸介质环境中使用。

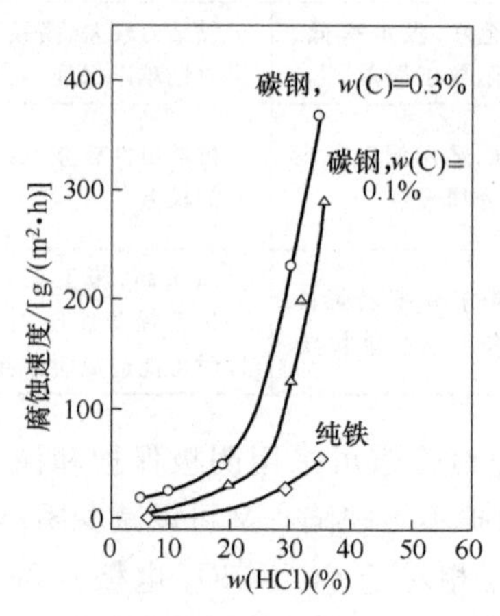

图 11-9　工业纯铁及碳钢腐蚀速度与盐酸浓度的关系

由图 11-9 可知，随着碳含量的增加，钢的腐蚀速度也有所增加。这主要与氢的过电位有关，碳钢中的 Fe_3C 上氢的过电位较低，所以碳钢在盐酸中的腐蚀比纯铁更为严重，且碳含量越高，阴极性杂质（Fe_3C）越多，阴极面积越大，阴极极化率越小，腐蚀越严重。

（3）耐盐酸腐蚀的材料　对于可用电化学方法或化学方法钝化处理的金属材料来说，它们在盐酸中的钝态区很窄或完全不存在钝态区。因此，耐盐酸腐蚀的金属材料仅限于具有极强钝化性能的金属及合金，如 Ta、Zr 及 Ti-Mo 合金等。

Ti-Mo 合金在强还原性的硫酸、盐酸中具有优异的耐蚀性，如 Ti-30Mo、Ti-32Mo 等，该系列合金中不含稀贵金属，受到广泛重视。

表 11-7 列举了部分钛合金在盐酸中的腐蚀速度。

表 11-7　部分钛合金在盐酸中的腐蚀速度　（单位：mm/a）

合金	室温		50℃		75℃		90~93℃	
	盐酸浓度(质量分数)							
	10%	20%	10%	20%	10%	20%	10%	20%
Ti-32Mo	0.009	0.057	0.004	0.004	0.024	0.024	0.035	0.096
Ti-32Mo-2Nb	0.009	0.006	0.002	0.000	0.001	0.040	0.066	0.063
Ti-32Mo-5Nb	0.009	0.062	0.001	0.003	0.018	0.043	0.042	0.067
Ti-25Mo-15Nb	0.007	0.034	0.004	0.006	0.006	0.069	0.116	0.112
Ti-15Mo-0.2Pd	0.000	0.011	0.008	0.167	—	1.13	0.255	0.109
Ti-32 焊接	0.008	0.057	0.002	0.004	0.021	0.025	0.044	—
Ti	0.017	0.204	4.11	12.5	—	—	—	—
Ti-0.2Pd	0.000	0.000	0.015	6.67	0.008	—	1.04	—

钽可以有效提高 Ti 在还原性介质中的耐蚀性。表 11-8 列出了 Ti-Ta 合金在沸腾盐酸中的耐蚀性。

表 11-8 Ti-Ta 合金在沸腾盐酸（质量分数为 20%）中的耐蚀性

合　金	40Ti-60Ta	50Ti-50Ta	60Ti-40Ta	Ta
腐蚀速度/(mm/a)	0.99	0.025	0.015	0

2. 金属在硫酸中的腐蚀

硫酸是生产规模最大的一种酸，高浓度硫酸是一种强氧化剂，能够使具有钝化能力的金属进入钝化态，低浓度的硫酸没有氧化能力，腐蚀性很强。温度、浓度、流速、氧化剂等因素可以影响硫酸对各种材料的腐蚀性。针对硫酸腐蚀问题，最重要的是要选择合适的耐蚀材料。工业上一般选用廉价的碳钢、铅及铅合金作为耐硫酸腐蚀的材料。

（1）碳钢在硫酸中的腐蚀　图 11-10 显示了碳钢在硫酸中的腐蚀速度与硫酸浓度之间的关系。当硫酸浓度（统一使用质量分数）低于 50%时，腐蚀速度随浓度的增加而增大；当硫酸浓度超过 50%后，腐蚀速度急剧减小，这是因为浓硫酸的氧化能力使钢表面生成了硫酸盐（$FeSO_4$）钝化膜；当硫酸浓度在 70%～100%时，腐蚀速度降到了很低的程度，工业上利用这一特性，常用碳钢制作浓硫酸的储运设备；当硫酸浓度超过 100%后，随着过剩 SO_3 含量的增加，腐蚀速度又开始增大，在过剩浓度达 20%时出现腐蚀速度的第二个极大值，随后腐蚀速度又开始减小。

铸铁在硫酸中的腐蚀行为与碳钢相似，其在 85%～100%的浓硫酸中非常稳定，但在浓度高于 25%的发烟硫酸中会产生晶间腐蚀，这是因为发烟硫酸具有渗透性，能够促使铸铁内部硅和石墨的氧化。

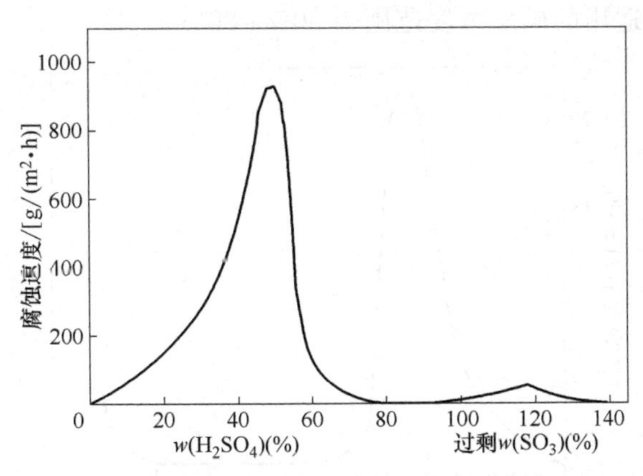

图 11-10　碳钢在硫酸中的腐蚀速度与硫酸浓度的关系

（2）铅在硫酸中的腐蚀　图 11-11 显示了铅在硫酸中的腐蚀速度与硫酸浓度之间的关系。铅在稀硫酸中稳定，这是因为铅的表面生成了 $PbSO_4$ 保护膜，在浓度小于 40%的浓硫酸中，铅是相当耐蚀的。铅在中等浓度和高浓度的硫酸中不稳定，而在发烟硫酸中尤其是 SO_3 含量较高时又很稳定。需要注意的是，铅作为贵重的有色金属具有毒性，目前已被大量的非金属材料，如玻璃钢、聚氯乙烯等替代。

3. 金属在硝酸中的腐蚀

硝酸是重要的基本化工原料之一，其生产规模在各种酸中仅次于硫酸。硝酸是一种强氧化性酸，Ag、Ni、Pb、Cu 等不耐硝酸腐蚀，只有能够在硝酸中钝化的金属或合金才适用于在硝酸介质中服役。

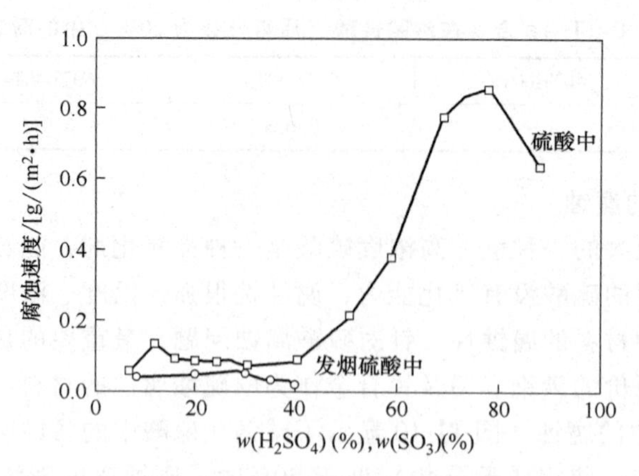

图 11-11 铅在硫酸中的腐蚀速度与硫酸浓度的关系

（1）碳钢在硝酸中的腐蚀 图 11-12 显示了低碳钢在硝酸中的腐蚀速度与硝酸浓度之间的关系（25℃）。当硝酸浓度（统一使用质量分数）低于 30%时，发生氢的去极化腐蚀，碳钢的腐蚀速度随着浓度的增加而增大；当硝酸浓度超过 30%时，碳钢发生钝化，腐蚀速度迅速减小；当硝酸浓度达到 50%时，腐蚀速度降到最低，此时，不再发生氢的去极化腐蚀，阴极过程是硝酸根作为氧化剂的还原过程，反应如下：

$$NO_3^- + 2H^+ + 2e \longrightarrow NO_2^- + H_2O$$

当硝酸浓度超过 80%以后，处在钝化状态的碳钢腐蚀速度又有一些增加，这种现象称为过钝化。因此，碳钢适用的硝酸浓度范围为 30%～80%。

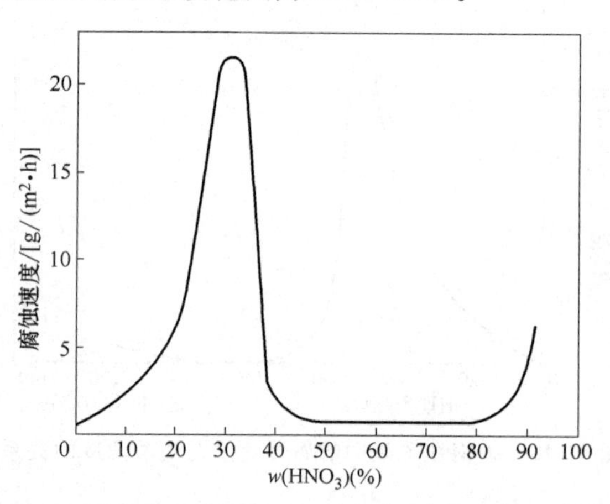

图 11-12 低碳钢在 25℃时腐蚀速度与硝酸浓度的关系

（2）不锈钢在硝酸中的腐蚀 不锈钢是硝酸行业中用途最为广泛的材料，不锈钢极易在硝酸溶液中钝化，耐蚀性极佳。有些不锈钢设备，为提高其耐蚀性，常采用硝酸对其表面进行酸洗钝化。但是不锈钢在浓度超过 70%的热硝酸中容易发生过钝化，致使腐蚀速度增加。此外，在某些条件下，还会出现晶间腐蚀、应力腐蚀、点蚀等局部腐蚀。

（3）铝在硝酸中的腐蚀 图 11-13 显示了铝的腐蚀速度与硝酸温度及浓度的关系。当硝酸浓度小于 30%时，铝的腐蚀速度随浓度的增加而增大，这是因为氢离子浓度增加，氢的去极化加剧；当硝酸浓度大于 30%时，铝发生钝化，其腐蚀速度随浓度的增加而减小。温度变化对腐蚀速度影响也很大，温度越高，腐蚀速度越大。

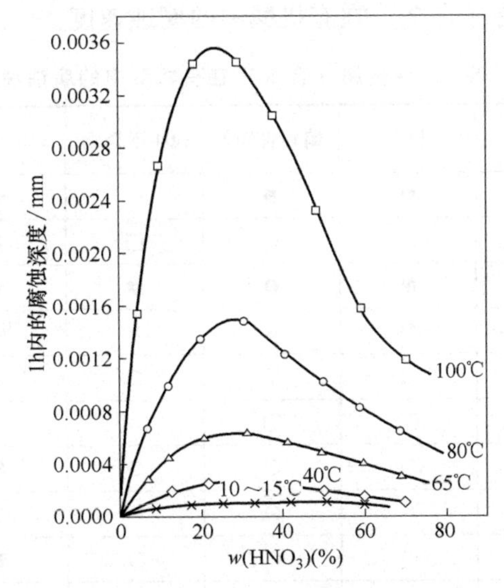

图 11-13 铝的腐蚀速度与硝酸温度及浓度的关系

图 11-14 显示了铝及不锈钢的腐蚀速度与硝酸浓度的关系。铝在高浓度的硝酸中不发生过钝化，在浓度大于 80% 的硝酸中，铝的耐蚀性比不锈钢好得多。因此，铝是制造储存浓硝酸设备的优良材料之一。

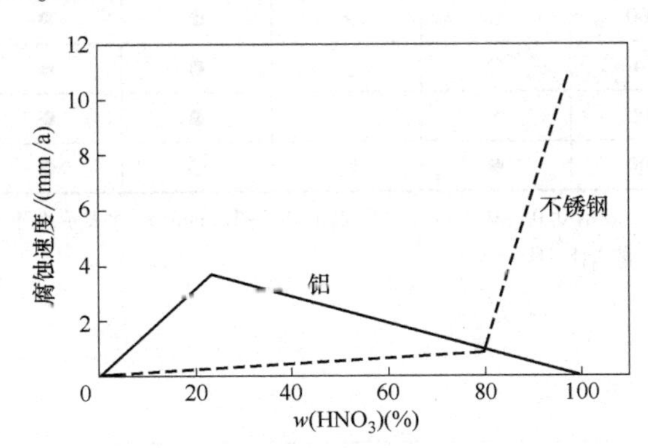

图 11-14 铝及不锈钢的腐蚀速度与硝酸浓度的关系

4. 金属在有机酸中的腐蚀

金属在有机酸环境中发生的腐蚀称为有机酸腐蚀。有机酸的电离度很小，为弱酸，但是如果有氧化剂存在，弱酸也能提供足够的去极化剂，迅速腐蚀金属。有机酸中乙酸、甲酸等在工业中应用广泛。

乙酸，也称醋酸、冰醋酸，是大宗化工产品，是最重要的有机酸之一。304 不锈钢、316 不锈钢、高硅铸铁、哈氏合金 C 等对乙酸都有较好的耐蚀性，可用于制造乙酸生产、处理的设备设施。其中 316 不锈钢能够耐任何浓度、常压沸点或更高温度下的乙酸腐蚀，因此在乙酸加工设备中广泛使用。

甲酸是有机酸中最强的酸，腐蚀性也最强。普通碳钢及铝在所有浓度的甲酸中腐蚀都很快，因此不适用于甲酸介质。黄铜以外的其他铜与铜合金对甲酸是耐蚀的，在甲酸介质中应用较广泛。

表 11-9 列举了几种金属（合金）在有机酸中的腐蚀速度。

表 11-9 几种金属（合金）在有机酸中的腐蚀速度

酸	浓度（质量分数）	温度/℃	铝[①]	铜和青铜[②]	304 不锈钢	316 不锈钢	20 合金	高硅铸铁
乙酸	50%	24	●	●	○	●	●	●
乙酸	50%	100	×	○	□	●	●	●
乙酸	100%	24	●	●	●	●	●	●
乙酸	100%	100	○	×	×	○	○	●
柠檬酸	50%	100	○	□	○	○	●	●
柠檬酸	50%	24	□	□	×	○	○	●
甲酸	80%	100	○	○	○	●	●	●
甲酸	80%	24	×	○	×	○	○	●
乳酸	50%	24	○	○	○	●	●	●
乳酸	50%	100	×	○	×	○	○	○
马来酸	50%	24	○	□	○	○	●	●
马来酸	50%	100	×	—	○	○	○	○
环烷酸	100%	24	○	○	●	●	●	—
马来酸	100%	100	○	×	●	●	●	—
酒石酸	50%	24	○	□	●	●	●	●
酒石酸	50%	100	×	—	●	●	●	●
脂肪酸	100%	100	●	□	○	●	●	●

注：●表示小于 0.05m/a；○表示 0.05~0.5mm/a；□表示 0.5~1.3mm/a；×表示大于 1.3mm/a。

① 对环烷酸和脂肪酸，含水量大于 1%。

② 充气使腐蚀速度大增。

11.4.2 碱腐蚀

金属在碱溶液中发生的腐蚀行为称为碱腐蚀，工业环境中严格意义上的碱以无机苛性碱、氨水最为常见。

金属在碱溶液中的腐蚀速度比在酸溶液中要小，主要有两方面的原因：一方面，碱溶液中氢离子浓度低，金属腐蚀阴极过程中氢离子去极化受到抑制，金属表面易钝化或产生难溶的氢氧化物或氧化物；另一方面，碱溶液中的电极电位要比酸介质中的电位负，这使之与金属溶解反应平衡电位之间的电位差要比酸介质中小，即腐蚀电池推动力小。

在制碱业中，最常用的金属材料是碳钢和铸铁。金属的碱腐蚀与溶液的 pH 值、温度等因素密切相关。图 11-15 显示了铁的腐蚀速度与溶液 pH 值之间的关系。由图可见，当 pH 值为 5~10 时，铁的腐蚀速度几乎保持不变，此时腐蚀过程受到阴极扩散过程控制，腐蚀速度相对较大；当 pH 值超过 10 时，铁由活化态进入钝化态，腐蚀速度随着 pH 值增加而显著下降；当 pH 值达到 14 时，铁完全钝化几乎不发生腐蚀；当氢氧根离子浓度继续增加时，铁的腐蚀速度再次上升，这是因为铁发生过钝化腐蚀，氢氧化铁钝化膜转变为可溶性的铁酸盐。此外，温度升高可以显著增加碳钢在碱溶液中的腐蚀速度。

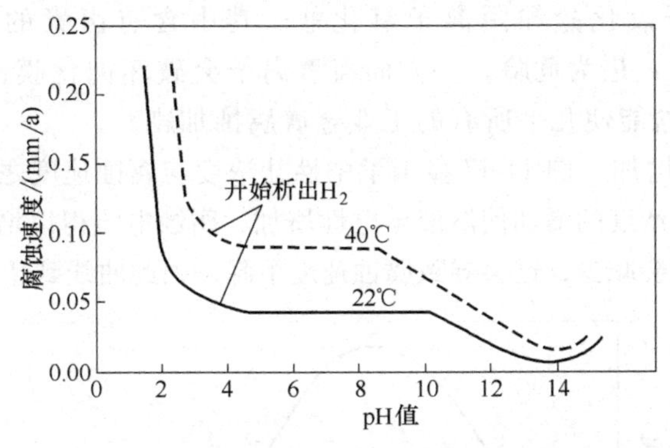

图 11-15　铁的腐蚀速度与溶液 pH 值之间的关系

在热碱溶液中的碳钢，如果同时存在较大的应力，会发生应力腐蚀破裂现象，这就是所谓的碱脆。图 11-16 显示了碳钢碱脆和碱浓度、温度之间的关系，质量分数为 30%的 NaOH 溶液的碱脆温度约为 60℃，也有研究表明，碱脆容易发生在活化和钝化的过渡区。

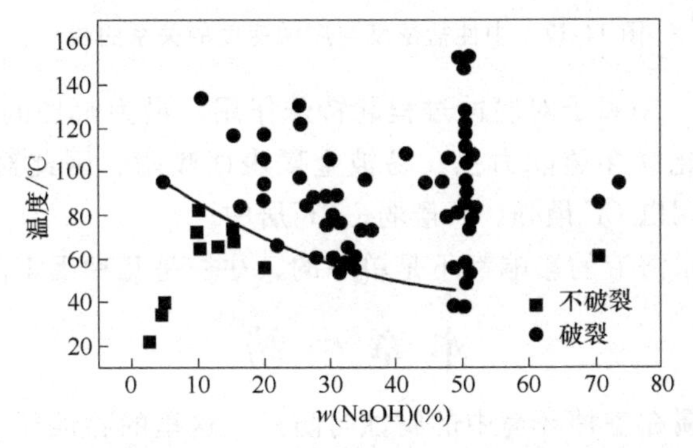

图 11-16　碳钢应力腐蚀破裂区与 NaOH 浓度、温度的关系

除碳钢和铸铁外，镍及镍合金也广泛用于制碱业，镍适合于所有浓度和温度的碱溶液。但对于高浓度（质量分数为 75%～98%）、高温度（大于 300℃）的苛性钠溶液，最好使用低碳镍，以免发生晶间腐蚀和应力腐蚀。

11.4.3　盐腐蚀

金属在盐溶液中发生的腐蚀行为称为盐腐蚀，盐腐蚀也是工业生产中普遍存在的腐蚀问题之一。水溶液中的盐类对金属腐蚀过程的影响主要有以下四种方式：

（1）使水溶液 pH 值发生变化　能够使水溶液 pH 值发生变化的盐主要包括强酸-弱碱盐和弱酸-强碱盐。显示酸性的强酸-弱碱盐包括 $AlCl_3$、NH_4Cl、$MnCl_2$、$FeCl_3$、$FeSO_4$、NH_4NO_3 等，以及一些酸式盐如 $NaHSO_4$、KNO_3 等，该类盐的腐蚀作用与酸类似，能够使金属材料发生析氢腐蚀。弱酸-强碱盐的水溶液呈碱性，如 Na_3PO_3、$Na_2B_2O_7$、Na_2SiO_3、Na_2CO_3 等，该类盐可使金属材料发生吸氧腐蚀，但是用量合适时，也可起到抑制铁等金属腐蚀的作用。

（2）使水溶液呈氧化性或还原性　该方式中对金属腐蚀影响显著的主要是氧化性盐，该类盐又可分为阳离子氧化盐和阴离子氧化盐。其中含有卤素的阳离子氧化性盐（如 $FeCl_3$、$CuCl_2$、$HgCl_2$ 等）最为危险，一方面卤素离子会破坏钝化膜，另一方面 Fe^{3+}、Cu^{2+} 会参与阴极反应。该类盐能使几乎所有的工业金属腐蚀加剧。

（3）使溶液电导率增加　图 11-17 显示了中性盐浓度与腐蚀速度之间的典型关系曲线。曲线中的上升部分是因为盐浓度的增加使溶液导电性增加，腐蚀电流得以增大，但是盐浓度进一步增加后溶液中的溶氧度也会减少，这会导致腐蚀速度下降，因此曲线到达高点后会逐渐降低。

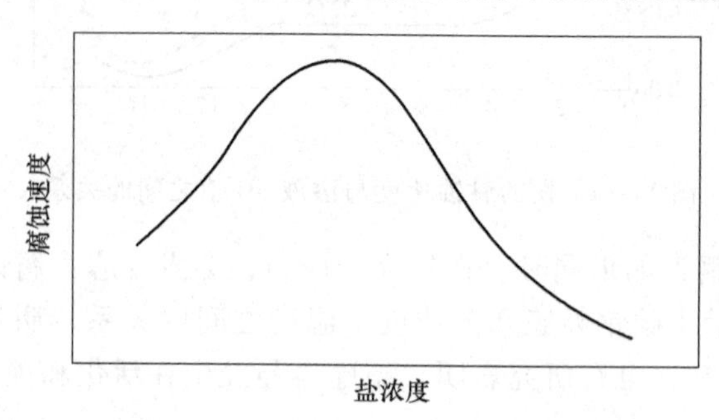

图 11-17　中性盐浓度与腐蚀速度的关系曲线

（4）某些盐类的阴、阳离子对腐蚀过程起特殊作用　最为常见的就是卤素离子的影响，卤素离子半径小、对钝化膜穿透能力强、易被金属表面吸附，因此对钝化膜的破坏作用极大。卤素离子的破坏作用以 Cl^- 最强，I^- 最弱，Br^- 居中。

实际上，多数盐类水溶液的影响都不是单一的，往往是几种因素的综合作用。

本章小结

本章主要讨论了金属在各种环境中的腐蚀与防护，这里的腐蚀环境可以归为两大类，即自然环境（如大气、海水、土壤等）和工业环境（如酸、碱、盐等溶液）。各类环境中的腐蚀特点会因环境或介质的改变而不同，但是在原理上，无论是在何种环境中，金属的腐蚀仍属于电化学腐蚀的范畴，因此其基本腐蚀过程和腐蚀特点仍遵循电化学规律。

金属在各类自然环境中的腐蚀机理、影响因素及防护措施归纳于表 11-10 中。

表 11-10　金属在各类自然环境中的腐蚀机理、影响因素及防护措施

腐蚀环境分类	腐蚀机理	影响因素	防护措施
大气腐蚀	阴极过程以氧的去极化为主，氧作为去极化剂向阴极表面扩散，进行还原反应，氧的扩散速度控制着阴极上氧的去极化速度，也控制着整个大气腐蚀过程的速度 阳极过程为金属的溶解过程	气候条件：湿度、温度、降雨、日照时间、风向和风速、降尘等 大气污染物：SO_2、NH_3、H_2S、HCl、氯化物盐类、其他固体颗粒等	1）使用耐蚀材料 2）覆盖防护层 3）控制环境
海水腐蚀	微观腐蚀电池：电极电位低的区域为阳极区，发生铁的溶解反应；电极电位高的区域为阴极区，发生氧的还原反应 宏观腐蚀电池：异种金属接触造成的电偶腐蚀	盐浓度、溶氧浓度、海水 pH 值、海水温度、海水流速、海洋生物等	1）合理选材 2）涂层保护 3）阴极保护

（续）

腐蚀环境分类	腐蚀机理	影响因素	防护措施
土壤腐蚀	阳极区发生铁的溶解反应 阴极过程主要为氧的去极化作用，在酸性很强的土壤中会发生析氢反应，在硫酸盐还原菌作用下，硫酸根的去极化也可作为阴极过程	与土壤的性质有关，包括：孔隙度、水分、含氧量、酸碱度、微生物等 其常见形式：充气不均匀引起的腐蚀，杂散电流引起的腐蚀，微生物引起的腐蚀	1）涂层保护 2）阴极保护

拓展视频

改写油气运输历史的功勋管道

课后习题及思考题

1. 按水膜厚度可将大气腐蚀分为几类？简述其相应的腐蚀特点。
2. 试述大气污染物 SO_2 会加重钢铁腐蚀的原因。
3. 试述减轻和防止金属大气腐蚀的措施有哪些。
4. 海洋腐蚀环境分为哪几个区带？金属在哪个区腐蚀最为严重？简述其原因。
5. 简述海水流速对低碳钢腐蚀的影响规律并解释其原因。
6. 试述减轻和防止金属海水腐蚀的措施有哪些。
7. 土壤中的钢管穿过砂土和黏土两个区域，哪个区域的钢管更容易发生腐蚀？为什么？
8. 与土壤腐蚀有关的微生物有哪几类？它们是如何参与腐蚀过程的？
9. 试述减轻和防止金属土壤腐蚀的措施有哪些。
10. 简述碳钢在硫酸、盐酸、硝酸中的腐蚀速度与酸浓度的关系。
11. 什么是碱脆？其危害是什么？
12. 什么是盐腐蚀？盐类对金属腐蚀的影响方式有哪些？

第12章

防腐蚀工程设计及其腐蚀控制

防腐蚀工程设计是金属材料腐蚀与防护研究中一个非常重要的课题。大量实验和实践证明，许多腐蚀问题是可以从绘图板开始，通过正确运用已有的知识和经验，经过周密的防腐蚀设计来减少和避免的。防腐蚀工程设计包括：

1）选材。

2）防腐蚀结构设计。

3）防腐蚀措施的选择。

4）防腐蚀强度设计。

5）防腐蚀工艺设计。

12.1 选材

12.1.1 正确选材的基本原则

正确合理选材是一个调查研究、综合分析与比较鉴别的复杂而细致的过程，是防腐蚀设计成功与否的关键一环。选材应遵循如下基本原则：

1）材料的耐蚀性要满足设备或物件使用环境的要求。根据环境选择材料，所选材料才能适应环境。例如，下列“材料-环境”搭配证明效果良好：铝用于非污染性大气；含铬合金用于氧化性溶液；铜及其合金用于还原性和非氧化性介质；哈氏合金用于热盐酸；铅用于稀硫酸；蒙乃尔合金用于氢氟酸；镍及镍合金用于还原性和非氧化性介质；不锈钢用于硝酸；钢用于浓硫酸；锡用于蒸馏水；钛用于热的强氧化性溶液；锂用于除氢氟酸和烧碱溶液外的介质。

2）材料的物理、力学和加工工艺性能要满足设备或物件的设计与加工制造要求。结构材料除具有一定的耐蚀性外，一般还要具有必要的力学性能（如强度、硬度、弹性、塑性、冲击韧性、疲劳性能等）、物理性能（如耐热、导电、导热、光、磁及密度、密度等）及工艺性能（如机械加工、铸造、焊接性能等）。如泵材要求具有良好的耐磨性和铸造性；换热器用材要具有良好的导热性；大型设备用材往往要有良好的焊接性。

3）选材时力求最好的经济效益和社会效益。要优先考虑国产的、价廉质优的、资源丰富的材料。在可以用普通结构材料（如钢铁、非金属材料等）时，不采用昂贵的贵金属。在可以用资源较丰富的铝、石墨、玻璃、铸铁等时，不用不锈钢、铜、铅等。在其他性能相近的情况下，不选用会引起环境污染的材料。

12.1.2 选材时应考虑的因素

选材顺序如图 12-1 所示，从中可见，选材时应考虑如下因素。

（1）明确产品的工作环境　材料的选定主要是通过工艺流程中各种环境因素来决定的。选材时必须了解的环境因素包括化学因素和物理因素。以工程结构接触水溶液为例，化学因素包括溶液的组分、pH 值、氧含量、可能发生的化学反应等；物理因素包括溶液温度、流速、受热和散热条件、受力种类及大小等。

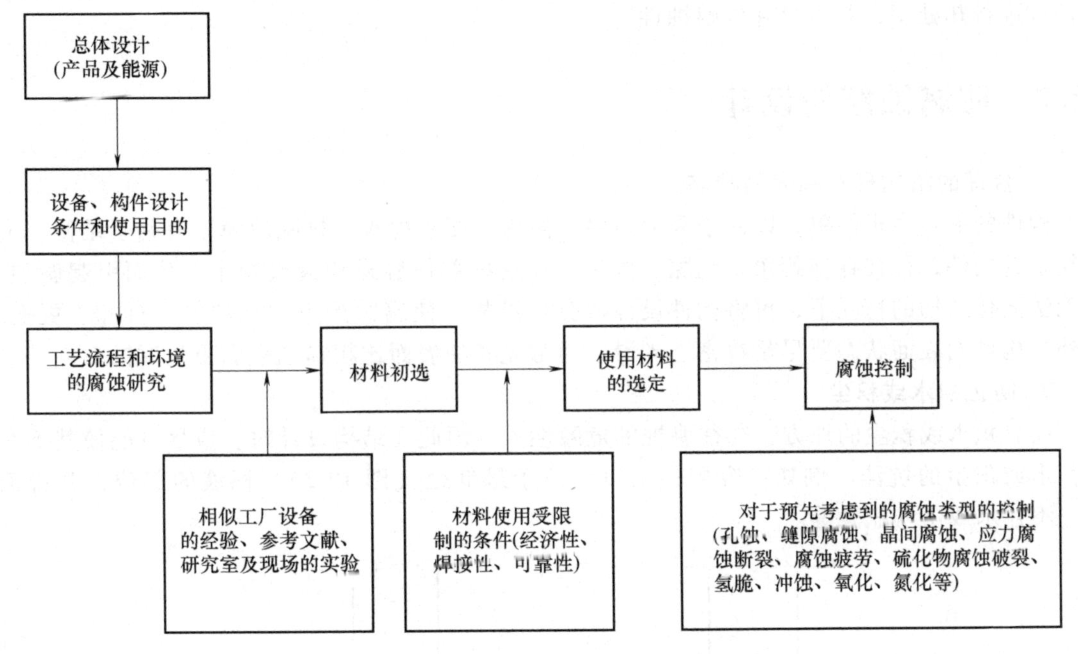

图 12-1　选材顺序

（2）查阅权威手册，借鉴失效经验　查阅已公开出版的手册、文献，对于选材十分有益。可供查阅的材料腐蚀性能手册主要有：左景伊编写的《腐蚀数据手册》，中国腐蚀与防护学会编写的《金属防腐蚀手册》；美国腐蚀工程师协会（NACE）出版的 *Corrosion Data Survey* 等。还可以查询我国自然环境条件下的腐蚀数据库。

与此同时，可仔细查阅腐蚀事故调查报告。例如：1971 年美国 Fontana 发表的杜邦公司 1968—1969 年间金属材料损伤 313 例调查；日本发表的 1964—1973 年间 985 例不锈钢失效事故报告；我国也有类似的分析报告。这些资料为正确选材提供了宝贵的经验和教训。

（3）腐蚀试验　资料中所列的使用条件有时与实际使用条件并不完全一致，这时就必须进行腐蚀试验。腐蚀试验应是接近于实际环境的浸泡试验或模拟试验，条件许可时还应进行现场（挂片）试验，甚至实物或应用试验，以便获得可靠的材料腐蚀性能数据。

（4）兼顾经济性与耐用性　在保证产品在使用期内性能可靠的前提下，要考虑所选材料是否经济合理。采用完全耐蚀的材料并不一定是正确的选择，应在充分估计预期使用寿命的范围内，平衡一次投资与经常性的维修费用、停产损失、废品损失、安全保护费用等。对于长期运行的、一旦停产可造成巨大损失的设备，以及制造费用远远高于材料价值的设备，选择耐蚀材料往往更经济。对于短期运行的设备、易更换的简单零件，则可以考虑用成本较低、耐蚀性较差的材料。就环境而言，在海水这样的潮湿环境中，采用相对廉价的材料并提供辅助的保护，一般比选用昂贵的材料更经济。在苛刻的腐蚀环境中，大多数情况下，采用耐蚀材料比选用廉价材料附加昂贵的保护措施更为可取。

（5）考虑防腐措施　在选材的同时，应考虑行之有效的防护措施。适当的防护，如涂层保护、电化学保护及施加缓蚀剂等，不仅可以降低选材标准，而且有利于延长材料的使用寿命。

（6）考虑材料的加工性能　材料最后的选定还应考虑其加工、焊接性能，以及加工后是否可进行热处理，是否会降低耐蚀性。

12.2　防腐蚀结构设计

1. 合理的结构形式和表面状态

构件的形式力求简单，以便于采取防腐蚀措施，便于检查、排除故障，有利于维修。形状复杂的构件，往往存在死角、缝隙、接头，在这些部位容易积液或积尘，从而引起腐蚀。在无法简化结构的情况下，可将构件设计成分体结构，使腐蚀严重的部位易于拆卸、更换。另外，构件的表面状态要尽量致密、光滑。通常光亮的表面比粗糙的表面更耐腐蚀。

2. 防止积水或积尘

在有积水或积尘的地方，往往腐蚀的危险性大。因此在结构设计时，应尽可能使其不存在积水或积尘的坑洼。例如：容器的出口应位于最低处（图 12-2）；积液的部位，开排液孔；不让水或尘埃积聚等。

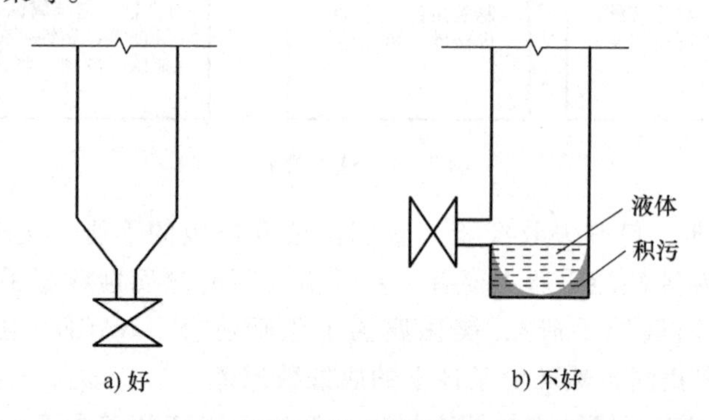

图 12-2　液体容器应便于被完全排空

3. 防止缝隙腐蚀

缝隙中的介质可引起金属的缝隙腐蚀，但可通过拓宽缝隙、填塞缝隙、改变缝隙位置或防止介质进入等措施加以避免。例如，板材搭接尽可能以焊接代替铆接，而且最好采用双面对焊和连续焊，且外用绝缘材料封闭，而不宜采用搭接焊和点焊。在采用铆接时，也应在夹缝间填入一层不吸潮的垫片。又如，安装在混凝土基础上的液体贮罐，会因渗出和凝结的液体进入基础与罐底间的缝隙，而导致贮罐外底被腐蚀。此时应使用支架使罐底与基础隔开来避免腐蚀，若用一块焊接板把流到罐外的液体引开则更好。

4. 防止电偶腐蚀

防止电偶腐蚀的常用办法是避免腐蚀电位不同的金属连接。电偶腐蚀仅在有电解质如潮湿环境下局部接触的地方才可能发生，若在干燥的环境下就没有这种腐蚀危险。防止或减少电偶腐蚀的措施如下：

1）不应把电位序相差过大的金属连接在一起。在海洋大气及金属表面可能长期接触潮气的场合，务必满足此要求。

2）将异种金属相互隔开，防止金属接触，如采用抗老化塑料或橡胶。

3）在两种异类金属之间插入第三种金属材料，减小电位差。

4）若不能避免异类金属接触时，一定要尽量降低阴极面积与阳极面积比，避免小阳极-大阴极的组合。当阳极面积比阴极面积大且溶液有良好导电性时，腐蚀呈大面积分布，因而在大多数情况下不严重。但若溶液导电性不好时，则在靠近阴极附近的阳极区域会发生严重腐蚀。当阳极面积比阴极面积小时，严重腐蚀的危险性很大。

5）结构的合理设计使水分不会在接触点集聚或存留。

6）用防腐蚀漆或沥青涂覆接触区及其周围。涂覆后由于电流路径加长，电阻增大，导致电偶腐蚀速度显著降低。不能只涂贱金属，因为在涂层的气孔处会发生局部腐蚀；只涂贵金属，在许多场合是可行的。

5. 防止磨损腐蚀

当金属表面处于流速很高的腐蚀性液体中时，会发生磨损腐蚀。磨损腐蚀在具有局部高流速和湍流显著的地方特别严重。因此在设计时，应避免构件出现可造成湍流的凸台、沟槽、直角等突变结构，而应尽可能采用流线型结构。为使流速不超过一定的限度，管子的曲率半径一般应为管径的 3 倍以上，而且针对不同金属这个数值也不同，如低碳钢和铜管为 3 倍，高强钢取 5 倍。流速越高，管子曲率半径则越大。在高流速的接头部位，也应采用流线型结构，而不采用 T 形结构。

为避免高流速液体直接冲击容器壁，可在适当位置安装易于拆卸的缓冲板或折流板，还可以考虑采取加固该处容器壁的措施。

6. 防止环境诱发破裂

环境诱发破裂是由机械应力和腐蚀联合作用产生的，包括应力腐蚀破裂和腐蚀疲劳。防止这类破坏的措施旨在消除拉应力（或交变应力）或腐蚀环境，或者可能时使两者一并消除。

1）零件在改变形状和尺寸时，不要有尖角，而应有足够的圆弧过渡。当不同壁厚的管子需要直接焊在一起时，应将焊接处的厚壁管径逐渐减小到与薄壁管径相同，以使焊缝和过渡区分开，从而使焊缝处于低应力区，这样可防止焊接应力与工作应力叠加而出现很高的拉应力。

2）加大危险截面的尺寸和局部强度。避免构件的承载能力在应力最大的地方被凹槽、截面的突然变化，以及尖角、切口、键槽、油孔、螺纹等所削弱。

3）构件中的开口应开在低应力部位。选择合适的开口形状和方向，控制应力集中，如在受剪切的板件中，拉力方向变化范围大时，可选用圆的开口。

4）对各种载荷，流线型的角焊缝可减少应力集中和改善应力线。

5）设计的结构不能产生颤动、振动或传递振动；禁止载荷、温度或压力的急剧变化。

6）结构设计中应尽量避免间隙和可能造成废渣、残液留存的死角，防止有害物质（如 Cl^-）的浓缩，以改变或抑制腐蚀性环境。

此外，减少结构偏心，避免复合应力集中等措施在设计中也应注意。

7. 避免温度不均引起的腐蚀

加热器或加热盘管的位置应向着容器的中心，以防止出现温差电池。

建在导热支架上的贮气罐，在外部温度低于气体的露点时，可能因保温不均而引起气体凝露从而腐蚀罐壁。这种露点腐蚀可通过用良好绝缘的方法来避免。

8. 设备和建筑物的位置合理性

建筑物的位置如果可以选择，应选择自然腐蚀较低的位置，如避免海洋大气、工业排水、化工厂有害烟尘的加速腐蚀。设备的位置分布应避免其中一部分对另一部分的有害作用。

12.3 防腐蚀措施的选择

根据具体情况选择方便、有效、可行的防腐蚀措施，是减缓材料及设备腐蚀的重要环节。选择防腐蚀措施时，既要考虑设备、装置的整体性及主要部件的结构特征，又要考虑组成材料的性质和环境性质，还要考虑防腐蚀措施的使用条件和特点。只有将上述因素统筹考虑，才能选择最佳的防腐措施。可供选择的防腐措施总体上可分三大类。

1）覆盖层保护。通过在设备表面涂覆保护层而使设备与介质隔开，这些涂层包括电镀层、化学镀层、扩散镀层、热浸镀层、热喷涂层、涂料涂层、塑料和橡胶涂层、陶瓷涂层、密封、衬里等。

2）电化学保护。电化学保护可分为阴极保护和阳极保护两类，详见第 9 章。

3）改善环境。改善环境就是去除有害的物质，加入有利的物质。去除有害物质，首先要干燥脱水，控制相对湿度在 60% 以下，防止水及水溶液进入设备。如果设备服役时必须与水或水溶液接触，则要考虑脱气和脱盐。脱气就是去除腐蚀性大气、烟气等，脱盐就是去除盐的沉积物。此外还要去尘，即防止灰尘积聚。加入有利物质就是添加各种类型的缓蚀剂。

上述三类措施可单独使用也可联合使用，联合使用往往具有更好的防腐蚀效果。各类防腐蚀措施在本书第 9、10 章有详细讨论，在此不再介绍。

12.4 防腐蚀强度设计

1. 均匀腐蚀的强度设计

均匀腐蚀的强度设计，常采用留取腐蚀余量的方法。腐蚀余量是根据预计的腐蚀量增加材料的尺寸以作为补偿，来保证原设计的寿命要求。腐蚀余量的计算方法是先根据腐蚀数据手册，查出结构材料在一定腐蚀介质条件下的年腐蚀量，然后按构件使用年限，计算腐蚀尺寸。

此外，还要考虑结构部位的重要性和其他安全系数，所以实际留出的腐蚀余量比计算量要大一些。腐蚀余量的大小，要根据具体情况而定。一般来说，介质的腐蚀性越大，腐蚀余量也越大。对于管道和槽体，由于所接触的往往是腐蚀性较强的介质，所以设计时壁厚常为计算量的两倍。腐蚀余量一般局限于预计腐蚀率特别高的结构部分，如液-气交界区。

2. 局部腐蚀的强度设计

局部腐蚀类型较多，破坏形式相差较大。目前还很难根据局部腐蚀的强度降低程度，采用强度公式对腐蚀余量进行估算。在设计中常将腐蚀与机械强度综合起来考虑，通过正确选材、合理的结构设计、加工工艺设计、施加涂层，以及控制环境介质等措施来防止腐蚀发生。例如，在有残余应力和诱发应力的场合，优先选择抗晶间腐蚀和应力腐蚀的材料。又如在可能遭受振动的场合，避免采用铆接装配，应采用在摩擦面增加垫片、衬垫或设计挠性支架等办法，防止磨损腐蚀。但是对应力腐蚀断裂和腐蚀疲劳，在材料数据齐全的情况下，尽可能做出合适可靠的设计。例如，在有应力腐蚀断裂危险的场合，设计时应保证构件所受拉应力不超过该结构材料在实际应用环境中的应力腐蚀临界应力。在可能出现腐蚀疲劳的场合，应保证可变载荷不超过构件疲劳极限。

3. 加工中的强度设计

在加工、装配过程中，可能引起材料腐蚀强度特性发生变化，应引起注意。有些加工工艺可提高材料的强度，应尽可能采用。如喷丸强化可将压应力引入材料表面；热处理、表面处理、超声波振荡等措施可解除材料的残余应力。有些加工工艺会使材料的强度降低，如酸洗或电镀可使材料渗氢，而引起氢脆。某些不锈钢在焊接时，由于敏化温度影响而产生晶间腐蚀，使材料强度下降，在使用中造成断裂。所以在加工、装配中应严格遵守工艺规程，并采用有效的补救措施。

12.5　防腐蚀工艺设计

金属材料在加工制造、装配及储运等过程中，可能发生腐蚀或留下腐蚀隐患，因此必须重视防腐蚀工艺设计。下面就加工和装配环节中应考虑的防腐蚀措施进行简要介绍。

1. 机械加工

在机械加工中产生的残余应力对耐蚀有不利的影响，为此，金属材料最好在退火状态下进行机械加工和冷弯、冲压等成形工艺，以使制件的残余应力较小；在加工后要进行应力消除热处理。有时采用磨光、抛光和喷丸强化等加工来增加金属表面残余压应力，以提高材料的耐蚀性。机械加工还要保证制件表面有较小的表面粗糙度值，较少的表面缺陷。此外，机械加工中使用的切削液，应对所加工的材料没有腐蚀作用。对机械加工周期较长的零件，应采取必要的工序间防锈措施。

2. 热处理

应正确选择热处理气氛，例如，为防止金属氧化，最好选用真空或可控气氛热处理；也可考虑使用热处理保护涂层；对有氢脆敏感性的材料，要禁止在氢气气氛中加热。

应有严格的热处理规范，避免因热处理不当引起的晶间腐蚀和应力腐蚀等。对可产生较大残余应力的热处理，应有消除残余应力的措施。应尽量采用可使制件表面产生压应力的工艺，如表面淬火、化学热处理等。此外，也要注意去除热处理中可能带来的腐蚀性残余物。

3. 锻造和挤压

锻造和挤压件的性能呈各向异性，在横向上应力腐蚀最敏感，因此在设计时应避免在此方向上承受大的工作应力，在纵向上可承受大的载荷。

应选择合适的锻造工艺，如自由锻比模锻高强铝合金的耐应力腐蚀性能好。在锻造时，应控制流线末端的外形。锻造后应对锻件采取消除残余应力的措施。这些考虑均可提高锻件的耐蚀性。

4. 铸造

铸件表面存在大量的孔洞、砂眼和夹杂等缺陷，这些地方易于积聚腐蚀介质而被腐蚀，而且还可能成为应力腐蚀或腐蚀疲劳的危险区。此外，表面多孔层还影响对铸件进行表面处理的效果，所以要选择合适的工艺予以避免。通常，精密铸造和压力铸造比普通铸造的表面质量好，从而有利于铸件耐蚀性的提高。

5. 焊接

为防止缝隙腐蚀，要用对接焊而不用搭接焊，用连续焊而不用间断焊和点焊。为防止电偶腐蚀，焊条的成分和组织结构应与基体的相似，或其电位比基体更正一些，避免小阳极-大阴极的不良组合。为防止焊缝两侧热影响区发生的腐蚀，应采用固溶、淬火的热处理手段予以消除。为防止焊接中起焊和停焊位置、焊缝端部，以及引弧点位置发生腐蚀疲劳和应力腐蚀，应采取热处理和喷丸强化来消除残余应力。对氢敏感的材料，避免在能产生氢原子的气氛中进行焊接。诸如镀锌、镀铬层等易引起金属脆性的镀层，严禁镀后焊接，以免产生金属脆致裂纹或发生断裂。焊接后，焊缝处的残渣应及时清理，以免残渣引起局部腐蚀。

6. 表面处理

表面处理属于金属的防腐措施，应注意处理不当引起的腐蚀或留下腐蚀隐患。

涂镀前的脱脂、酸洗，既要使零件表面清洁没有污物，又要防止产生过腐蚀或渗氢。在电镀、氧化等表面处理之后，要及时清洗，以免残液腐蚀零件。对高强钢，酸洗、电镀后，要进行除氢处理。对超高强钢，不宜进行可导致氢脆的表面处理。对于组合件，应先进行表面处理而后组合。

7. 装配

设备装配时，应严格施工，不得使用镀层有损伤的零件，也不宜赤手装配精密产品或易腐蚀的零件。装配时不要造成过大的装配应力，要采用提高设计精度、减小公差、适当加垫以及合理装配的方法来减小装配应力。对有密封要求的部位，在装配中要保证密封质量，防止有害介质的侵入。装配结束后，应及时进行清理检查，除去装配中留下的灰尘、金属屑等残留物，检查通风孔、排水孔等孔口，使其不被堵塞。

本章小结

防腐蚀工程设计需要考虑以下几个方面。

1. 选材

材料的耐蚀性要满足设备或物件使用环境的要求，材料的物理、力学和加工工艺性能要满足设备或物件的设计与加工制造要求，选材时力求最好的经济效益和社会效益。

2. 结构设计

应设计合理的结构形式和表面状态，防止积水或积尘，防止缝隙腐蚀、电偶腐蚀、磨损腐蚀，以及环境诱发破裂，避免温度不均引起的腐蚀，设备和建筑物的位置应合理等。

3. 防腐蚀措施的选择

防腐蚀措施通常采用覆盖层保护、电化学保护、改善环境三大类措施。

4. 防腐蚀强度设计

均匀腐蚀的强度设计，常采用留取腐蚀余量的方法。局部腐蚀的强度设计需要将腐蚀与机械强度综合起来考虑，通过正确选材、合理的结构设计、加工工艺设计、施加涂层，以及控制环境介质等措施来防止腐蚀发生。在加工、装配过程中，可能引起材料腐蚀强度特性发生变化，应根据具体情况做出补救措施。

5. 防腐蚀工艺设计

在热处理时应选择正确的热处理气氛和严格的热处理规范。在锻造和挤压时应考虑产品的各向异性。在铸造时，应考虑表面孔洞等易积聚腐蚀介质而被腐蚀，而且还可能成为应力腐蚀或腐蚀疲劳的危险区。在焊接时，要用对接焊而不用搭接焊，用连续焊而不用间断焊和点焊，同时还应避免电偶腐蚀和氢脆等。焊接后应及时清理残渣。在表面处理时，应注意处理不当引起的腐蚀或留下腐蚀隐患。在装配时，应严格施工，既不要损伤镀层，也要注意装配的精度，避免产生过大的装配应力，也不宜赤手装配精密产品或易于腐蚀的零件。

拓展视频

中国创造：笔头创新之路

课后习题及思考题

1. 防腐蚀工程设计主要包括哪些方面？
2. 防腐蚀工程设计中要遵循哪些选材原则？
3. 防腐蚀结构设计应考虑哪些因素？
4. 常用的防腐蚀措施有哪些？
5. 防腐蚀强度设计需要考虑哪些因素？
6. 如何进行防腐蚀工艺的设计？

第13章

常用腐蚀研究方法

研究金属材料在使用环境中的腐蚀速度及腐蚀行为，对保证机件安全性具有重要意义。腐蚀研究方法众多，每一种腐蚀研究方法均有其独特之处，在选择腐蚀研究方法时，应根据金属材料使用的实际工况条件选择合适的研究方法，有时也会根据情况联合使用多种腐蚀研究方法来获得更全面的腐蚀情况。本章将介绍几种较为常用的腐蚀研究方法，包括重量法、表面分析法、动电位极化法、线性极化法、电化学阻抗谱法。

13.1 重量法

13.1.1 原理

金属材料腐蚀前后，其重量发生变化，这是重量法研究金属材料腐蚀速度的理论基础。在腐蚀介质中，金属材料由于发生腐蚀而部分溶解于腐蚀介质中，金属材料的重量就会减小；如果金属材料发生腐蚀后腐蚀产物附着于金属材料表面，就会使金属材料的重量增加；如果金属材料发生腐蚀后部分金属材料溶解于腐蚀介质中，而部分腐蚀产物附着于金属材料表面，则金属材料的重量可能增加也可能减小。在实际的腐蚀过程中，在金属材料的不同部位可能同时出现增重与失重的情况。随着科学技术的发展，许多研究腐蚀的新方法被开发出来，并拥有各自的特点，但是重量法作为最基本的定量评定腐蚀的方法仍然被广泛使用。根据腐蚀前后金属材料重量是增加还是减小，重量法又分为失重法与增重法。

若受到腐蚀后金属表面的腐蚀产物脱离金属表面或很容易从金属表面清除，则采用的重量研究方法为失重法；反之，若受到腐蚀后金属材料重量增加，腐蚀产物紧密附着在金属表面且几乎不溶解于腐蚀介质中，则可以采用的重量研究方法为增重法。增重法的典型应用场合是耐性较好的金属材料在大气中的腐蚀、金属材料在高温环境下的腐蚀。此外，按照腐蚀类型，增重法适用于全面腐蚀与局部腐蚀中的晶间腐蚀。失重法的典型应用场合是金属在酸性无机溶液中的腐蚀。使用重量法测定腐蚀速度，一个试样只能提供腐蚀-时间曲线上的一个数据点。当使用增重法时，如果腐蚀产物完全附着在金属材料表面，并且腐蚀产物的化学组成不变，那么就可以循环使用一个试样连续性地测量出金属材料随着腐蚀时间的延长而增加的重量，研究腐蚀速度随时间变化的规律。

增重法简单、直接，适用于实验室试验与现场试验，但是根据增重法所得到的试验结果并不能直接用于评定金属材料的腐蚀速度。需要根据腐蚀产物的化学组成换算出被腐蚀掉的金属重量，这严重限制了增重法的适用范围。例如，铁、铜等多价态的金属在发生腐蚀后其腐蚀产物的组成较为复杂，可产生多种不同化学组成的腐蚀产物，很难通过腐蚀产物的组分精确分析与换算出金属的腐蚀速度。

与增重法相比，失重法不需要考虑金属材料腐蚀以后腐蚀产物是否附着于金属表面，也无须由腐蚀产物的组成关系来评价腐蚀程度。由于失重法的试验原理简单、方便、直观、准确、适用性广泛，常作为标准的腐蚀研究方法。但是，失重法消耗时间长、试验结果重复性差、操作繁琐。失重法测得的腐蚀速度适用于金属的均匀腐蚀，而不适用于金属的局部腐蚀。对于腐蚀类型为均匀腐蚀的金属材料，通常采用平均腐蚀深度来评价其耐蚀性的优劣，仅能够获得腐蚀前后金属重量的变化等少许信息，不适合腐蚀过程检测。应用失重法时，若腐蚀后金属材料表面的腐蚀产物没有完全清洗干净，会导致腐蚀后金属材料的重量虚增，失重量变小，测试结果存在误差。此外，采用重量法无法研究腐蚀机理。

13.1.2 试验过程

增重法测试金属腐蚀速度的步骤如下：

1）测量试样的尺寸并称重。

2）将试样放置于腐蚀介质中。

3）试验结束后取出试样及腐蚀产物，并放置于干燥箱中，烘干取出试样及腐蚀产物，并称重。

失重法测试金属腐蚀速度的步骤如下：

1）将金属材料在砂纸上进行打磨，使得其表面光洁。

2）用丙酮、酒精对金属材料进行清洗。

3）将清洗后的金属材料放入干燥箱中充分干燥。

4）用分析天平（精度为0.0001g）测量金属材料的初始质量。

5）将金属试样悬挂于腐蚀介质中进行腐蚀浸泡试验。腐蚀介质的容积根据试样腐蚀的面积来定，每平方厘米的试样面积所对应的腐蚀介质体积不得少于50ml。若在腐蚀的过程中需要去除氧气或搅拌等操作，应该避免不同试样及试样与设备之间的碰撞。平行试验的试样数量一般为3~5个，取试验数据的平均值作为试验最终结果。

6）试验结束后，取出试样，并记录试样的表面状态及腐蚀介质的状况，然后立即清除试样表面的腐蚀产物。

7）将试样放入干燥箱中充分干燥后称重。

8）根据失重法的计算公式计算金属材料的腐蚀速度。

采用失重法评定金属的腐蚀速度，必须要清除腐蚀后金属材料的表面产物，同时尽量不损伤金属材料本身，以减小试验的误差。去除金属材料表面腐蚀产物的常用方法有机械法、化学法及电解法。

1）机械法是首先用流动水冲洗试样，然后用清除工具，如毛刷、刮刀，清洗与刮擦腐蚀产物。采用机械法可以清除大部分疏松的腐蚀产物。

2）化学法是采用化学溶液将腐蚀产物溶解掉。为了避免使用化学法清除腐蚀产物时损伤基体材料，需要在化学溶液中加入缓蚀剂。为了减小化学法因损伤基体材料而引起的误差，在清除时，需要一个空白试样，将其在同样的条件下处理求其失重作为参照。在实际试样的失重中减去空白试样的失重，最终得到试样的失重。表 13-1 列举了一些清除腐蚀产物的化学方法。

表 13-1　清除腐蚀产物的化学方法

金属类型	化学溶液	浸泡时间	温度	备注
铝合金	70% HNO_3	2~3min	室温	随后轻轻擦洗
	20% CrO_3，5% H_3PO_4	10min	79~85℃	用于氧化膜不溶于 HNO_3 的情况，随后仍用 70%HNO_3 处理
铜及其合金	15%~20% HCl	2~3min	室温	随后轻轻擦洗
	5%~10% H_2SO_4	2~3min	室温	随后轻轻擦洗
铅及其合金	10%醋酸	10min	沸腾	随后轻轻擦洗，可除去 PbO
	5%醋酸铵	30min	45~60℃	随后轻轻擦洗，可除去 PbO
	80g/L NaOH，50g/L 甘露醇，0.62g/L 硫酸肼	30min 或至清除为止	沸腾	随后轻轻擦洗
铁和钢	20% NaOH，200g/L 锌粉	5min	沸腾	随后用水冲洗干净
	浓 HCl，50g/L$SnCl_2$+20g/L$SbCl_3$	25min 或至清除为止	约 0℃	溶液应搅拌
	10%或 20% HNO_3	20min	60℃	用于不锈钢，需避免氯化物污染
	含有 0.15%（体积分数）有机缓冲剂的 15%（体积分数）的浓 H_3PO_4	清除为止	室温	可除去氧化条件下钢表面形成的氧化皮
镁及其合金	15% CrO_3，1% $AgCrO_4$ 溶液	15min	沸腾	
镍及其合金	15%~20% HCl	清除为止	室温	
	10% H_2SO_4	清除为止	室温	
锡及其合金	15% Na_3PO_4	10min	沸腾	随后轻轻擦洗
锌	10% NH_4Cl 然后用 5% CrO_3	5min	室温	随后轻轻擦洗
	1% $AgNO_3$	20s	沸腾	
	饱和醋酸铵	清除为止	室温	随后轻轻擦洗
	100g/L NaCN	15min	室温	

注：表中未注百分数为质量分数。

3）电解法也是电化学清除法，它是将试样作为阴极，选择合适的阳极及电解质，在外加直流电的作用下，试样表面产生氢气，金属材料表面的腐蚀产物在氢气泡的作用下被剥离下来，再辅以机械法将剩余的疏松腐蚀产物清除。电解法清除腐蚀产物的效果好，且适用性广泛。碳钢及大部分金属材料在选用电解法清除腐蚀产物时，电解液选择 H_2SO_4，阳极材料选择炭棒，阴极电流密度控制在 $20A/m^2$，缓蚀剂选择 2mL/L 的有机缓蚀剂，电解温度设置在 75℃，电解时间为 3min。

失重试验的试验记录一般包括如下几个方面：试验日期、试样材料、编号、规格、面积、形状；试样的前处理方法；试样的加工及热处理状态；腐蚀介质的成分、试验的温度、搅拌情况、气氛；腐蚀后金属材料的表面状态及腐蚀介质的情况；腐蚀产物清除方法；试样腐蚀前后的重量；试验现象；计算金属的腐蚀速度；试验结果分析。

13.1.3 试验结果分析

当金属的腐蚀类型为均匀腐蚀时，为了使不同批次试验及不同试样的试验结果具有可比性，根据金属腐蚀的面积、腐蚀时间、腐蚀前后的重量差值可以计算出金属的平均腐蚀速度，单位为 $g/(m^2/h)$，计算公式如下：

增重法腐蚀速度

$$v_{增}=\frac{W_{t1}-W_0}{At}$$

失重法腐蚀速度

$$v_{失}=\frac{W_0-W_{t2}-W_{t3}}{At}$$

式中 W_0——试样的初始重量（g）；

A——试样的腐蚀面积（m^2）；

t——腐蚀进行的时间（h）；

W_{t1}——试样腐蚀后试样及腐蚀产物的重量（g）；

W_{t2}——腐蚀后清除试样表面腐蚀产物后试样的重量（g）；

W_{t3}——清除腐蚀产物时同样尺寸同种材料的空白试样的校正失重（g）。

为了更好地表征金属腐蚀的损耗深度，根据金属的密度，可以进一步换算出金属的平均腐蚀深度，计算公式如下：

$$B=\frac{8.76v}{\rho}$$

式中 B——平均腐蚀深度（mm/a）；

v——按照重量法计算得到的腐蚀速度 $[g/(m^2/h)]$；

ρ——金属材料的密度（g/cm^3）。

为了便于将重量法测得的腐蚀速度结果与电化学测试结果的信息进行对比，可通过法拉第定律将重量法测得的重量变化数据换算成腐蚀电流密度。法拉第定律如下：

$$i_{corr}=\frac{nF\Delta m}{MtA}$$

式中 n——化合价（金属失去的电子数）；

F——法拉第常数；

Δm——测量前后腐蚀试样的质量变化（g）；

M——摩尔质量（g/mol）；

t——时间（s）。

13.2 表面分析法

表面分析法是一种常用的定性腐蚀评价方法，通常作为其他腐蚀研究方法的补充。表面分析法可分为表面宏观分析法与表面微观分析法两大类。

1. 表面宏观分析法

表面宏观分析法采用肉眼或低倍放大镜观察金属材料在腐蚀前后的表面形态及腐蚀介质的变化，以及在除去腐蚀产物之后金属材料表面形态的变化。首先应观察并记录金属材料在腐蚀前的状态，然后观察并记录金属材料在腐蚀过程中的状态。在金属腐蚀过程中，观察时间间隔根据金属的种类及金属在特定腐蚀介质中的腐蚀速度设定。时间间隔的确定需要确保可以记录到金属表面开始出现腐蚀产物的时间，同时，两次观察之间所记录的金属腐蚀情况具有较为明显的变化。观察与记录的信息主要包括如下几个方面：

1）金属材料表面状态、缺陷情况、颜色。

2）金属在腐蚀过程中及腐蚀后其表面腐蚀产物的形态、数量及颜色。

3）腐蚀介质的颜色，腐蚀介质中是否有已经脱落的腐蚀产物，以及该腐蚀产物的形态、数量及颜色。

4）如果金属材料发生了局部腐蚀，还应观察与记录局部腐蚀的类型、部位。

5）对于工件或机件发生腐蚀时，尤其应注意特殊部位的腐蚀情况，例如，腐蚀介质流速或压力发生变化处、气-液交界处、焊接接头处、材料表面缺陷处、应力集中处、腐蚀介质温度或浓度发生变化处等。

表面宏观分析法评定金属腐蚀的优点是简单、方便、直观、具有代表性，且不需要精密的仪器就能快速确定金属材料在腐蚀介质中的腐蚀类型、腐蚀部位，以及发生腐蚀的程度。其缺点在于：具有主观性，不够精细，所得到的腐蚀信息是腐蚀行为的统计平均结果，不能揭示腐蚀机理。

2. 表面微观分析法

表面微观分析法是采用光学显微镜等工具获得金属在腐蚀前后，以及腐蚀过程中的微观信息，如金属材料腐蚀前后的组织、腐蚀的程度，跟踪腐蚀的发生与发展情况，以便于分析腐蚀类型、金属组织与腐蚀之间的关系、判断腐蚀的原因等。表面微观分析法可作为表面宏观分析法的补充，进一步揭示腐蚀过程中的细节与本质。

随着科学技术的发展，很多新的表面分析方法被开发出来并用于金属腐蚀的微观观察，进一步完善与丰富了表面微观分析法。这些方法包括扫描电子显微镜（SEM）、电子探针（EMA）、俄歇电子能谱法（AES）、X射线光电子能谱法（XPS）、二次离子质谱法（SIMS）和原子力显微镜/扫描隧道显微镜（AFM/STM）等。这些表面微观分析法的用途如下：

1）获取化学信息，如元素的定性和定量分析、元素的分布状况、价态和吸附分子的结构等。

2）形貌观察，如断口、组织、析出物、夹杂的形态、晶体缺陷的形态（包括点、线、面和体等的缺陷）、晶格相和原子相等。

3）物理参量的测定和晶体结构的分析，如膜厚、膜的光学常数、点阵常数、位错密度、织构、物相鉴定、电子组态和磁织构等。

13.3 根据极化曲线测量腐蚀速度

由于金属的腐蚀过程大部分是电化学过程，需要使用电化学的方法研究金属的腐蚀行为，因此，电化学测试技术已经成为金属腐蚀研究的重要方法。用于测量金属腐蚀速度的电化学方法主要有：塔菲尔直线外推法、线性极化法及交流阻抗法等。其中塔菲尔直线外推法和线性极化法都属于采用稳态极化法测量电极反应动力学参数的方法。

电化学测试包括试验条件控制、试验结果测量及试验结果分析三个部分。试验条件控制取决于试验的目的；试验结果测量包括电位、电流、阻抗、频率等；试验结果分析法主要有极限简化法、曲线拟合法等。

13.3.1　基本知识

1. 恒电流法和恒电位法

根据自变量的控制，一般将稳态极化曲线的测量分为控制电流法与控制电位法。控制电流法并不是把电流控制在某一数值下保持不变，而是指以电流作为自变量，采用恒电流仪来控制电流使得电流按照人们假定的变化规律变化，不受电解池电阻的影响，同时测量相应的电极电位的方法。控制电流事实上是，测量系统在每一个时间点，电极上通过的电流大小恒定在规定的数值，因此控制电流法又称为恒电流法。采用这种方法测得的极化曲线是恒电流极化曲线。恒电流法简单，适用于不受扩散控制的电极过程和电极表面状况在整个过程中变化不大的电化学反应。

同样地，控制电位法又称为恒电位法，是指以电位为自变量，在恒电位仪的控制下，控制电极电位按照人们假定的变化规律变化，不受电极系统阻抗变化的影响，同时测量相应的电流的方法。采用恒电位法测得的极化曲线是恒电位极化曲线。恒电位法适用于研究电极表面状况在整个过程中变化很大的电化学反应，如具有活化-钝化行为的阳极极化曲线。

在恒电位法与恒电流法的选择上，要根据金属材料在特定腐蚀环境中的具体情况进行选用。最根本的是选择自变量，即电流或电位，使得一个自变量下只有一个应变量值。对于一个电流密度只对应一个电位或一个电位只对应一个电流密度值的情况，选择恒电位法与恒电流法可以得到相同的稳态极化曲线。

对于极化曲线中电位具有极大值的情况，应该选择恒电流法；对于极化曲线中电流具有极大值的情况，应该选择恒电位法。例如，某些金属材料在腐蚀介质中具有钝化行为，其阳极极化曲线为S形（图13-1a），电流具有极大值，即在某个电流下对应着几个电位值。对于这情况，若选择恒电流法，只能测得正程的*AB*和*EF*曲线（图13-1b）与反程的FEDA曲线（图13-1c），不能得到完整的极化曲线，故需要选择恒电位法。

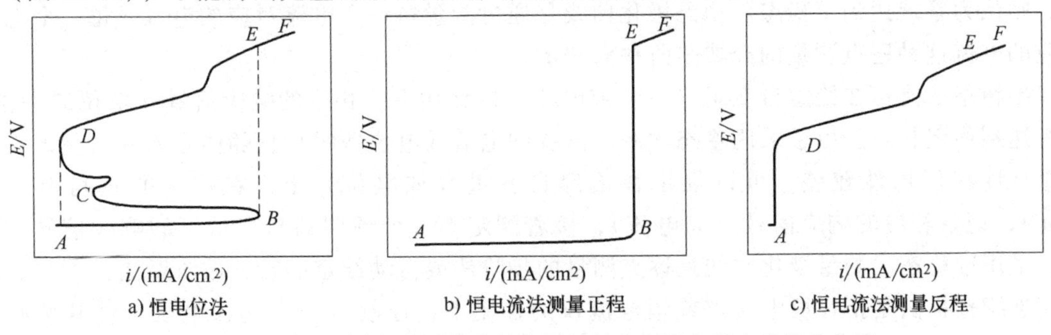

图13-1　采用不同方法测得的某金属材料在腐蚀介质中的极化曲线

经典恒电流电路由直流电源 E、可调节电阻 R 与电解池串联组成，如图 13-2 所示。根据欧姆定律，该电路的电流为

$$I=\frac{E}{R+R_0}$$

其中，R_0 为电路上除可调节电阻 R 外所有电阻的总电阻。当 $R \gg R_0$ 时，那么电流约等于 E/R，此时电阻的大小决定了电流 I 的大小。恒电流电路适用于极化电流较小的系统，其电路简单，噪声干扰小。

经典恒电位电路如图 13-3 所示。这种电路其实就是恒定槽压电路，要求 $R<R_0$，其电流效率很低，且没有自动调节恒电位的能力。

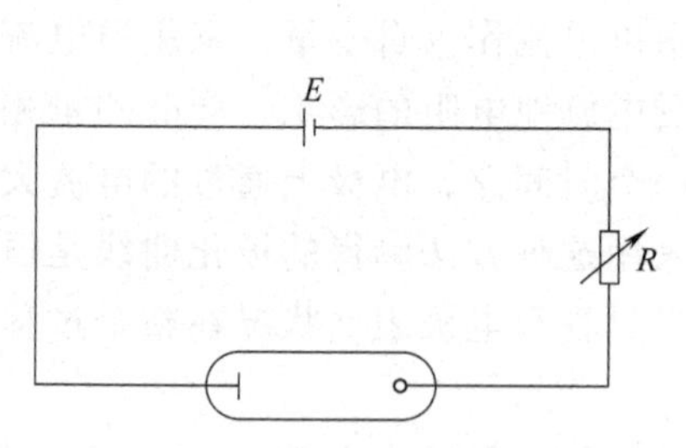

图 13-2　经典恒电流电路原理图

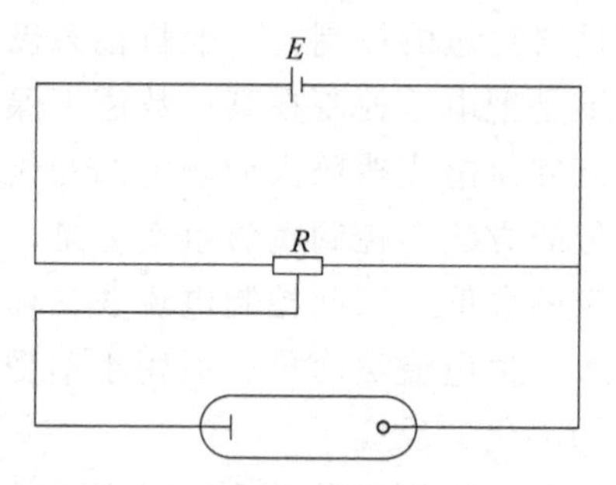

图 13-3　经典恒电位电路原理图

2. 稳态法、准稳态法及连续扫描法

恒电位法及恒电流法按照自变量的变化情况又可以分为稳态法、准稳态法及连续扫描法。

所谓稳态测量是指在一定的时间内，电化学系统中的电极电位、电流密度、电极表面状态，以及电极界面区的浓度分布等参数变化不大。可见，稳态是相对于暂态而言的，从暂态到稳态的变化过程是逐渐发生的，稳态与暂态的划分以参量的变化是否显著为标准，但是这个标准也是相对的。稳态的条件之一是电极界面状态基本不变，也就是电极界面处的双电层的电荷状态、电极界面的吸附状态几乎不变，这说明用于改变界面荷电层状态及吸附状态的双电层电流为零，那么稳态电流就全部为电化学反应电流，电极极化电流密度就是电化学反应速率。事实上，在测量的过程中要求测量系统中某个参数保持完全不变是不可能的，综合考虑设备精度及试验要求，可以规定某一参数在一定时间的变化控制在预定的范围之内即达到了稳态。例如，采用恒电流法测量电位时，可规定电位在 5min 之内的变化值在 1~3mV 之内，则认为系统达到了稳态。稳态极化曲线是通过测量每一个电流对应的电位或每一个电位对应的电流这种逐点测量的经典步阶法获得的。

准稳态法是指在给定自变量（电位或电流）的作用下，相应的响应信号（电位或电流）没有达到稳定状态。由于采用稳态法测量系统的电流或电位费时长且随体系而异、测试结果的重现性和可比性较差，可以规定在给定自变量（如电位）下，在规定的时间内（如 5min），记录相应的响应信号（如电流），接着测定下一个预期的自变量下的响应信号。显然，采用准稳态法测量极化曲线是逐点测量的步阶法或自动给定的阶梯波阶跃法。

连续扫描法是指在恒电位仪或恒电流仪的控制下，控制自变量（如电压）使其按照预期的速度呈线性变化，同时测量对应的响应信号（如电流）的变化，最终自动给出极化曲

线。连续扫描极化曲线是非稳态极化曲线。采用控制电流连续扫描的方法得到的极化曲线称为动电流极化曲线，采用控制电压连续扫描的方法得到的极化曲线称为动电位极化曲线。由于控制电位的连续扫描法测量极化曲线具有恒电位的性质，故动电位极化曲线也称为恒电位极化曲线。这里的“动电位”与“恒电位”并不矛盾，前者是指电位给定方式，而后者是指自变量为电位。

3. 动电位扫描法

动电位极化曲线测量系统的特点是，加载到恒电位仪上的电位随着时间线性变化，故研究电极的电极电位也随时间线性变化，即

$$\frac{\mathrm{d}E}{\mathrm{d}t}=C$$

其中，E 是电位，t 是时间，C 为常数。动电位扫描的速度不能太快，也不能太慢。如果扫描速度太快，则无法得到“稳态”的电位-电流曲线；如果速度太慢，则测得完整的电位-电流曲线需要耗费大量的时间，在测量开始时与测量结束时工作电极的表面状态可能发生了较大的变化。一般采用0.3~1mV/s的速度进行电位扫描，可以认为是稳态测量。动电位扫描的应用范围广泛，可用于测量阴/阳极极化曲线、阴极沉积析出电位、孔蚀特征电位、评定缓蚀剂、测量 E-pH 图等。动电位扫描方式可以是单程扫描，也可以是多程扫描。单程扫描的电位-时间关系如图13-4所示。其中，单程波一般用作测定稳态阳极或测定阴极极化曲线。单周期三角波一般用于研究各种局部腐蚀及表面膜的状态。图13-5所示是多程扫描也就是循环三角波法，又称循环伏安法，一般快速扫描采用这种方法。动电位扫描法测定极化曲线的试验步骤与试验操作方法应根据试验要求与设备说明书拟定。由于完整的极化曲线的电极电流的变化范围可达到4、5个数量级，所以一般直接记录 E-lg$i$ 曲线。

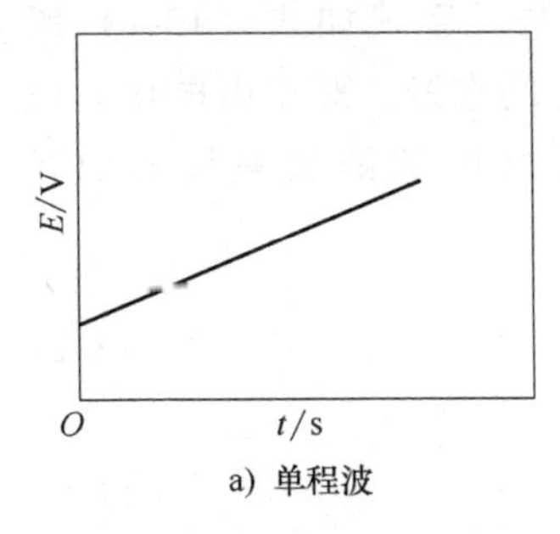

a) 单程波

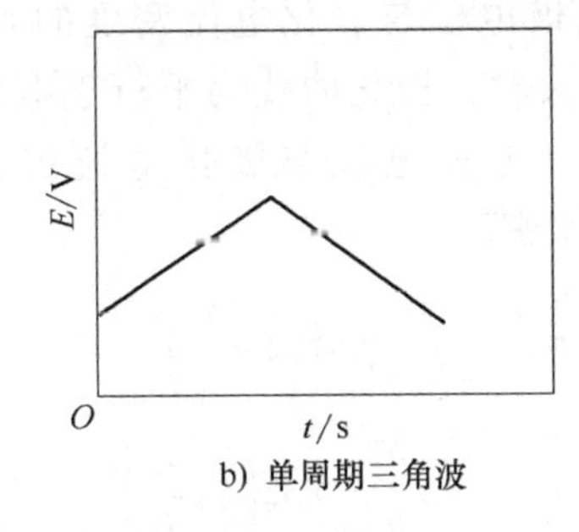

b) 单周期三角波

图13-4　单程扫描的电位-时间（E-t）图

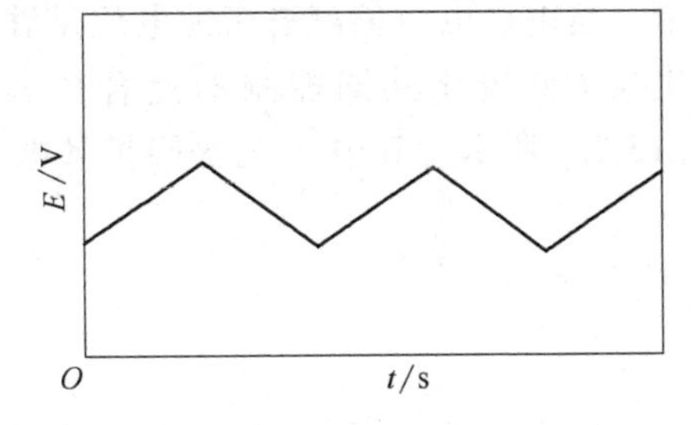

图13-5　多程扫描的电位-时间（E-t）图

13.3.2　根据极化曲线测量腐蚀电流

根据极化曲线的测量可以获得金属电极在腐蚀介质中发生腐蚀的动力学机理，如金属的腐蚀速度、阴极反应及阳极反应的塔菲尔斜率、去极化剂的极限扩散电流密度等。采用极化曲线测量金属腐蚀速度的方法主要有：强极化、弱极化及线性极化三种。本小节将介绍如何采用强极化区塔菲尔外推法和线性极化法测定腐蚀电流。

1. 强极化区塔菲尔外推法测定腐蚀电流

当金属材料处于腐蚀介质中时，在开路情况下，金属电极的稳定电位为自然腐蚀电位

E_{corr}。这时，阳极与阴极的反应速度相等，对应的电流为自然腐蚀电流密度 i_{corr}。i_{corr} 是表征金属腐蚀速度的参量，因此测定 i_{corr} 是获得金属腐蚀速度的重要方法。

对于活化极化控制的金属腐蚀体系，当极化电位远大于其自腐蚀电位时，电极电位与电极电流密度之间符合如下的塔菲尔关系式：

$$\text{阳极：} E-E_{corr}=-b_a \lg i_{corr}+b_a \lg i_a$$

$$\text{阴极：} E_{corr}-E=-b_c \lg i_{corr}+b_c \lg i_c$$

由上述的塔菲尔关系式可知，在阴极或阳极的强极化区电位 E 与电流的对数 $\lg i$ 之间呈线性函数关系，在这两个区域的线段称为塔菲尔直线，如图 13-6 所示（图中 i 单位为 A/m^2，E 单位为 V）。将阳极与阴极的塔菲尔直线外推，两条直线交点的纵坐标为 E_{corr}，横坐标为 $\lg i_{corr}$。根据直线可以分别求出 b_a 与 b_c；根据 $\lg i_{corr}$ 可以求出金属的自腐蚀电流密度，根据相关公式可以计算出金属的腐蚀速度。

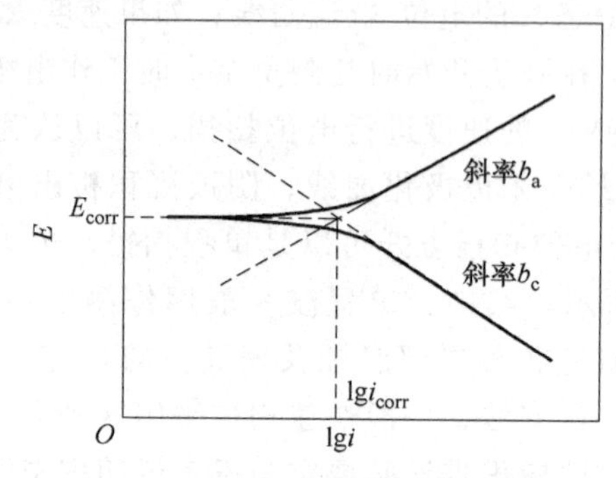

图 13-6 极化曲线塔菲尔外推法测定金属的腐蚀速度

浓差极化控制的腐蚀体系，其电极电位与极化电流密度的函数关系式如式（13-1）所示，当电极电位偏离自腐蚀电位足够大时，极化曲线为平行于电位的直线。对于由电化学极化与浓差极化共同控制的混合体系，电极电位与极化电流密度之间的函数关系式如式（13-2）所示，其中 i_L 为极限扩散电流密度。

$$E-E_{corr}=\frac{b_a b_c}{b_a+b_c}\lg\left(1-\frac{i_c}{i_L}\right) \tag{13-1}$$

$$E_{corr}-E=b_c \lg\frac{b_a}{b_a}-b_c \lg\left(1-\frac{i_c}{i_L}\right) \tag{13-2}$$

采用极化曲线外推法测量金属腐蚀速度的优点是操作简便，但是测试结果受到金属材料在腐蚀介质中的表面状态及表面溶液成分影响较大，可能影响测试结果的准确性。此外，采用强极化区塔菲尔外推法测定腐蚀电流时，需要将金属电极极化到强极化区，这可能会导致所获得的腐蚀速度存在较大误差。这是因为，当金属电极极化到强极化区时，此时金属电极的极化电流密度比自腐蚀电流密度大得多，导致金属电极的电极电位远偏离其自腐蚀电位，金属可能会发生钝化；当阴极被极化到强极化区时，阴极表面的氧化膜可能被还原甚至发生新的化学反应，从而导致极化曲线的形状改变。再者，电极被极化到强极化区时，电极上的大电流溶液欧姆电位降会使塔菲尔直线变短，增大腐蚀速度的误差。

值得注意的是，对于容易钝化的金属，不能根据阴阳极强极化区塔菲尔外推法测量其自腐蚀速度，这是因为金属电极在被极化到强极化区之前就已经发生了钝化。这时，可以用阴极极化曲线测定自腐蚀电流密度，但是要保证阴极过程与自腐蚀条件下的阴极过程一致。

采用强极化区塔菲尔外推法测定腐蚀电流时，由于电位 E 与电流的对数 $\lg i$ 之间呈线性函数关系，E 即使发生很小的变化，i 也会发生较大变化，因此采用恒电流法比采用恒电位法更合适。因为采用恒电流法，电流为自变量，当电流 i 发生变化时，E 的变化很小，因此测得的腐蚀电流密度的误差较小。

2. 线性极化法测定腐蚀电流

（1）线性极化法测定腐蚀电流的原理　当金属材料处于腐蚀介质中时，在金属自腐蚀电位 E_{corr} 附近，极化电位 E 与电流密度 i 之间呈现线性关系且该直线的斜率（$\Delta E/\Delta i$）与腐蚀电流密度 i_{corr} 成反比，即符合 Stern-Geary 方程式，又称为线性极化方程式，即式（13-3）。根据线性极化方程式求得腐蚀电流密度 i_{corr} 的技术称为线性极化技术，其计算式为：

$$i_{corr}=\frac{B}{R_p} \tag{13-3}$$

其中，B 是常数，R_p 是线性极化电阻，R_p 由式（13-4）计算所得：

$$R_p=\frac{\Delta E}{i}=\frac{b_a b_c}{2.3(b_a+b_c)i_{corr}} \tag{13-4}$$

（2）测量方法　采用线性极化法测定金属的腐蚀速度时，由式（13-3）可知，需要测定线性极化电阻 R_p 及常数 B 的值。由于线性极化电阻的值为极化电位 E-电流密度 i 曲线在 E_{corr} 处的斜率或 E_{corr} 附近线性极化曲线的斜率。因此，可以采用前面所述的恒电位法或恒电流法，通过控制恒电位仪或者恒电流仪控制自变量（电位或电流）的范围，使得金属电极在 E_{corr} 附近极化，然后做出极化电位 E-电流密度 i 关系曲线，得到曲线的斜率，即可获得线性极化电阻 R_p。常数 B 的获取方法如下：

1）挂片失重法，首先测量不同时刻的线性极化电阻 R_p，然后得出该试验时间内的平均极化电阻值；根据失重试验数据获得腐蚀速度，根据法拉第定律将腐蚀速度换算成腐蚀电流密度 i_{corr}；再根据式（13-3）计算出常数 B 的值。

2）根据前人的经验估计常数 B 值。根据式（13-4）可知，若知道线性极化电阻 R_p 及塔菲尔常数 b_a 和 b_c 的大小，则不必知道常数 B 值也可以得到腐蚀电流密度的大小。如前面所述，线性极化电阻 R_p 可以通过测量线性极化曲线测得。获得塔菲尔常数 b_a 和 b_c 的方法有：①测量阴极与阳极的 E-$\lg i$ 曲线，根据强极化区的斜率测得塔菲尔常数 b_a 和 b_c 的大小，这是最常用的方法；②采用曲线重合法、电子计算机分析法、充电曲线法测定 b_a 和 b_c 的大小；③根据电极过程动力学的基本理论计算 b_a 和 b_c 的大小。

线性极化法的优点是可以快速测定金属的瞬时腐蚀速度。其缺点是：①另行测定或从前人的经验中获得的塔菲尔常数 b_a 和 b_c 无法反映腐蚀速度随时间的变化情况；②线性极化区是近似的，测得的腐蚀速度具有一定的误差；③在某些金属体系中，测得的极化曲线不光滑，难以获得线性极化区的斜率；④若要获得腐蚀电流，必须提前获得塔菲尔常数 b_a 和 b_c 的大小或者常数 B 的大小。

线性极化法属于微极化，不会导致金属表面状态的变化和腐蚀控制机理的变化。根据线性极化的原理可以开发各类腐蚀速度测量方法进行连续检测和现场监控，也可以用于筛选金属材料的缓蚀剂及评价金属表面膜的耐蚀性。

需要注意的是，无论采用强极化区塔菲尔外推法，还是采用线性极化法测定腐蚀电流，都应在开路电位稳定以后开始测量。此外，这两种方法都是通过恒电位极化或恒电流极化测定的，这两种极化都是对电极电层的充电过程，所以需要在充电达到稳态时测量数据。

13.4 电化学阻抗谱

13.4.1 电化学阻抗基本知识

电化学阻抗谱（Electrochemical Impedance Spectroscopy，EIS），也称为交流阻抗（Alternating Current Impedance，AC Impedance），是以角频率为 ω 的小振幅的正弦波信号（电位或电流）作为自变量对处于定态的电极系统进行扰动，体系会发出 ω 相同的响应信号（电流或电位），得到的频率响应函数就是阻抗。由同一个电路在不同频率下的阻抗曲线绘制成的曲线，称为这个电路的阻抗谱。电化学阻抗谱是指，电化学系统在直流极化的作用下，阻抗随扰动频率的变化关系曲线。

电化学阻抗谱的测定属于暂态电化学技术，具有如下几个特点：

1）以小振幅的正弦波信号进行扰动，对电化学系统的影响较小。并且，扰动信号与响应信号之间近似呈线性关系，使得试验结果的数据处理变得简单。但是，微弱信号的检测要求测试仪器具有较高的精度。

2）测量频率的范围可以很宽，测量范围可以超过 7 个数量级，通常在 0.001~10000Hz 范围内测试。这使得电化学阻抗谱技术比其他的电化学方法得到更多的动力学和电极界面信息。例如，测量金属在腐蚀介质中的电化学阻抗谱不仅可以得到极化电阻，判断金属材料的耐蚀性，还可以根据阻抗谱的形状研究金属的腐蚀机理。电化学阻抗谱还可以用于研究缓蚀剂的吸附与脱附特性等。但是，在低频时测量阻抗比较困难，在高频时受到恒电位仪测量范围的限制，因此对电源提出了更高的要求。

3）要求测试系统具有稳定性。例如，金属材料在腐蚀介质中的自腐蚀电位 E_{corr} 发生变化，会影响阻抗的测量精度。此外，在阻抗的测试过程中还必须避免其他的噪声信号对系统的影响。

1. 阻抗的含义

在交流电路中，电阻、电容、电感都会阻碍电流的运动，这种阻碍作用称为阻抗（Impedance），用 Z 表示。其中，电阻对电流的阻碍作用称为电阻；电容对电流的阻碍作用称为容抗；电感对电流的阻碍作用称为感抗。我们熟知的电阻只是阻抗的一个形式，它们的单位都是欧姆（Ω）。阻抗的倒数称为导纳（Admittance），用 Y 表示。

通常情况下，对于一个线形元件组成的交流电路，如果对其施加扰动信号电位 ΔE，得到通过电流的响应信号为电流 I，则该线路的阻抗为

$$Z=\frac{\Delta E}{I}$$

阻抗是一个矢量。因此，阻抗是电阻、容抗、感抗的矢量和，而不是简单的代数和。对具体的电路而言，阻抗的大小随着频率的变化而变化。

2. 阻抗的复数表示

电路的阻抗由实数部分 Z_{Re} 和虚数部分 Z_{Im} 组成，其复数表达式如下：

$$Z(\omega)=Z_{Re}-jZ_{Im}$$

其中 $j=\sqrt{-1}$ 是单位长度的垂直矢量。阻抗的模值 $|Z|$，即阻抗幅值的大小，用如下的公式计算：

$$|Z|=\sqrt{Z_{Re}^2+Z_{Im}^2}$$

阻抗还可以用复数平面图（图 13-7）表示，复数平面图的横坐标为实部，纵坐标为虚部。因此，阻抗、阻抗的实部、阻抗的虚部还可以用如下的三角函数表示：

阻抗 $$Z=|Z|\cos\theta+j|Z|\sin\theta$$

阻抗的实部 $$Z_{Re}=|Z|\cos\theta$$

阻抗的虚部 $$Z_{Im}=|Z|\sin\theta$$

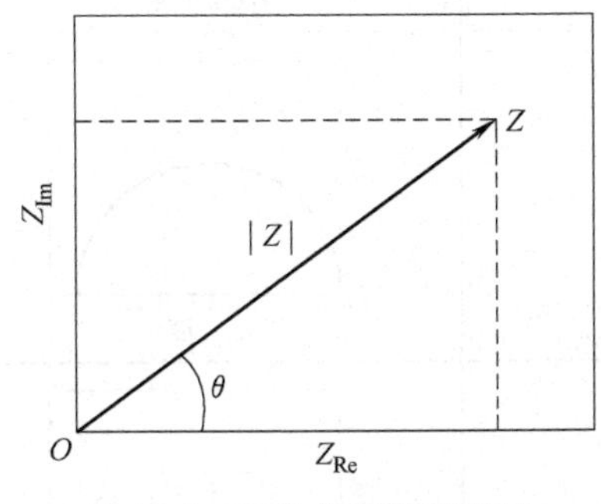

图 13-7　阻抗的复数平面图

在电化学电路中，最基本的三种元件是电阻、电容和电感，它们的阻抗与导纳归纳如下：

1）电阻用符号 R 表示，其阻抗为 R，导纳为$\frac{1}{R}$。

2）电容用符号 C 表示，其阻抗为$\frac{1}{j\omega C}=-\frac{j}{\omega C}$，导纳为 $j\omega C$。

3）电感用符号 L 表示，其阻抗为 $j\omega L$，导纳为$\frac{1}{j\omega L}$。

由此可知，阻抗的大小与交流电的频率 ω 有关，频率 ω 越大，容抗越小，感抗越大。

3. 电化学阻抗谱的种类

电化学阻抗谱具有多种类型，其中最常用的是 Nyquist 图和 Bode 图。Nyquist 图的横坐标是阻抗的实部，纵坐标是阻抗的虚部。Nyquist 图的优点是曲线上每一个点都代表一个矢量，将矢量的大小和方向都表现得很直观。但是，这个图的缺点是无法呈现出每一个矢量点的阻抗与频率之间的关系，为此可以在 Nyquist 图上选择几个典型的点，标注其与频率之间的关系。此外还可以用 Bode 图表示阻抗的频谱特征。Bode 图由两条曲线组成，一条称为 Bode 模图，其横坐标是频率的对数 $\lg f$，纵坐标是阻抗模值的对数 $\lg|Z|$；另一条称为 Bode 相位图，其横坐标是频率的对数 $\lg f$，纵坐标是相位角 φ。如果要完整显示阻抗的特征，需要同时给出 Bode 模图和 Bode 相位图。

4. 基本电路及其阻抗谱

将电阻、电容和电感这三种简单元件串联或并联在一起时，即构成了简单的交流电路，有时也可将其整体看作复合元件。简单交流电路或复合元件再通过串联或者并联可以组成复杂的电路，并且可以用电路描述码来表示。电路描述码规定：在没有括号时，或在偶数括号内，各个元器件或复合元件是串联的关系；在奇数括号内，各个元器件或复合元件是并联的关系。当电路由上述几个基本元器件串联组成时，整个电路总阻抗的大小等于各个电路元件的阻抗的复数和，所以计算阻抗最方便；当电路由上述几个基本元器件并联组成时，整个电路总导纳的大小等于各个电路元件导纳的复数和，所以计算导纳最方便。当求出阻抗或导纳后，其倒数即为导纳或阻抗的值。表 13-2 列举了几个电路及其电路描述码、Nyquist 图和 Bode 图。

表 13-2　几个电路及其电路描述码、Nyquist 图和 Bode 图

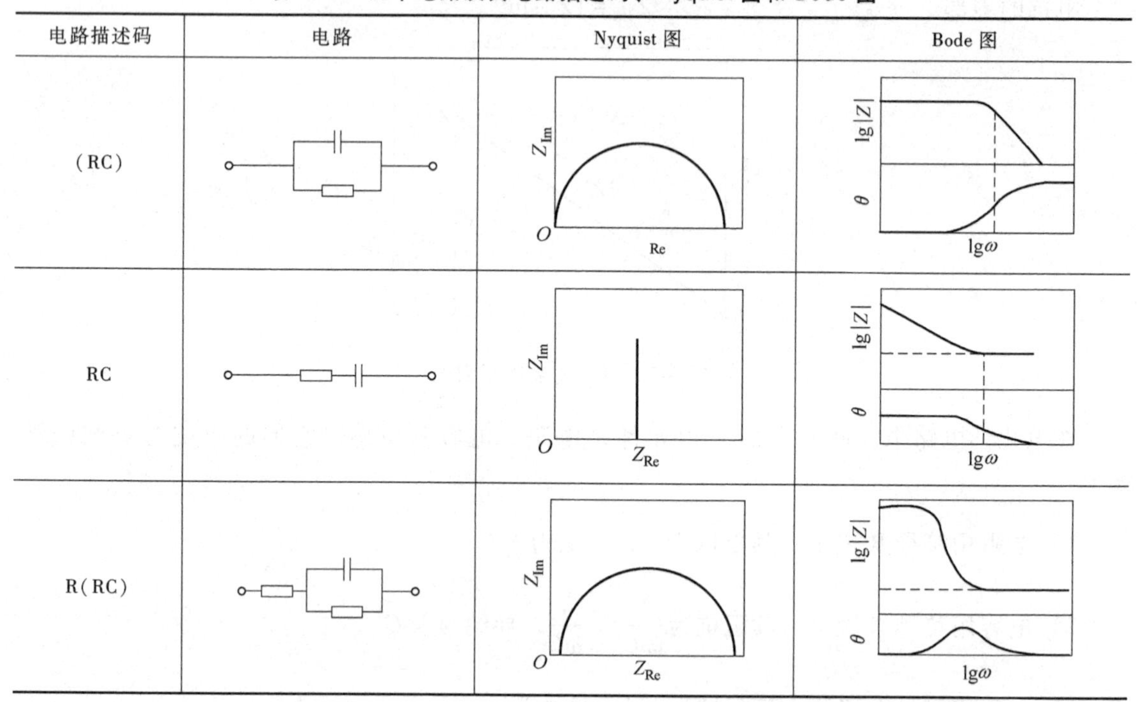

电路描述码	电路	Nyquist 图	Bode 图
(RC)			
RC			
R(RC)			

13.4.2　电化学系统的等效电路

对一个电极系统施加一个角频率为 ω 的小振幅的正弦波信号（电位或电流），并测量其响应信号（电流或电位），可以得到系统的阻抗信息，根据测量结果可以画出 Nyquist 图和 Bode 图。若能找到一个或多个电学元件和电化学系统中的“电化学元件”组成一个电路，由此电路测出的阻抗谱与电化学系统测出的阻抗谱相同，那么就可以直观地分析电化学的电极过程。将上述这一电路称为该电极系统或电极过程的等效电路，构成等效电路的元件称为等效元件。采用等效电路的方法来联系试验测得的电化学阻抗谱，建立电极过程的动力学模型比较具体直观，因此，等效电路方法一直是研究电化学阻抗谱的主要方法。

当用正弦交流电通过电解池测量其阻抗谱时，电解池是一个非常复杂的体系，在化学反

应过程中进行着电荷转移、化学变化和组分浓度变化。显然，电解池体系不是由电阻、电容、电感这些简单的电学元件组成的电路。为了建立测得的电解池的阻抗与等效电路之间的联系，需要根据试验条件将电解池简化为等效电路进行分析。当交流电通过电解池时，电解池中的电极、电解液及电极反应所引起的阻力相当于电阻；电极与腐蚀介质之间的界面相当于电容，称为双电层电容。

当采用两电极体系测量研究电极的交流阻抗时，研究电极的等效电路如图 13-8 所示。图中 A、B 分别为电解池的研究电极和辅助电极的两端，R_A、R_B 分别是研究电极与辅助电极的电极电阻，C_{AB} 是两个电极之间的电容，R_s 为溶液电阻，C_{dl}、C'_{dl}分别为研究电极和辅助电极的双电层电容，Z_f、Z'_f分别为研究电极和辅助电极的交流阻抗，又称作法拉第阻抗。其中双电层电容 C_{dl} 与法拉第阻抗 Z_f 的并联值称为界面阻抗。

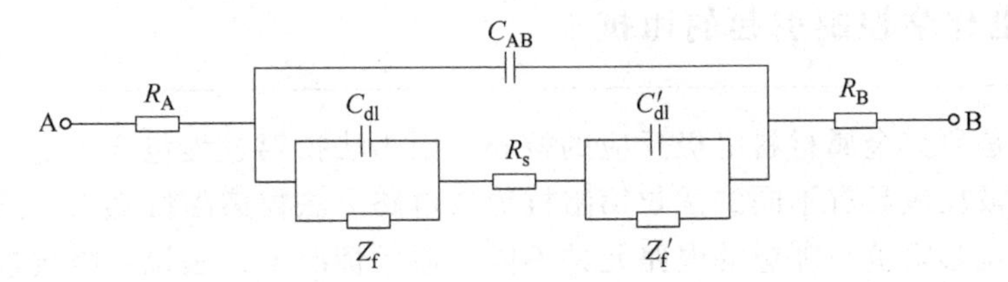

图 13-8　电解池交流阻抗等效电路

若研究电极与辅助电极都是金属电极，那么 R_A、R_B 的值就很小，可以忽略不计。由于研究电极与辅助电极之间的距离比双电层的厚度大得多，所以 C_{AB} 比 C_{dl}、C'_{dl}小得多，同时溶液电阻 R_s 不是很大，那么 C_{AB} 支路的容抗很大，C_{AB} 可以省略。这样，图 13-8 所示的电解池交流阻抗等效电路可以简化为图 13-9 所示的等效电路。

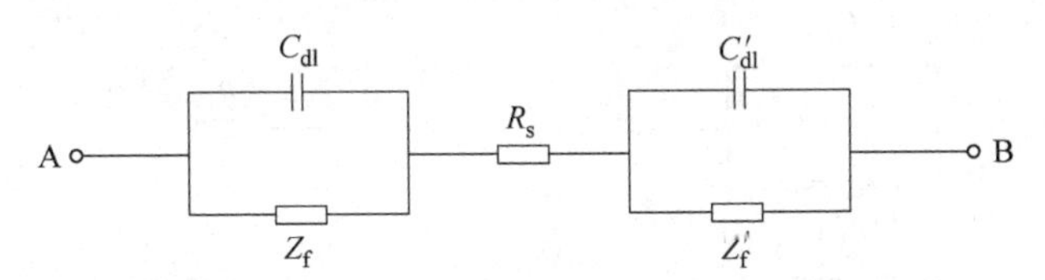

图 13-9　简化后的电解池交流阻抗等效电路

如果辅助电极的面积远大于研究电极的面积，那么辅助电极的双电层电容 C'_{dl}就很大，其容抗很小，因此 C'_{dl}支路类似于短路，因此辅助电极的阻抗部分可以忽略不计，那么图 13-9 所示的电解池交流阻抗等效电路可以进一步简化为图 13-10 所示的等效电路。

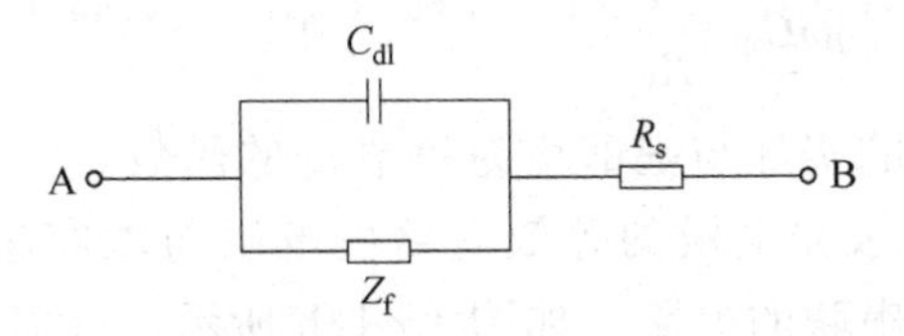

图 13-10　进一步简化后的电解池交流阻抗等效电路

上面所述的等效电路是采用两电极体系测量研究电极的交流阻抗时的等效电路。如果采用三电极体系测量研究电极的等效电路，则研究电极的等效电路如图 13-11 所示。图中，A、B 分别为电解池的研究电极和参比电极的两端，R_u 为参比电极的鲁金毛细管管口与研究电极之间的溶液欧姆电阻。可以发现，无论采用三电极还是两电极体系，都会采取一定的措施突出研究电极的阻抗部分，从而对研究电极进行研究。通过上述内容不难发现，电化学体系的等效电路与由电学元件组成的电工学电路不同，电化学体系的等效电路中的许多元件是随着电位的改变而改变的。

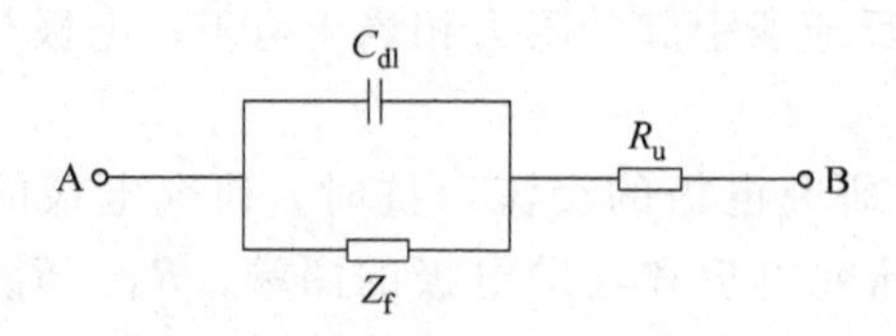

图 13-11 研究电极的等效电路

13.4.3 电化学控制引起的阻抗

法拉第阻抗是研究金属材料电极反应的核心，因为法拉第过程包含了电极反应的动力学信息。不同的电极反应具有不同的法拉第阻抗等效电路。法拉第阻抗随着电路的频率改变而改变，因此，法拉第阻抗与理想的电路元件不同。通常情况下，法拉第阻抗包括电化学控制的阻抗、扩散控制的阻抗，以及其他可能存在的电极基本过程阻抗。下面简单介绍一下电化学及扩散控制体系的等效电路及电化学阻抗谱。

1. 电化学控制体系的阻抗

在浓差极化可以忽略的情况下，电极处于电荷转移过程控制，又称电化学步骤控制过程。此时，腐蚀体系的等效电路可简单地表示为图 13-12a 所示的形式。

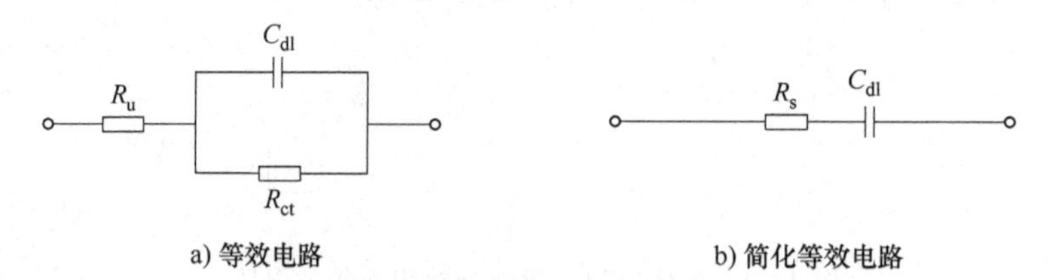

图 13-12 电化学极化电极的等效电路

显然，该等效电路的总阻抗公式为

$$Z=R_u+\frac{1}{j\omega C_{dl}+\frac{1}{R_{ct}}}=R_u+\frac{R_{ct}}{1+\omega^2C_{dl}^2R_{ct}^2}-j\frac{\omega C_{dl}R_{ct}^2}{1+\omega^2C_{dl}^2R_{ct}^2} \tag{13-5}$$

该公式表明，电极电阻的实部与虚部均为频率 ω 的函数。

由于图 13-12a 中电化学极化电极的等效电路由电阻与电容组成，所以该等效电路也可以简化为一个电阻与电容相串联的电路，如图 13-12b 所示，该等效电路的总阻抗为

$$Z=R_s-j\frac{1}{\omega C_s} \tag{13-6}$$

由式（13-5）和式（13-6）可得，电极阻抗的实部与虚部分别为

$$Z_{Re}=R_s=R_u+\frac{R_{ct}}{1+\omega^2C_{dl}^2R_{ct}^2} \tag{13-7}$$

$$Z_{\mathrm{Im}}=\frac{1}{\omega C_{\mathrm{s}}}=\frac{\omega C_{\mathrm{dl}}R_{\mathrm{ct}}^{2}}{1+\omega^{2}C_{\mathrm{dl}}^{2}R_{\mathrm{ct}}^{2}} \tag{13-8}$$

将电极阻抗的实部［式（13-7）］进行变换可得

$$\frac{1}{R_{\mathrm{s}}-R_{\mathrm{u}}}=\frac{1}{R_{\mathrm{ct}}}+\omega^{2}C_{\mathrm{dl}}^{2}R_{\mathrm{ct}} \tag{13-9}$$

由式（13-9），用$\frac{1}{R_{\mathrm{s}}-R_{\mathrm{u}}}\sim\omega^{2}$作图，得到一条直线，根据该直线的斜率与截距可得到双电层电容C_{dl}与电荷传递电阻R_{ct}。

同样，将电极阻抗的虚部［式（13-8）］进行变换可得

$$C_{\mathrm{s}}=C_{\mathrm{dl}}+\frac{1}{C_{\mathrm{dl}}R_{\mathrm{ct}}^{2}\omega^{2}} \tag{13-10}$$

由式（13-10），用$C_{\mathrm{s}}\sim\frac{1}{\omega^{2}}$作图，得到一条直线，根据该直线的斜率与截距可得到电荷传递电阻R_{ct}与双电层电容C_{dl}。由上述实部与虚部的频谱法测得R_{ct}与C_{dl}的前提是能够确定电极过程为电化学控制，且必须知道R_{u}。

联立式（13-5）、式（13-7）、式（13-8）并进行变换可得

$$\left(Z_{\mathrm{Re}}-R_{\mathrm{u}}-\frac{R_{\mathrm{ct}}}{2}\right)^{2}+Z_{\mathrm{Im}}^{2}=\left(\frac{R_{\mathrm{ct}}}{2}\right)^{2} \tag{13-11}$$

由式（13-11）可以发现，在复数平面图上，（Z_{Re}，Z_{Im}）点的轨迹是一个圆，且圆心的坐标为$\left(R_{\mathrm{u}}+\frac{R_{\mathrm{ct}}}{2},\ 0\right)$，圆的半径为$\frac{R_{\mathrm{ct}}}{2}$。由式（13-6）可知，阻抗的虚部为正，则电极体系的复数平面图只有实轴以上的半圆，如图13-13所示。由复数平面图的半径与圆心坐标可以直接求出R_{u}和R_{ct}。由式（13-7）可知，半圆左侧为高频区，右侧为低频区。在B点处，由$Z_{\mathrm{Re}}=R_{\mathrm{u}}+\frac{R_{\mathrm{ct}}}{1+\omega^{2}C_{\mathrm{d}}^{2}R_{\mathrm{ct}}^{2}}=R_{\mathrm{u}}+\frac{R_{\mathrm{ct}}}{2}$，可得$C_{\mathrm{dl}}=\frac{1}{\omega_{\mathrm{B}}R_{\mathrm{ct}}}$。根据复数平面图的半圆的顶点$B$可以求得$C_{\mathrm{dl}}$。

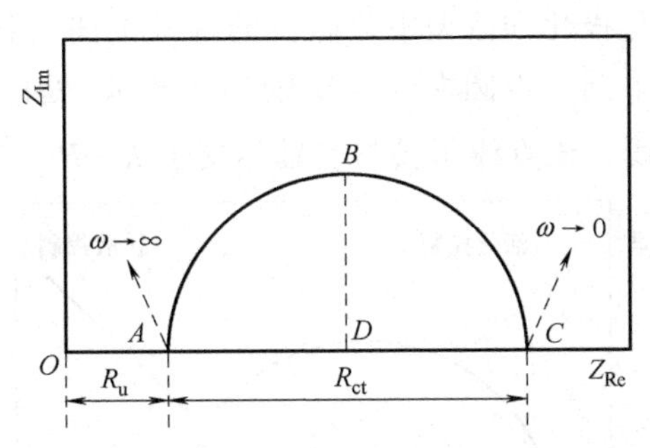

图13-13　等效电路（图13-12）的Nyquist图

上述分析表明，根据复数平面图可以判断电极过程的控制步骤，即如果复数平面图为一个实轴以上的半圆，则电极过程由电化学步骤控制，并可以根据复数平面图求得R_{ct}、R_{u}及C_{dl}的值。

2. 扩散控制体系的阻抗

存在浓差极化时，腐蚀体系的法拉第阻抗由两个部分组成，一个是电荷传递电阻 R_{ct}，一个是浓差极化阻抗，又称为 Warburg 阻抗。图 13-14 所示为浓差极化控制的电极等效电路。

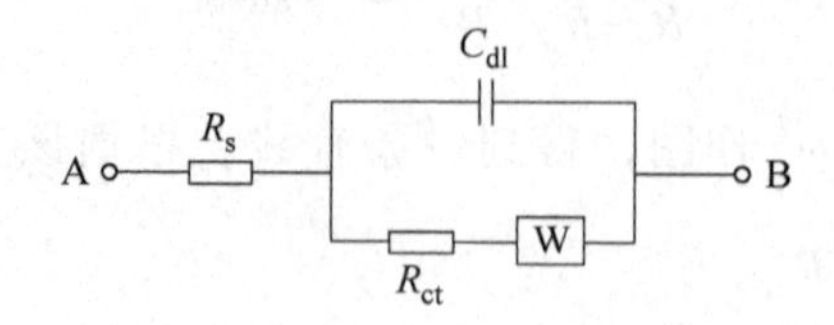

图 13-14　浓差极化控制的电极等效电路

Warburg 阻抗反映了浓差和扩散对电极反应影响的阻抗，其复数表示形式如下：

$$Z_w = \frac{\sigma}{\sqrt{\omega}} - j\frac{\sigma}{\sqrt{\omega}} \tag{13-12}$$

由式（13-12）可以发现，在任何频率下，Warburg 阻抗的实部与虚部均相等，且与 $1/\sqrt{\omega}$ 成正比。因此 Warburg 阻抗的 Nyquist 图（图 13-15）为与轴成 45°的直线。在高频时 $1/\sqrt{\omega}$ 值很小，并且 Warburg 阻抗主要反映了扩散物质的传递过程，因此 Warburg 阻抗仅在低频时可以看到。

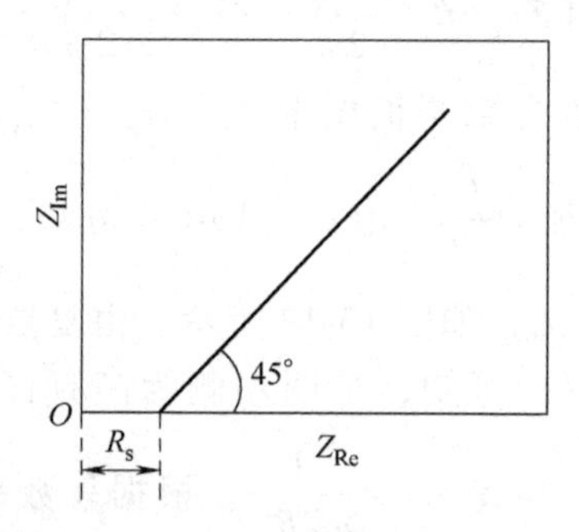

图 13-15　Warburg 阻抗的 Nyquist 图

图 13-16 所示为包括活化极化和浓差极化阻抗的等效电路（图 13-14）所对应的阻抗谱在高频段是以 R_{ct} 为直径的半圆，半圆左侧与实轴相交于 R_s 处；在低频段，曲线从半圆转变成一条倾斜角为 45°的直线，该直线延长与实轴相交于 $R_s+R_{ct}-2\sigma^2C_{dl}$ 处。

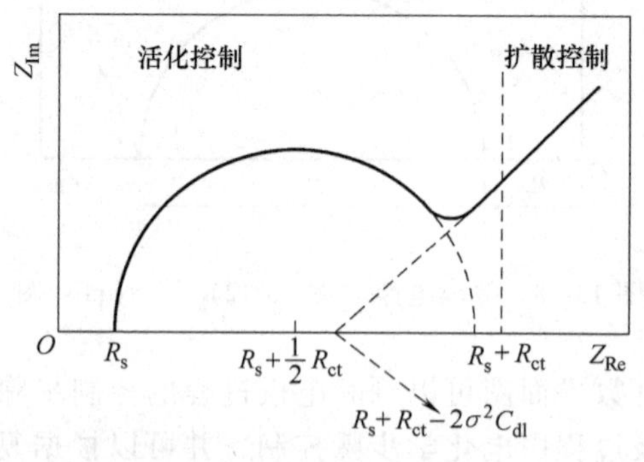

图 13-16　浓差极化控制的电极等效电路（图 13-14）的阻抗谱

本章小结

1. 常用腐蚀研究方法的优缺点（表13-3）

表13-3　常用腐蚀研究方法的优缺点

腐蚀研究方法	优　点	缺　点
失重法	简单、方便、直观、准确、适用性广泛；常作为标准的腐蚀研究方法，判断其他腐蚀方法的优劣；无须考虑腐蚀产物是否附着于金属表面；无须考虑腐蚀过程	消耗时间长、重复性差、操作繁琐；不适用于局部腐蚀；仅能够获得少许信息，不适合腐蚀过程监测；腐蚀产物是否清洗干净对测试结果影响较大；无法研究腐蚀机理
表面宏观分析法	简单、方便、直观、具有代表性，且不需要精密的仪器就能快速确定金属材料在腐蚀介质中的腐蚀类型、位置及腐蚀程度	具有主观性，不够精细，所得到的腐蚀信息是腐蚀行为的统计平均结果，不能够揭示腐蚀的机理
表面微观分析法	可作为表面宏观分析法的补充，可以进一步揭示腐蚀过程中的细节与本质	需要用到精密的仪器设备；反映的是局部腐蚀情况，而不是全面腐蚀的情况
塔菲尔外推法	操作简便，可快速得出金属的腐蚀速度；是研究电极过程动力学的重要方法	测试结果受金属材料在腐蚀介质中的表面状态及表面溶液成分影响较大；将金属电极极化到强极化区，可能会导致所获得的腐蚀速度存在较大误差
线性极化法	可快速测定金属的瞬时腐蚀速度；线性极化法属于微极化，不会导致金属表面状态的变化和腐蚀控制机理的变化	无法反映腐蚀速度随时间的变化情况；线性极化区是近似的，腐蚀速度具有一定的误差；若要获得腐蚀电流，必须提前获得塔菲尔常数 b_a 和 b_c 的大小或者常数 B 的大小
交流阻抗法	测量速度快；对研究表面状态干扰小；比其他常规的电化学方法得到更多的动力学信息及电极界面信息	电化学阻抗测试是微弱信号检测，对测试仪器的精度要求高，外界的干扰对测试结果影响大；测试频率范围宽，低频阻抗的测量一般较为困难，高频阻抗的测量受恒电位仪相移的限制；腐蚀体系稳定性影响阻抗的测量精度

2. 重量法

失重法：根据腐蚀前后金属材料重量的减小计算金属的腐蚀速度，公式为

$$v_{失}=\frac{W_0-W_{t2}-W_{t3}}{At}$$

增重法：根据腐蚀前后金属材料重量的增加计算金属的腐蚀速度，公式为

$$v_{增}=\frac{W_{t1}-W_0}{At}$$

根据重量法测得的腐蚀速度、金属密度，可换算为腐蚀深度，公式为

$$B=\frac{8.76v}{\rho}$$

根据重量法测得的腐蚀速度结果与电化学测试结果，可换算成腐蚀电流密度，公式为

$$i_{corr}=\frac{nF\Delta m}{MtA}$$

3. 表面分析法

表面分析法是一种常用的定性的腐蚀评价方法，常作为其他腐蚀研究方法的补充，可分为表面宏观分析法与表面微观分析法两大类。

4. 塔菲尔外推法求金属腐蚀速度原理

根据塔菲尔关系式，在阴极或阳极的强极化区电位 E 与电流的对数 $\lg i$ 之间呈现线性函数关系，在这两个区域的线段称为塔菲尔直线。将阳/阴极的塔菲尔直线外推，两条直线交点的纵坐标为 E_{corr}，横坐标为$\lg i_{corr}$，根据$\lg i_{corr}$ 可以求出金属的腐蚀速度。

5. 线性极化法测定腐蚀电流的原理

当金属材料处于腐蚀介质中时，在金属自腐蚀电位 E_{corr} 附近，极化电位 E 与电流密度 i 之间呈现线性关系且该直线的斜率（$\Delta E/\Delta i$）与腐蚀电流密度 i_{corr} 成反比，根据线性极化方程式求得腐蚀电流 i_{corr}。

6. 交流阻抗法研究金属腐蚀的原理

用小幅度的交流信号扰动电解池，并观察体系在稳态时对扰动的响应情况，同时测量电极的交流阻抗，进而计算电极的电化学参数。

拓展视频

中国第一块铂铱 25 合金

课后习题及思考题

1. 名词解释：失重法、增重法、恒电流法、恒电位法、稳态法、准稳态法、连续扫描法、动电位扫描法、线性极化技术、电化学阻抗谱、阻抗、导纳、Nyquist 图、Bode 图、等效电路、Warburg 阻抗。

2. 常用的腐蚀研究方法有哪些？

3. 失重法的原理是什么？试述失重法的优缺点。

4. 试述失重法测试金属腐蚀速度的步骤。

5. 由重量法计算得到的腐蚀速度［$g/(m^2/h)$］如何换算成腐蚀深度（mm/a）及腐蚀电流密度 i_{corr}？

6. 若某金属材料在腐蚀介质中具有钝化行为，在测量其极化曲线时应选择恒电位法还是恒电流法？为什么？

7. 对于容易钝化的金属，应采用塔菲尔外推法还是线性极化法测量其自腐蚀速度？请分析原因。

8. 试综合比较塔菲尔外推法及线性极化法测量金属腐蚀速度的优缺点。

9. 简述电化学阻抗谱测定的特点。

10. 如何根据复数平面图判断电极过程是否由电化学步骤控制？

11. 若某电极由活化极化与浓差极化混合控制，请画出其等效电路所对应的 Nyquist 示意图。

参考文献

[1] 孙齐磊，王志刚，蔡元兴. 材料腐蚀与防护 [M]. 北京：化学工业出版社，2015.

[2] 李晓刚. 材料腐蚀与防护概论 [M]. 2版. 北京：机械工业出版社，2017.

[3] 赵麦群，何毓阳. 金属腐蚀与防护 [M]. 2版. 北京：国防工业出版社，2019.

[4] 黄永昌. 金属腐蚀与防护原理 [M]. 上海：上海交通大学出版社，1989.

[5] 龚敏. 金属腐蚀理论及腐蚀控制 [M]. 北京：化学工业出版社，2009.

[6] 左禹，熊金平. 工程材料及其耐蚀性 [M]. 北京：中国石化出版社，2008.

[7] 林玉珍，杨德钧. 腐蚀和腐蚀控制 [M]. 2版. 北京：中国石化出版社，2014.

[8] 曹楚南. 腐蚀电化学原理 [M]. 3版. 北京：化学工业出版社，2008.

[9] 肖纪美，曹楚南. 材料腐蚀学原理 [M]. 北京：化学工业出版社，2002.

[10] 陈浩，张涛，房文轩，等. 500kV变电站罐式断路器黄铜连接螺母腐蚀断裂原因分析 [J]. 热加工工艺，2022，51（4）：152-158.

[11] 迟佳玉. AZ31B镁合金/Q235钢激光-电弧复合对接焊接头腐蚀行为研究 [D]. 大连：大连理工大学，2019.

[12] LIU Q Y，QIAN J，BARKER R，et al. Application of double loop electrochemical potentio-kinetic reactivation for characterizing the intergranular corrosion susceptibility of stainless steels and Ni-based alloys in solar nitrate salts used in CSP systems [J]. Engineering Failure Analysis，2021，129：105717.

[13] 谭力文，王忠维，邹竟翌，等. 不锈钢磨损腐蚀失效机理的研究现状 [J]. 重庆理工大学学报（自然科学版），2020，34（9）：174-184.

[14] 孟凡凯，马世成. 换热管缝隙腐蚀的失效分析 [J]. 化工装备技术，2021，42（1）：34-38.

[15] 马小明，邹志豪. 脱硫化氢汽提塔T5001塔底油抽出线弯头开裂失效分析 [J]. 热加工工艺，2022，51（4）：155-158.

[16] 王凤平，康万利，敬和民，等. 腐蚀电化学原理、方法及应用 [M]. 北京：化学工业出版社，2008.

[17] 贾铮，戴长松，陈玲. 电化学测量方法 [M]. 北京：化学工业出版社，2006.

[18] 吴荫顺. 金属腐蚀研究方法 [M]. 北京：冶金工业出版社，1993.

[19] 梁成浩. 金属腐蚀学导论 [M]. 北京：机械工业出版社，1999.

[20] 王强. 电化学保护简明手册 [M]. 北京：化学工业出版社，2012.

[21] 梁成浩. 现代腐蚀科学与防护技术 [M]. 上海：华东理工大学出版社，2007.

[22] 李启中. 金属电化学保护 [M]. 北京：中国电力出版社，1997.

[23] 李民堂，马立文，李龙辉，等. 氯碱生产中钛设备的缝隙腐蚀及控制 [J]. 氯碱工业，2019，55（4）：43-45.

[24] 王珊，王淑慧，刘文文，等. 时效处理对7A20铝合金时效硬化响应和晶间腐蚀的影响 [J]. 金属热处理，2021，46（7）：173-177.

参考文献